区间不确定性优化设计
理论与方法
（第二版）

姜 潮 韩 旭 谢慧超 著

科学出版社

北 京

内 容 简 介

本书是一部全面论述非线性区间优化设计理论与方法的专著。全书共
13章,首先,从数学规划理论的层面提出了一种能处理一般性不确定优化
问题的非线性区间优化的数学转换模型,实现了区间优化向确定性优化问
题的转换;接着,基于数学转换模型开发了多种具有一定工程实用性的高效
区间优化算法,其中着重解决了两层嵌套优化造成的效率低下问题;然后,
将非线性区间优化拓展至多目标、多学科、参数相关性等问题,并构建了相
应的区间优化模型及求解算法;最后,将相关方法应用于机械工程及相关领
域的一些实际工程问题,在解决问题的同时验证了理论与方法的有效性。

本书可供机械、力学、土木、航空航天等领域的科研人员、研究生和高年
级本科生阅读,也可作为相关课程的教材或教学参考用书。

图书在版编目(CIP)数据

区间不确定性优化设计理论与方法/姜潮,韩旭,谢慧超著.—2版.—北京:
科学出版社,2020.11
    ISBN 978-7-03-066723-6

Ⅰ.①区⋯ Ⅱ.①姜⋯②韩⋯③谢⋯ Ⅲ.①最优设计-研究
Ⅳ.①TB11

中国版本图书馆 CIP 数据核字(2020)第 216288 号

责任编辑:陈 婕 / 责任校对:何艳萍
责任印制:赵 博 / 封面设计:蓝正设计

科学出版社 出版
北京东黄城根北街 16 号
邮政编码:100717
http://www.sciencep.com

北京富资园科技发展有限公司印刷
科学出版社发行 各地新华书店经销
*
2017 年 2 月第 一 版 开本:720×1000 1/16
2020 年 11 月第 二 版 印张:15 3/4
2025 年 1 月第三次印刷 字数:317 000
定价:138.00 元
(如有印装质量问题,我社负责调换)

第二版前言

本书自 2017 年初出版以来,得到了不少同行的关注和指导,作者在此特向这些同行表示感谢,如果因为作者水平有限没有给读者带来一些知识或者启发,作者也表示深深的歉意。此次出版本书的第二版,主要基于以下几点考虑。首先,区间优化方法经过几十年的发展,已经成为一种主流的不确定性优化方法,得到广泛关注和认可。尤其是随着现代工程问题复杂性的不断提升,区间优化方法近年来在工业界得到越来越多的应用,也发挥着越来越大的作用,故作者认为目前及未来相当长一段时间内它仍然会是不少学术界同行和工业界人士持续关注的领域。其次,与随机优化理论相比,区间优化仍然是处于发展过程中的一种方法,还存在不少的关键问题需要解决。为此作为区间优化领域研究者的一员,作者也希望继续将完成的一些研究工作分享给同行,希望继续得到同行们的指正。最后,本书第一版在出版后,读者和作者也陆续发现了一些纰漏,本着对读者负责的态度,在第二版中进行了修正,同时对某些章节进行了局部修改。除此之外,与第一版最大的不同是第二版中增加了第 13 章,即区间差分进化算法。

本书能够出版,除了继续感谢第一版前言中已经感谢过的同学外,还要感谢符纯明博士,第 13 章的内容主要基于他攻读博士期间的工作。

由于作者水平有限,本书难免仍然存在纰漏,敬请读者和同行专家批评和指正。

姜 潮

2020 年 7 月于岳麓山

第一版前言

大量实际工程问题中存在着与材料属性、几何特性、边界条件、测量与装配误差等有关的不确定性,这些不确定性虽然在多数情况下数值较小,但其耦合作用可能使产品或系统性能产生较大偏差甚至失效。利用不确定性优化方法对产品进行设计时,无须对模型或参数做出较多简化和假设,可以建立更为客观和真实的优化模型,不仅可以获得最优的设计方案,而且可以使优化解在不确定性条件下仍满足可靠性要求。因此,不确定性优化方法具有重要的理论意义和工程意义,目前已经成为先进设计领域的重要研究方向。区间优化起源于 20 世纪 80 年代初,经过三十余年的发展,已成为广受关注的一类不确定性优化方法。区间优化的核心是通过区间方法表征优化模型中的所有不确定性参数,只需要知道参数的上、下边界,而非精确的概率分布或模糊隶属度函数。区间优化在不确定建模方面相对随机规划和模糊规划具有较为突出的优点,其对样本量的依赖性相对较小,而且区间的概念简单、直观、易于工程人员理解和应用。区间优化因上述优点有望在很大程度上扩展不确定性优化理论的研究对象和应用领域,从而有效提升未来复杂工程系统或产品在不确定性环境下的设计水平,其正在成长为一类与传统随机规划与模糊规划并重的主流不确定性优化方法。

本书是本人所在课题组多年研究的成果。2004 年,本人在导师韩旭教授的指导下开始区间优化理论的系统研究。经过近 5 年的研究,基本上建立了一套针对非线性区间优化问题的分析模型和求解方法,其中着重解决了非线性区间优化中的效率问题。2011 年,本人的学位论文《基于区间的不确定性优化理论与算法》有幸入选全国百篇优秀博士论文。在此之后,本人及多位研究生继续开展区间优化理论与方法的研究:首先,将区间优化向更精细化的方向发展,如考虑参数相关性问题、建立更好的区间约束处理方法等,进一步提升区间优化的设计质量;其次,将区间优化向多目标、多学科等问题进行横向拓展,从而进一步提升其在复杂工程问题中的适用性;最后,将区间优化方法应用于机械工程及相关领域的更多工程问题,在解决实际问题的同时验证相关方法的有效性。通过对多年的工作进行整理,去伪存真,形成本书。真诚地希望本书的出版对相关领域研究人员有所帮助。

本书的主要研究对象是非线性区间优化问题,全书共 12 章。第 1 章是对不确定性优化尤其是区间优化方法的研究意义、研究现状进行介绍及文献综述。第 2 章是对区间分析基本原理进行介绍,为后续章节区间优化方法研究提供必要的理论基础。第 3 章提出非线性区间优化的数学转换模型,实现不确定优化问题向确定性优化问题的转换。第 4~7 章主要建立若干高效算法,求解转换后的确定性优化问题。第 8 章针对不确定性多学科问题,建立一种区间多学科设计优化模型及相应的求解方法。第 9 章主要提出一种比现有方法具有更广适用性的区间可能度模型,并用于处理区间约束,在后续几个章节的区间优化方法构建过程中都采用了该可能度模型。第 10 章基于多维平行六面体区间模型提出一种考虑不确定参数相关性的区间优化方法。第 11 章针对不确定性多目标问题建立一种区间多目标设计优化模型及相应的求解方法。第 12 章将区间优化与制造工艺相联系,发展出一种基于公差设计的区间优化模型。需要指出的是,本书的第 1 章、第 3~7 章主要基于本人的博士论文,而第 8~12 章由本人与多位研究生共同完成。

本书得以出版,需要感谢赵子衡博士、陶友瑞博士、白影春博士、张庆飞硕士、李新兰硕士、张智罡硕士等同学的创新性工作,同时需要感谢段民封、黄志亮、倪冰雨、李金武等研究生在本书整理、撰写及修订过程中付出的辛勤劳动。

由于作者水平有限,书中难免存在不妥之处,敬请读者和同行专家批评指正。

姜 潮

2016 年 9 月于岳麓山

目　　录

第1章 绪 论

1.1 不确定性优化问题的研究意义

优化是在多种(有限种或无限种)决策中挑选出最好决策的方法,被广泛应用于工业、农业、国防、交通等诸多领域,对于系统性能的提高、能耗的降低、资源的合理利用及经济效益的增长均有显著作用。传统的对于工程问题的分析和优化设计一般基于确定的系统参数和优化模型,并借助经典的确定性优化方法[1-6]进行求解。然而,在许多实际的工程问题中,不可避免地存在着与材料性质、几何特性、边界条件、初始条件、测量与装配偏差等有关的误差或不确定性。这些误差或不确定性虽然在多数情况下数值较小,但耦合在一起可能使结构或系统响应产生较大的偏差,影响系统性能,甚至导致系统失效。下面列举一些存在不确定性的实际工程问题[7-9]:

(1) 对齿轮进行动态分析时,由齿轮的结构复杂性、轮齿变形以及制造和安装误差等因素带来的轮齿啮合误差,包括齿距偏差、齿形偏差以及因齿距和齿形偏差造成的传动误差等,是齿轮啮合过程中主要的动态激励之一[10]。在齿轮系统运转时,齿轮刚度也不断地随啮合位置变化而变化,很难用确定的数值精确描述[11]。

(2) 对于复杂的机床结构和系统,至今难以建立物理坐标系下的整机动力学模型,其主要原因是机床结构结合面动力学模型的准确建立非常困难:当机床运转时,各部件之间的接触、间隙、附着和滑动等状态将显著改变结构的刚度和阻尼特性,使其呈明显的不确定性;外界的干扰也会影响甚至完全改变结构连接处的接触和滑动情况,从而影响或改变结构的刚度和阻尼[12-14]。

(3) 在核电厂结构中,预应力混凝土安全壳和钢筋混凝土剪力墙主厂房的结构参数,如材料强度、结构刚度和阻尼,以及地震力的谱值、峰值加速度、持续时间等载荷参数都具有较大的不确定性[15]。

(4) 车辆垂直侧面碰撞的特点是碰撞后两车在同一象限内运动,按不同方向旋转及发生一次以上的接触等[16],由于事故本身包含不确定参数,车速鉴定和事故分析仍具有较大的不确定性。此类事故中的不确定因素主要包括汽车的载重量、碰撞后汽车的质心位移及路面摩擦系数等[17]。

(5) 对液体火箭发动机进行可靠性仿真计算时,需要考虑发动机内部干扰造成的不确定性,如管路压降的变化量和涡轮效率的变化量等。它们是由零件安装差异、组件液流试验测量误差以及使用了统计数据等造成的[18]。

实际系统中,造成不确定性的原因主要有:结构的制造、安装误差;参数的计算和测量误差;系统在不同工况下,载荷等参数的变化;参数具有一定的变化区域,无法精确测定;理论模型对物理模型的表征误差等。事实上,绝大多数实际的工程问题或多或少含有一定的不确定因素,只是由于数学处理上的困难和不便,在很多场合才不得不做出简化,将多重不确定性转化为单重不确定性或将不确定性简化为确定性。从辩证法的观点看,不确定性是绝对的,而确定性是相对的。对于不确定系统或结构的优化设计,经典的优化理论和方法难以完成,需要通过不确定性优化(uncertain optimization)方法进行建模和求解,求解过程中需充分考虑不确定性对于系统的影响,并在对不确定变量解耦后建立新的优化模型。不确定性优化理论是传统优化理论的延伸,利用不确定性优化方法进行设计时,无须对模型或参数做出较多简化和假设,可以建立更为客观和真实的优化模型,从而获得更为可靠的设计。

不确定性优化的研究具有重要的理论意义和工程意义。半个多世纪以来,不确定性优化的理论和方法得到了广泛的研究,并越来越引起人们的关注,目前已成为先进设计及相关领域的一个重要研究方向,相关方法已被成功应用于诸多实际工程领域,如生产过程[19-22]、网络优化[23]、车辆调度[24-26]、能源[27,28]、设备选址[29,30]、结构优化[31-35]等。这些问题的研究一方面反映了不确定性优化在实际应用中行之有效,另一方面也给出了大量不确定性优化的研究背景和工程应用前景,并为其提供动力源泉。

1.2　随机规划和模糊规划

不确定性优化问题的研究最早始于 20 世纪中叶 Bellman 和 Zadeh[36,37] 以及 Charnes 和 Cooper[38] 的研究工作。在传统的数学规划中,优化模型中的参数通常被假定为确定的值,但在一个不精确或不确定的环境中,这种人为的假设往往带来较大的建模误差。在现有的数学规划理论中,通常采用随机和模糊两类分析方法来描述一个真实决策问题中的不精确或不确定参数,并形成随机规划(stochastic programming)和模糊规划(fuzzy programming)两类不确定性优化理论和方法。在随机规划中,不确定参数被视为随机变量,并假定其精确的概率分布为已知;在模糊规划中,不确定参数被视为模糊集合,并假定其模糊隶属度函数为已知。

1.2.1　随机规划

随机规划是随着线性和非线性规划理论的应用和发展而逐步发展起来的,它的形成可追溯至 20 世纪 50 年代。最早提出随机规划问题的是线性规划创始人之一的 Dantzig[39,40] 以及 Beale[41],他们将线性规划应用于航线班机最优次数的设计,考虑到客流量的随机性,提出了有补偿的二阶段优化问题。而后,Wets 等对此类问题进行了系统的研究[42,43]。Charnes 等[44]首先提出了概率约束规划模型,也称为机会约束规划(chance constrained programming),并将其应用于炼油厂的生产和存储问题。Borell[45]、Prekopa 和 Dempster[46]对随机规划做出了重要的理论贡献,他们研究发现概率规划问题的可行解集合的凸性与概率测度拟凹性之间存在必然联系。在 20 世纪 60～70 年代,随机规划的模型、方法、理论及应用都得到了较大的发展,如 Markowitz 的均方差分析方法[47,48]、Dupacova 的惩罚模型[49]、Neumann 的效用模型等[50-52],另外 Garstka[53]与 Ziemba[54]将其应用于经济均衡分析、金融风险测度等方面,得到了许多重要结论。近年来,随机规划在理论和应用的各个方面都得到了进一步发展,相关研究成果和文献众多,如随机线性规划[55-57]、随机整数线性规划[58-60]、随机非线性规划[61-64]、鲁棒随机规划[65-67]、基于可靠性的设计优化[68-76]等。对于众多的随机规划方法,如果按照随机变量出现的位置来划分,大致可以分为两类:随机变量存在于目标函数中的随机规划方法和随机变量存在于约束函数中的随机规划方法。

1) 随机变量存在于目标函数中的随机规划方法

随机变量存在于目标函数中的随机规划方法主要有两种模型:E-模型和 P-模型。E-模型中,通过优化目标函数的期望值,将不确定性优化转换为确定性优化问题;P-模型中,通过最大化目标函数不小于或不大于某一指定值的概率,将不确定性优化问题转换为确定性优化问题进行求解。

2) 随机变量存在于约束函数中的随机规划方法

在实际问题中,处理规划问题中的随机变量常见方式有两种:一种是等待观察到随机变量的实现以后再解出相应的规划问题;另一种是在观察到随机变量的实现以前就依据以往的经验做出决策。如果随机变量等到实现观察以后发现所做决策是不可行解,那么采取不同处理方法将产生不同的随机规划模型。如图 1.1 所示,当随机变量出现在约束函数中,依据随机变量处理方式的不同大致形成三类随机规划问题:分布问题、二阶段(多阶段)带补偿的随机规划问题和机会约束规划问题。对于分布问题,在观察到问题中随机变量的实现以后,这些变量将成为确定的值,从而得到相应的确定性规划问题。对应不同的观察值,会得到不同的确定性规划问题,从而有不同的最优值。因此,对于此类问题,要解决的不仅是确定性规划问题,而且还要知道所有这些问题的最优值的概率分布情况。机会约束规划,是考虑到所做决策在不利情况下可能不满足约束条件而采用的一种处理方法,即允许所做出的决策在一定程度上不满足约束,但该决策应使得约束条件成立的概率不小于某一置信水平。对于二阶段带补偿问题,处理方法如同机会约束规划,也是在观察到随机变量的实现之前做出决策,但当约束条件违背时将引入惩罚(引进补偿量,使原约束条件满足)。不同类型的随机规划问题之间存在一定的联系,它们之间可以相互转化[77]。

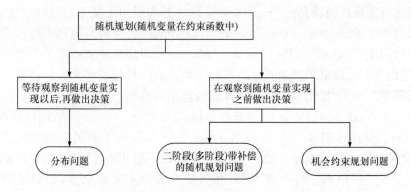

图 1.1　随机变量存在于约束函数中的三类随机规划方法[77]

1.2.2　模糊规划

模糊规划与随机规划的主要差别在于不确定参数的建模方式。在随机规划中，不确定量是由离散的或连续的概率分布函数来描述的；而在模糊规划中，将不确定量视为模糊数(fuzzy number)，将约束看成模糊集，将约束的满足程度定义为一隶属度函数，可以允许约束在一定程度上不满足。

目前，模糊规划无论是在理论研究还是在应用方面都得到了长足的发展。自 Bellman 和 Zadeh[37] 提出模糊决策以来，许多学者针对实际问题提出了各种解决方法，不同的决策问题和决策者可能有不同的决策方法和偏好。文献[37]和[78]介绍了模糊规划中的一些常用方法。根据 Inuiguchi 和 Ramik[79] 的研究，模糊规划可大致分为如下三类。

1) 带有容差的模糊规划

这类规划方法首先由文献[33]提出，它在模糊目标和约束下处理决策问题。模糊目标和约束体现了目标函数值以及约束在不确定性下的弹性。此后 Zimmer-mann[80]等学者又发展了此类方法。

2) 带有不确定因素的模糊目标和约束

此类规划方法处理的是目标函数和约束中的不确定系数，而不是模糊目标和模糊约束。Dubios 和 Prade[81]求解了带有不精确系数的线性等式系统，对模糊规划问题提供了一种可能的应用。多年来，已提出多种不同方法[82-85]来求解带模糊系数的线性规划问题。

3) 带有容差及不确定性的目标规划

Luhandjula 等[86]把目标值引入带有模糊系数的目标函数及约束中。Inuigu-chi 等[87]基于可能性理论进一步发展了此类方法。

就目标函数和约束的性质而言,模糊规划可分为线性规划和非线性规划[88]。自模糊规划概念提出以来,大部分研究局限于线性规划问题,通过构造各个不同的等价模型把模糊线性规划数学模型转换为确定性模型,从而通过传统的数学规划方法进行求解,该方面研究已趋于成熟。但是,由于模糊非线性规划的目标函数和约束较复杂,可行域不规则,较难找到一个行之有效的求解方法。该方面目前已出现一系列研究成果[89-95],而且是一个发展中的研究方向。

1.2.3　随机规划和模糊规划存在的困境

迄今为止,随机规划的研究取得了大量的成果,并被较广泛地应用于实际工程问题中,然而其理论研究和工程应用方面同时存在着较大不足或困境[96]。

(1) 随机规划必须基于不确定参数的精确概率分布,而构造精确的概率分布需要获得大量的样本信息,对于很多实际工程问题,由于测量技术、经济性或实际条件所限,往往难以获得足够的样本信息,因此在随机规划问题的实际求解中,对随机变量的分布类型及其相应参数往往进行了一定程度上的近似和假设。现有研究表明,参数概率分布的微小误差可能导致很大的不确定性分析偏差[97]。

(2) 并非所有的非线性规划算法都能有效地用于求解随机规划问题(其中适用的几种包括障碍函数法、支撑超平面法等),而且求解的随机规划问题基本上只限于线性约束情形,或者各个随机变量都只取有限多个离散值的情况。求解困难的主要原因在于:在每一迭代点处,求约束函数的函数值或梯度向量时,需计算依赖于决策量的多维积分,计算量过大,因此需要开发一些收敛速度更快的算法;在计算依赖于决策量的多维积分,即多维随机向量落在某一区域的概率时,往往需要采用 Monte Carlo 方法,但是常规的 Monte Carlo 方法计算量很大,必须采用许多特别的技巧和减小估计量方差的措施才能使之行之有效[79]。对于更复杂的约束条件,往往只能采用逼近方法[98,99]进行处理。

模糊规划中,用模糊隶属度函数表示约束条件的满足程度、目标函数的期望水平及模型系数的不确定变化范围。在模糊决策时,一般将模糊约束和模糊目标等同对待,取其模糊集合的交集,然后将其中隶属度值最大的决策作为最优的模糊决策。在整个求解过程中,前提是必须获得不确定参数的精确模糊隶属度函数。然而,在实际应用中,往往是通过有限量的数据样本和决策者的经验来确定不确定参数的模糊隶属度函数,这便给模糊规划的求解带来较大误差。本质上,随机规划和模糊规划都是基于概率的,只不过前者采用的是客观概率,而后者采用的是主观概率[100],所以它们都需要基于大量的不确定信息。然而遗憾的是,在很多实际工程问题中,获得足够量的不确定性信息往往显得非常困难或成本过高,这使得上述两类方法在实际工程应用方面受到了较大的限制。

1.3　非概率不确定性优化方法

在实际工程问题中,要获得不确定量的精确概率分布或模糊隶属度函数很多时候存在较大困难,而获得不确定参数可能的取值范围相对来说较为容易,所需要的样本信息也很少。为此,近几十年来,国内外很多学者致力于研究"基于边界表征"的非概率不确定性建模手段[97,101],并在此基础上提出相应的非概率不确定性优化理论和方法,从而使得一类随机规划和模糊规划难以解决的不确定性优化问题得以有效求解。在此领域,目前主要有两类方法:基于凸模型(convex model)的最差情况(worst case)优化方法和基于区间(interval)的区间数优化方法。为了方便,本书中将前者称为凸模型优化(convex model optimization),将后者称为区间数优化(interval number optimization)或区间优化(interval optimization)。两类方法有相似点,但整个求解思路基于不同的优化架构,其具体关系介绍如下。

(1) 在不确定建模方式上,凸模型优化采用凸集合(椭球凸集、包线界限凸集等)描述多维参数不确定域的边界;而区间优化利用区间描述每一个参数的波动性,故其参数不确定域属于一个多维长方体。由于多维区间集合属于凸集的一种,从不确定建模方式而言,区间优化属于凸模型优化的特例。

(2) 在不确定优化问题的处理上,凸模型优化大都基于"最差情况"方法,即只考虑目标函数和约束在不确定状态下的最不利情况,留给决策者参与和控制的空间较小,是一种较为保守和刚性的不确定决策方法。区间优化方法通常利用数学模型定量描述约束在不确定性条件下得以满足的"可能性",并且通过多重标准保证不确定性目标函数的性能,因此,它相比于凸模型优化方法更具灵活性和柔性。决策者可以通过区间优化根据实际问题及自身的经验和偏好更灵活地控制整个优化模型,故区间优化方法具有更大的决策空间。从不确定优化模型的处理方式上,凸模型优化可以作为区间优化的一个特例,这一点也正是凸模型优化方法和区间优化方法的最大不同所在。

(3) 通常这两类方法最终都需要将不确定性优化问题转换为确定性优化问题进行求解,而转换后的优化问题都是一个两层嵌套优化问题。所不同的是,在凸模型优化中,两层嵌套优化只涉及不确定目标函数和约束的单个边界;而在区间优化中,不确定目标函数和约束的上下边界都将进入嵌套优化模型中,并且该嵌套优化通常是一个多目标优化问题。所以,区间优化问题的数值求解难于凸模型优化。

(4) 在研究内容方面,凸模型优化大都集中在结构力学领域,并且通常与有限元法(finite element method,FEM)相结合构造相应的结构优化算法;而区间优化的研究目前还更多地处于对数学规划理论本身的探求,致力于一些基本的数学规划模型的建立,研究对象也大都停留于显式函数问题。

下面对凸模型优化和区间优化两类非概率不确定性优化方法的基本概念、求解方式及研究现状做一个概述。

1.3.1 凸模型优化方法

20 世纪 90 年代,在凸模型不确定性分析理论及其应用方面已有较多的研究,并取得了较大的发展。目前,应用于工程领域的主要凸集模型有[97]:①一致界限凸集模型;②椭球界限凸集模型;③包线界限凸集模型;④瞬时能量界限凸集模型;⑤累积能量界限凸集模型等。文献[102]和[103]还分别给出了用于描述几何不完整和动载荷的凸集模型的其他表述形式。近年来,还出现了一系列新型的凸集模型用以处理更为复杂的不确定性,如多椭球模型[104]、多维平行六面体模型[105]、超椭球模型[106]、凸模型过程[107]等。

凸模型理论用于结构的不确定优化设计始于 1994 年。Elishakoff 等[31]首次将反优化方法应用于不确定载荷作用下结构的设计,提出了基于“最差情况”的不确定性优化方法。例如,对于如下的不确定性优化问题:

$$
\begin{cases}
\min\limits_{x} \ f(\boldsymbol{x},\boldsymbol{p}) \\
\text{s. t. } \ g_j(\boldsymbol{x},\boldsymbol{p}) \geqslant 0, \ j=1,2,\cdots,l, \ \boldsymbol{p}\in C_p
\end{cases}
\tag{1.1}
$$

式中,f 和 g 分别为目标函数和约束;$\boldsymbol{x}$ 为设计向量;$\boldsymbol{p}$ 为不确定向量,其不确定域属于一凸集 C_p;l 为约束数量。通过 Elishakoff 的方法可以将式(1.1)转换为一确定性优化问题:

$$
\begin{cases}
\min\limits_{x} \ \max\limits_{\boldsymbol{p}\in C_p} f(\boldsymbol{x},\boldsymbol{p}) \\
\text{s. t. } \ \min\limits_{\boldsymbol{p}\in C_p} g_j(\boldsymbol{x},\boldsymbol{p}) \geqslant 0, \ j=1,2,\cdots,l
\end{cases}
\tag{1.2}
$$

显然,式(1.2)是一个两层嵌套优化问题,外层优化用于设计向量寻优,而内层优化用于求取不确定目标函数和约束在 C_p 上的最不利响应。

基于上述工作,凸模型优化方法的研究由此展开。Lombardi[108]对 Elishakoff 的方法进行了改进,提出了求解嵌套优化问题的“两步法”,一定程度上提高了优化效率。Pantelides 和 Ganzeli[109-111]提出了椭球凸集模型的建模方法,并将其应用于桁架结构和多跨梁的设计。Pantelides[112]对结构设计中的模糊规划和凸模型优化方法进行了系统的比较。邱志平[113-115]多年来一直从事反优化方法的研究,提出了多种能高效求解结构在凸集不确定域上响应边界的快速算法,为凸模型优化提供了潜在的数值计算工具。Au 等[116]提出了基于凸集模型的鲁棒性优化方法。Gurav 等[117]提出了一种增强的反优化方法,在此基础上实现了高效的不确定性优化,并应用于微电子机械系统(micro-electro-mechanical system,MEMS)的设计。Guo 等[118]讨论了内层不确定性分析的全局最优解问题,通过求解内层优化问题的Lagrange对偶问题得到内层极值响应的可置信性上界,用以保证不确定性优化结果的安全性。

最近十余年来,国内学者将概率可靠性领域的一次二阶矩方法(first-order reliability method,FORM)引入凸模型分析,在此基础上发展了一系列基于可靠性的凸模型设计优化方法,进一步拓展了该领域的研究内涵。郭书祥和吕震宙[119,120]基于凸集方法,提出了一种非概率可靠性度量指标,用以衡量不确定环境下结构的安全性,并将其应用于凸模型优化设计。曹鸿钧和段宝岩[121]在区间可靠性指标的基础上提出了一种衡量椭球模型和区间模型并存情况下的非概率可靠性指标,并进一步提出了一系列线性化方法[122]用以求解可靠性凸模型优化问题。亢战和罗阳军[123]提出了一种基于目标性能的优化方法用以求解基于凸模型的可靠性优化问题。另外,Kang和Luo[124]进一步将凸模型不确定性优化方法应用于结构拓扑优化设计。Li等[125]针对多目标问题,提出了一种凸模型优化设计方法。

目前,虽然凸模型优化领域已取得诸多进展,但在理论和算法的研究上还并不完善,仍然存在若干技术难点需要进一步解决。首先,是凸模型的建模问题,尤其是针对多源不确定性问题,如何通过样本构建精确的多维不确定域仍然是需要突破的一个难点。其次,是两层嵌套优化造成的大计算量问题,如何针对高维设计变量问题开发出通用性和收敛性强的高效解耦算法,是关系到凸模型优化能否真正进入工程实用的又一关键因素。

1.3.2　区间优化方法

在区间优化中,任一不确定参数可能的变动范围通过一区间表示,即只需要知道参数的上、下界,而不需要知道其精确的概率分布或模糊隶属度函数。在区间数学[101]中,区间被定义为一种新类型的数,即"区间数"(interval number),所以在本书中,"区间数"和"区间"表示相同的数学含义,为了符合人们在各个问题上的习惯性表述,本书保留了两种不同的称谓。在线性问题中,区间优化往往通过区间序关系或最大最小后悔准则(minimax regret criterion)将不确定性优化问题转换为确定性优化问题进行求解。以下通过三个方面回顾区间优化的研究进展。

1) 基于区间序关系的线性区间优化

一般的线性区间优化(linear interval number optimization)问题可描述如下:

$$
\begin{cases}
\min\limits_{x} \sum\limits_{j=1}^{n} \left[c_j^L, c_j^R\right]x_j \\
\text{s.t. } \sum\limits_{j=1}^{n} \left[a_{ij}^L, a_{ij}^R\right]x_j \leqslant \left[b_i^L, b_i^R\right], \ i = 1,2,\cdots,l
\end{cases}
\tag{1.3}
$$

式中,[ ]为用区间表示的不确定系数;上标L和R分别表示区间数的下界和上界。

Tanaka 等[82]、Rommelfanger 和 Hanuscheck[126] 及 Ishibuchi 和 Tanaka[127] 通过引入区间序关系,采用区间优化方法将不确定性优化问题转换为确定性优化问题。上述方法中,针对式(1.3)中的约束为确定性的情况,可基于区间序关系将区间目标转换为多个确定性的目标函数。对于区间约束,通常可以通过序关系的满足程度来衡量[128-130],将其转换为确定性约束。Tong[131] 考虑约束系数和目标函数系数都为区间数的情况下,根据其最大限度和最小限度不等式求解目标函数的可能区间,此区间代表了目标函数和约束的两种极端情况。刘新旺和达庆利[132] 同样针对区间系数同时存在于目标函数和约束中的情况,提出了一种基于模糊约束可能度的求解方法。张全等[133] 基于概率方法构造了一种新的区间可能度,并用于求解多属性决策问题。徐泽水和达庆利[134] 研究了多种区间可能度之间的关系,在此基础上给出了区间数排序的可能度法,并用于求解不确定多属性决策的方案排序问题。Chanas 和 Kuchta[135] 提出了一种更为一般性的方法用于处理带区间系数的不确定目标函数,并将之转换为确定性优化问题。Sengupta 和 Pal[136] 对目前的区间数排序方法进行了系统的回顾和研究,并在此基础上给出了两种新的排序方法。Sengupta[137] 等作为对不确定环境下传统线性规划的一种推广,定义了一种线性区间规划问题,基于对区间排序的比较研究,使含区间系数的不等式约束得到简化。Lai 等[138] 通过两种区间序关系,将区间系数同时存在于目标函数和约束中的区间优化问题转换为常规的线性优化问题进行求解。Chen 等[139] 提出了一种新的区间序关系,用于区间不等式约束的转换。

2) 基于最大最小后悔准则的线性区间优化

考虑区间系数存在于目标函数中的线性规划问题为

$$\begin{cases} \min\limits_{x}\ \boldsymbol{c}^{\mathrm{T}}\boldsymbol{x} \\ \mathrm{s.\,t.}\ \ \boldsymbol{x}\in\Omega \\ \boldsymbol{c}\in\Gamma=\{\boldsymbol{c}\mid c_i^L\leqslant c_i\leqslant c_i^R, i=1,2,\cdots,n\} \end{cases} \tag{1.4}$$

式中,Ω 为一非空的有界多面体集合;$\boldsymbol{c}$ 为目标函数的区间系数向量。Inuiguchi 等[140,141] 提出了式(1.4)的必要最优解集和可能最优解集的概念及求解方法,并给出了基于最大最小后悔准则的区间目标函数系数规划方法。无论区间系数向量 $\boldsymbol{c}$ 取何值,必要最优解集中的解都是式(1.4)的最优解;而只有当区间向量 $\boldsymbol{c}$ 取某些特定值时,可能最优解集中的解才是式(1.4)的最优解。给定任一决策向量 $\boldsymbol{x}$,后悔值 R 及最大可能的后悔值 $R_{\max}$ 定义为

$$R(\boldsymbol{c},\boldsymbol{x})=\max_{\boldsymbol{y}\in\Omega}(\boldsymbol{c}^{\mathrm{T}}\boldsymbol{y}-\boldsymbol{c}^{\mathrm{T}}\boldsymbol{x}),\quad R_{\max}(\boldsymbol{x})=\max_{\boldsymbol{c}\in\Gamma}R(\boldsymbol{c},\boldsymbol{x}) \tag{1.5}$$

最大最小后悔准则的目的就是通过构造以下的优化问题求得一最小的最大后悔值:

$$\begin{cases} \min\limits_{x}(\max\limits_{\boldsymbol{c},\boldsymbol{y}}(\boldsymbol{c}^{\mathrm{T}}\boldsymbol{y}-\boldsymbol{c}^{\mathrm{T}}\boldsymbol{x})) \\ \mathrm{s.\,t.}\ \ \boldsymbol{x},\boldsymbol{y}\in\Omega,\boldsymbol{c}\in\Gamma \end{cases} \tag{1.6}$$

Inuiguchi 和 Sakawa[141]研究了基于最大最小后悔准则的区间系数目标函数的区间优化,提出了基于迭代松弛算法[142]的求解方法。此后,Inuiguchi 和 Sakawa[143]、Mausser 和 Laguna[144]对该算法进行了改进。Kouvelis 和 Yu[145]首先将最大最小后悔准则应用于选址问题,获得了一个多项式算法。Mausser 和 Laguna[146]针对目标函数具有区间系数的线性规划问题,研究了最大最小绝对后悔度的启发式优化技术。Averbakh 和 Lebedev[147]证明了基于最大最小后悔度的区间系数目标函数的区间数优化,其计算复杂性是 NP-Hard 的。Dong 等[148]将基于最大最小后悔准则的区间线性优化方法应用于电源管理系统的设计。Rivaz 和 Yaghoobi[149]基于最大最小后悔准则,进一步提出了一种多目标区间线性规划方法。

3) 非线性区间优化

上述介绍的方法都针对线性区间优化问题,即研究的模型中,目标函数和约束都是关于设计变量或不确定变量的线性函数。然而,大多数实际工程优化问题都是非线性的,如果要使区间优化方法真正走入工程实用,则必须对非线性区间优化(nonlinear interval number optimization)的理论和方法进行深入研究。而非线性区间优化的复杂程度和求解的困难程度都要远远高于线性区间优化,国内外对该领域的研究起步相对较晚,发表的文献也较为有限。国内学者马龙华[150]较早地开展了非线性区间优化的研究,提出了一种结合目标函数期望值、不确定度、后悔度的三目标鲁棒性优化方法,并且在每一设计变量的迭代步,利用两次对不确定变量的优化过程来求取不确定目标的区间。程志强等[151]基于过程工业系统的特点,提出了用区间参数描述不确定系统多目标优化的一般性问题,并构造了一种结合遗传算法和常规非线性优化方法的递阶优化策略来求解非线性区间多目标优化问题。姜潮[152]利用区间可能度将带区间变量的非线性约束转换为确定性约束,同样利用优化过程求取不确定约束的区间。Wu[153]给出了区间值目标函数优化问题的 KKT(Karush-Kuhn-Tucker)条件,并提出了两种基于区间偏序关系的区间优化处理方法。Wu 等[154]针对非线性目标函数和线性约束的优化问题,提出了一种基于满意性能的非线性区间优化算法,并应用于垃圾处理设施的规划。巩敦卫和孙靖[155]较系统地研究了基于区间的多目标进化优化算法。Cheng 等[156]提出了区间约束违反度的概念,并在此基础上构建了一种直接求解非线性区间优化的方法,而不需要将其先转换为确定性优化问题。目前,非线性区间优化方法已在工程领域得到一定的应用,如车辆悬置系统设计[157]、结构设计[158-161]、振动控制系统设计[162]、产品组合问题规划[163]、电力调度规划[164,165]、水资源最优配置[166,167]等。

1.4 区间优化目前存在的问题

应该说,区间方法在不确定建模方面相对概率方法和模糊方法具有非常突出的优点,其对样本量的依赖性相对较小,而且区间的概念简单、直观,易于工程人员理解和应用。因为引入区间方法进行不确定性建模时,区间优化有望在很大程度上扩展不确定性优化设计的研究对象和应用领域,有效提升未来复杂工程系统或产品在不确定性环境下的设计水平。区间方法正在成长为一类与传统随机规划与模糊规划类似的主流不确定性优化方法。目前,区间优化虽然已得到国内外学者三十余年的研究,并取得一系列重要成果,但整体上该领域仍然处于发展阶段,还未形成成熟和完善的理论体系,这些都很大程度上影响了其在实际工程领域的拓展和应用。目前,存在于区间优化领域的主要技术难点包括如下方面。

(1) 现有区间优化的研究大都针对线性规划问题,然而对于大多数工程问题,优化模型都是非线性甚至是强非线性的,所以非线性区间优化的研究至关重要,它直接关系到整个区间优化设计理论的实用性和未来发展的生命力。如随机规划和模糊规划一样,区间优化领域主流的做法也需要将不确定性优化问题转换为确定性优化问题进行求解,而这一转换需要通过数学转换模型完成。转换模型是非线性区间优化的重要基础,只有基于有效的转换模型,后续针对高效实用性算法的研究工作才能顺利开展。在该方面,如何保证转换后模型与原问题的等效性,如何保证转换模型的通用性,以及如何保证转换模型与现有工程设计习惯及设计思维的无缝连接仍然是需要重点考虑的问题,也是难点问题。另外,现有的区间优化转换模型在类型上相对单一,而实际工程中优化问题具有多样性,不同问题对优化过程的具体要求和侧重点不同,如何针对实际问题开发不同类型的数学转换模型,也是未来需要进一步研究和突破的地方。

(2) 对于非线性区间优化问题,通过数学转换模型得到的确定性优化问题通常是一个复杂的两层嵌套优化问题,这正是非线性区间优化与线性区间优化的最大区别。即使原不确定优化模型是关于设计变量和不确定变量的连续、可导函数,转换后的确定性优化问题也很难保证其连续性和可导性,所以传统的基于梯度的优化方法通常难以对之有效求解。如何针对上述嵌套优化问题的特点,发展出一系列非梯度的算法或将现有梯度优化算法进行改进和拓展使其适用于区间优化问题,也是该领域的一项重要研究内容。

(3) 两层嵌套优化造成的效率低下问题是非线性区间优化的关键技术瓶颈。目前有关非线性区间优化的研究大都基于简单的解析函数,处理较为方便,效率问题并不突显。然而,对于实际工程问题,优化模型的目标和约束大都通过一些数值分析模型,如有限元模型、多刚体动力学模型等隐式获得,这些模型的单次计算往往较为耗时。故基于数值分析模型的两层嵌套优化将造成极为低下的优化效率,即使对于单次计算较快的数值分析模型,所需要的优化时间也往往无法满足工程设计需要。实际上,效率问题已成为非线性区间优化领域的主要技术难点,也是当前该领域国内外学者重点关注的问题。

（4）随着现代工业的发展，实际工程中的优化问题越来越复杂，如何将区间优化拓展至一些重要类型的优化问题也是目前该领域人们关注的问题。例如，针对多个设计目标问题开发区间多目标优化方法，以及针对多学科问题开发区间多学科设计优化方法等，这些问题与非线性相耦合后会进一步增加问题的复杂性，需要建立相应的方法进行求解。

1.5　本书的研究目标和体系结构

综上所述，在目前的区间优化特别是非线性区间优化领域，还存在着若干重要的技术难点需要解决。本书针对上述技术难点，主要围绕非线性区间优化展开系统研究，力求在非线性区间优化的数学规划理论、实用性算法及工程应用三个方面做出一些较有价值的尝试和探索。本书研究内容和研究思路如下：首先，从数学规划理论的层面提出能处理一般不确定性优化问题的非线性区间优化的数学转换模型；其次，基于数学转换模型，开发多种具有一定工程实用性的高效非线性区间优化算法，其中着重解决两层嵌套优化造成的效率低问题；再次，将非线性区间优化拓展至多目标、多学科、参数相关等重要问题，并构建相应的区间优化模型及求解算法；另外，在研究过程中将相关方法应用于机械工程及相关领域的一些实际工程问题，在解决问题的同时验证方法的有效性。以下为本书的各章节安排和介绍。

第 1 章绪论：介绍不确定性优化的工程背景和研究意义，分析现有几类主要不确定性优化方法的研究现状，其中着重阐述区间优化方法的研究现状及目前存在的主要技术问题，最后给出本书的总体研究思路及体系结构。

第 2 章区间分析基本原理：介绍区间分析的基本原理，包括区间数的由来、区间数学的基本概念、区间运算法则、区间运算的过保守估计等，为后续章节的区间优化方法研究提供必要的理论基础。

第 3 章非线性区间优化的数学转换模型：针对一般类型的不确定性优化问题，提出两种非线性区间优化的数学转换模型，即区间序关系转换模型和区间可能度转换模型，将不确定优化问题转换为确定性优化问题；同时，构建一种基于遗传算法的两层嵌套优化方法对转换后的确定性优化问题进行求解。

第 4 章基于混合优化方法的区间优化：基于遗传算法和神经网络模型，建立多网络和单网络两种混合优化算法求解转换后的两层嵌套优化问题，从而发展出两种高效的非线性区间优化算法。

第 5 章基于区间结构分析方法的区间优化：首先，对现有区间结构分析方法进行扩展，使其可以高精度地求解结构在较大变量不确定性水平下的响应边界；其次，通过区间结构分析方法消除两层嵌套优化问题中的内层优化，从而发展出一种高效的非线性区间优化算法。

第 6 章基于序列线性规划的区间优化：将序列线性规划方法与非线性区间优化转换模型相结合，构造出一种高效的非线性区间优化算法，并建立相应的迭代机制，保证算法的收敛性。

第 7 章基于近似模型技术的区间优化：分别基于近似模型管理策略和局部加密近似模型技术，提出两种非线性区间优化算法；两种算法都能通过构建近似模型大大提高非线性区间优化的计算效率，但采用了不同的策略以保证迭代过程中的优化精度。

第 8 章区间多学科设计优化：将区间分析方法引入多学科设计优化问题，构建一种区间多学科设计优化模型，并基于单学科可行法及区间优化转换模型将其转换为常规的确定性优化问题进行求解。

第 9 章一种新的区间可能度模型及区间优化：首先，建立一种新的区间可能度模型，用于实现实数域上任意两个区间的定量化比较，它相比于现有的区间可能度模型具有更广的适用性；其次，基于该区间可能度，构建相应的区间优化模型及求解方法。

第 10 章考虑参数相关性的区间优化：引入多维平行六面体区间模型处理不确定参数之间的相关性，并在此基础上提出一种可处理参数相关性的区间优化方法。

第 11 章区间多目标设计优化：针对存在不确定性的多目标优化问题，构建一种区间多目标优化模型及相应的求解方法。

第 12 章考虑公差设计的区间优化：提出一种基于公差设计的区间优化方法，该方法不仅能给出最优的设计方案，而且能给出其最优的设计公差，从而将区间优化与制造工艺相联系，进一步拓展传统区间优化方法的研究领域及适用范围。

第 13 章区间差分进化算法：在现有差分进化算法的基础上，发展出了一种区间差分进化算法，可以直接对原区间优化问题进行求解，而不需要先将其转换为确定性优化问题，从而为区间优化问题的求解提供了一种新的思路。

参 考 文 献

[1] Himmelblau D M. Applied Nonlinear Programming. New York：McGraw-Hill Book Company，1972.

[2] Nocedal J，Wright S J. Numerical Optimization. New York：Springer，1999.

[3] Haftka R T，Gürdal Z. Elements of Structural Optimization. Dordrecht：Kluwer Academic Publishers，1992.

[4] 刘惟信. 机械最优化设计. 北京：清华大学出版社，2002.

[5] Zhu J H，Zhang W H，Beckers P. Integrated layout design of multi-component system. International Journal for Numerical Methods in Engineering，2009，78(6)：631-651.

[6] 程耿东. 工程结构优化设计基础. 大连：大连理工大学出版社，2012.

[7] 邱志平. 不确定参数结构静力响应和特征值问题的区间分析方法. 长春：吉林工业大学博士

学位论文,1994.

[8] 杨晓伟. 区间参数结构的静动态分析. 长春:吉林工业大学博士学位论文,2000.

[9] 连华东. 区间参数结构的区间有限元方法. 长春:吉林大学博士学位论文,2002.

[10] 李润方,王建军. 齿轮系统动力学(振动、冲击、噪声). 北京:科学出版社,1997.

[11] 张建波,陈仲仪. 一种识别齿轮刚度的新方法//第四届全国振动理论及应用学术会议,郑州,1990:26-273.

[12] 童忠钫,张杰. 加工中心立柱床身结合面动态特性研究及参数识别. 振动与冲击,1992,43(3):13-19.

[13] 诸德培. 振动环境对结构特性的影响//第五届全国振动理论及应用学术会议,屯溪,1993:79-82.

[14] 张杰. 复杂机械结构结合面动力学建模及其参数识别方法的研究. 机械强度,1996,18(2):1-5.

[15] 孙爱荣. 核电厂结构系统参数不确定性分析. 东北林业大学学报,1995,23(1):108-115.

[16] Chang C C,Lo J G,Wang J L. Assessment of reducing ozone forming potential for vehicles using liquefied petroleum gas as an alternative fuel. Atmospheric Environment,2001,35(35):6201-6211.

[17] 袁泉,李一兵. 参数不确定度对汽车侧面碰撞事故再现结果的影响. 农业机械学报,2005,36(5):16-19.

[18] 王海燕,刘红军. 液体火箭发动机性能可靠性的随机仿真方法. 火箭推进,2006,32(4):26-30.

[19] 刘宝碇,赵瑞清,王纲. 不确定规划及应用. 北京:清华大学出版社,2003.

[20] Zanjani M K,Nourelfath M,Ait-Kadi D. A multi-stage stochastic programming approach for production planning with uncertainty in the quality of raw materials and demand. International Journal of Production Research,2010,48(16):4701-4723.

[21] Alfieri A,Tolio T,Urgo M. A two-stage stochastic programming project scheduling approach to production planning. The International Journal of Advanced Manufacturing Technology,2012,62(1-4):279-290.

[22] Goli A,Tirkolaee E B,Malmir B,et al. A multi-objective invasive weed optimization algorithm for robust aggregate production planning under uncertain seasonal demand. Computing,2019,101(6):499-529.

[23] Liu B D. Uncertain programming:A unifying optimization theory in various uncertain environments. Applied Mathematics and Computation,2001,120(1-3):227-234.

[24] Kall P. Stochastic programming:Achievements and open problems//Models,Methods and Decision Support for Management. Heidelberg:Physica-Verlag,2001:285-302.

[25] Mousavi S M,Vahdani B,Tavakkoli-Moghaddam R. Location of cross-docking centers and vehicle routing scheduling under uncertainty:A fuzzy possibilistic-stochastic programming model. Applied Mathematical Modelling,2014,38(7-8):2249-2264.

[26] Sun L,Lin L,Li H J,et al. Hybrid cooperative co-evolution algorithm for uncertain vehicle

scheduling. IEEE Access,2018,6:71732-71742.

[27] Chen C,Wang F,Zhou B,et al. An interval optimization based day-ahead scheduling scheme for renewable energy management in smart distribution systems. Energy Conversion and Management,2015,106:584-896.

[28] Wei F,Wu Q H,Jing Z X,et al. Optimal unit sizing for small-scale integrated energy systems using multi-objective interval optimization and evidential reasoning approach. Energy, 2016,111:933-946.

[29] Zhao J,Liu B D. New stochastic models for capacitated location-allocation problem. Computers & Industrial Engineering,2003,45(1):111-125.

[30] Alizadeh M,Mahdavi I,Mahdavi-Amiri N,et al. A capacitated location-allocation problem with stochastic demands using sub-sources:An empirical study. Applied Soft Computing, 2015,34:551-571.

[31] Elishakoff I,Haftka R T,Fang J. Structural design under bounded uncertainty—Optimization with anti-optimization. Computers and Structures,1994,53 (6):1401-1405.

[32] Doltsinis I,Kang Z. Robust design of structures using optimization methods. Computer Methods in Applied Mechanics and Engineering,2004,193(23-26):2221-2237.

[33] Mrabet E,Guedri M,Ichchou M N,et al. Stochastic structural and reliability based optimization of tuned mass damper. Mechanical Systems and Signal Processing, 2015, 60-61: 437-451.

[34] Bhattacharjya S,Chakraborty S. An improved robust multi-objective optimization of structure with random parameters. Advances in Structural Engineering, 2018, 21 (11): 1597-1607.

[35] Liu B S,Jiang C,Li G Y,et al. Topology optimization of structures considering local material uncertainties in additive manufacturing. Computer Methods in Applied Mechanics and Engineering,2020,360(1):112786.

[36] Bellman R E. Dynamic Programming. New Jersey:Princeton University Press,1957.

[37] Bellman R E,Zadeh L A. Decision-making in a fuzzy environment. Management Science, 1970,17(4):141-164.

[38] Charnes A, Cooper W W. Chance-constrained programming. Management Science, 1959, 6(1):73-79.

[39] Dantzig G B. Linear programming under uncertainty. Management Science,1955,1(3-4): 197-206.

[40] Dantzig G B,Ferguson A R. The allocation of aircraft to routes—An example of linear programming under uncertainty. Management Science,1956,3(1):45-73.

[41] Beale E M L. On minimizing a convex function subject to linear inequalities. Journal of the Royal Statistical Society,Series B (Methodological),1955,17(2):173-184.

[42] Walkup D W,Wets R J B. Stochastic programs with recourse. SIAM Journal on Applied Mathematics,1967,15(5):1299-1314.

[43] Wets R J B. Stochastic programs with fixed recourse: The equivalent deterministic program. SIAM Review, 1974, 16(3): 309-339.

[44] Charnes A, Cooper W W, Symonds G H. Cost horizons and certainty equivalents: An approach to stochastic programming of heating oil. Management Science, 1958, 4 (3): 235-263.

[45] Borell C. Convex measures on locally convex spaces. Arkiv För Matematik, 1974, 12(1-2): 239-252.

[46] Prekopa A, Dempster M A H. Logarithmic Concave Measure and Related Topics. Stochastic Programming. New York-San Francisco-London: Academic Press, 1980.

[47] Markowitz H M, Todd G P. Mean-Variance Analysis in Portfolio Choice and Capital Markets. Hoboken: John Wiley & Sons, 2000.

[48] Levy H, Markowitz H M. Approximating expected utility by a function of mean and variance. The American Economic Review, 1979, 69(3): 308-317.

[49] Dupačová J. Minimax stochastic programs with nonconvex nonseparable penalty functions// Operations Techniques. Berlin: Springer-Verlay, 1980.

[50] Pollak R A. Additive von Neumann-Morgenstern utility functions. Econometrica, 1967, 35 (3/4): 485-494.

[51] Roth A E. The Shapley Value as a von Neumann-Morgenstern Utility. Econometrica, 1977, 45(3): 657-664.

[52] 戎晓霞. 不确定优化问题的若干模型与算法研究. 济南: 山东大学博士学位论文, 2005.

[53] Gartska S J. The economic equivalence of several stochastic programming models//Dempster M A H. Stochastic Programming. New York: Academic Press, 1980.

[54] Ziemba W T. Stochastic programs with simple recourse//Hammer P L, Zoutendijk G. Mathematical Programming in Theory and Practice. Amsterdam: North-Holland Publishing Company, 1972.

[55] Birge J R, Louveaux F V. Introduction to Stochastic Programming. New York: Springer, 1997.

[56] Leovey H, Roemisch W. Quasi-Monte Carlo methods for linear two-stage stochastic programming problems. Mathematical Programming, 2015, 151(1): 315-345.

[57] Ivanov S V, Kibzun A I, Mladenovic N, et al. Variable neighborhood search for stochastic linear programming problem with quantile criterion. Journal of Global Optimization, 2019, 74(3): 549-564.

[58] Sherali H D, Fraticelli B M P. A modification of Benders' decomposition algorithm for discrete subproblems: An approach for stochastic programs with integer recourse. Journal of Global Optimization, 2002, 22(1-4): 319-342.

[59] Alexander S. Theory of Linear and Integer Programming. Amsterdam: John Wiley & Sons, 1998.

[60] Ahmed S, Sahinidis N V. An approximation scheme for stochastic integer programs arising in capacity expansion. Operations Research, 2003, 51(3): 461-471.

［61］ Bastin F. Nonlinear stochastic programming［PhD Thesis］. Namur：University of Namur，2004.

［62］ Dumskis V，Sakalauskas L. Nonlinear stochastic programming involving CVaR in the objective and constraints. Informatica，2015，26(4)：569-591.

［63］ Doagooei A R. Generalized cutting plane method for solving nonlinear stochastic programming problems. Optimization，2020，69(7-8)：1751-1771.

［64］ Krasko V，Rebennack S. Two-stage stochastic mixed-integer nonlinear programming model for post-wildfire debris flow hazard management：Mitigation and emergency evacuation. European Journal of Operational Research，2017，263(1)：265-282.

［65］ Takriti S，Ahmed S. On robust optimization of two-stage systems. Mathematical Programming，2004，99(1)：109-126.

［66］ Liu C，Lee C，Chen H Y，et al. Stochastic robust mathematical programming model for power system optimization. IEEE Transactions on Power Systems，2016，31(1)：821-822.

［67］ Rahimian H，Bayraksan G，Homem-de-Mello T. Identifying effective scenarios in distributionally robust stochastic programs with total variation distance. Mathematical Programming，2019，173(1-2)：393-430.

［68］ Enevoldsen I，Sørensen J D. Reliability-based optimization in structural engineering. Structural Safety，1994，15(3)：169-196.

［69］ Du X P，Chen W. Sequential optimization and reliability assessment method for efficient probabilistic design. Journal of Mechanical Design，2004，126(2)：225-233.

［70］ Liang J，Mourelatos Z P，Tu J. A single-loop method for reliability-based design optimization. Proceedings of ASME Design Engineering Technical Conferences，Salt Lake City，2004.

［71］ Cheng G D，Xu L，Jiang L. A sequential approximate programming strategy for reliability-based structural optimization. Computers and Structures，2006，84(21)：1353-1367.

［72］ Zhang Y M. Reliability-based robust design optimization of vehicle components，part I：Theory. Frontiers of Mechanical Engineering，2015，10(2)：138-144.

［73］ Zhang Y M. Reliability-based robust design optimization of vehicle components，part II：Case studies. Frontiers of Mechanical Engineering，2015，10(2)：145-153.

［74］ Chen Z Z，Qiu H B，Gao L. An optimal shifting vector approach for efficient probabilistic design. Structural and Multidisciplinary Optimization，2013，47(6)：905-920.

［75］ Shan S Q，Wang G G. Reliable design space and complete single-loop reliability-based design optimization. Reliability Engineering & System Safety，2008，93(8)：1218-1230.

［76］ Zhang Z，Deng W，Jiang C. Sequential approximate reliability-based design optimization for structures with multimodal random variables. Structural and Multidisciplinary Optimization，2020，62：511-528.

［77］ 崔迪. 随机规划若干问题的研究. 青岛：山东科技大学硕士学位论文，2005.

［78］ 冯英俊，魏权龄. 多目标规划模糊解的一般形式. 模糊数学，1982，2(2)：29-35.

［79］ Inuiguchi M，Ramik J. Possibilistic linear programming：A brief review of fuzzy mathematical programming and a comparison with stochastic programming in portfolio selection problem. Fuzzy Sets and Systems,2000,111(1):3-28.

[80] Zimmermann H J. Applications of fuzzy sets theory to mathematical programming. Information Sciences,1985,36(1-2):29-58.

[81] Dubios D, Prade H. Systems of linear fuzzy constraints. Fuzzy Sets and Systems, 1980, 3(1):37-48.

[82] Tanaka H,Okuda T,Asai K. On fuzzy mathematical programming. Journal of Cybernetics, 1973,3(4):37-46.

[83] Rommelfanger H. Fuzzy linear programming and applications. European Journal of Operational Research,1996,92(3):512-527.

[84] Buckley J J,Feuring T. Evolutionary algorithm solution to fuzzy problems:Fuzzy linear programming. Fuzzy Sets and Systems,2000,109(1):35-53.

[85] Liu Q M,Shi F G. Stratified simplex method for solving fuzzy multi-objective linear programming problem. Journal of Intelligent and Fuzzy Systems,2015,29(6):2357-2364.

[86] Luhandjula M K,Ichihashi H,Inuiguchi M. Fuzzy and semi-infinite mathematical programming. Information Sciences,1992,61(3):233-250.

[87] Inuiguichi M,Ichihashi H,Kume Y. Relationships between modality constrained programming problems and various fuzzy mathematical programming problems. Fuzzy Sets and Systems,1992,49(3):243-259.

[88] 洪振英. 模糊规划的稳定性及其于序结构下的求解方法. 哈尔滨:哈尔滨工业大学硕士学位论文,2001.

[89] Sakawa M,Yano H. Interactivedecision making for multiobjective nonlinear programming problems with fuzzy parameters. Transactions of the Society of Instrument and Control Engineers,1986,22(2):162-167.

[90] Huang H Z. Fuzzy multi-objective optimization decision-making of reliability of series system. Microelectronics Reliability,1997,37(3):447-449.

[91] Tang J F,Wang D W. An interactive approach based on a GA for a type of quadratic programming problems with fuzzy objective and resources. Computer and Operations Research, 1997,24(5):413-422.

[92] 唐家福,汪定伟. 基于 GA 的一类 Fuzzy 资源非线性问题的模型. 模糊系统与数学,1998, 12:58-67.

[93] 刘宝碇,赵瑞清. 随机规划与模糊规划. 北京:清华大学出版社,1998.

[94] Wu C W,Liao M Y. Fuzzy nonlinear programming approach for evaluating and ranking process yields with imprecise data. Fuzzy Sets and Systems,2014,246:142-155.

[95] Mansoori A,Effati S. An efficient neurodynamic model to solve nonlinear programming problems with fuzzy parameters. Neurocomputing,2019,334:125-133.

[96] 蒋峰. 区间参数不确定系统优化方法及其在汽油调和中的应用研究. 杭州:浙江大学博士学位论文,2005.

[97] Ben-Haim Y,Elishakoff I. Convex Models of Uncertainty in Applied Mechanics. Amster-

dam:Elsevier,1990.

[98] Salinetti G. Approximations for chance-constrained programming problems. Stochastics, 1983,10(3-4):157-179.

[99] Ermoliev Y. Stochastic quasigradient methods and their application to systems optimization. Stochastics,1983,9(1-2):1-36.

[100] 郭书祥. 非随机不确定结构的可靠性方法和优化设计研究. 西安:西北工业大学博士学位论文,2002.

[101] Moore R E. Methods and Applications of Interval Analysis. London:Prentice-Hall Inc. ,1979.

[102] Ben-Haim Y. Convex models of uncertainty in radial pulse buckling of shells. Journal of Applied Mechanics,1993,60(3):683-688.

[103] Ben-Haim Y. A non-probabilistic measure of reliability of linear systems based on expansion of convex models. Structural Safety,1995,17(2):91-109.

[104] Kang Z,Luo Y J. Non-probabilistic reliability-based topology optimization of geometrically nonlinear structures using convex models. Computer Methods in Applied Mechanics and Engineering,2009,198(41-44):3228-3238.

[105] Jiang C,Zhang Q F,Han X,et al. Multidimensional parallelepiped model—A new type of non-probabilistic convex model for structural uncertainty analysis. International Journal for Numerical Methods in Engineering,2015,103(1):31-59.

[106] Elishakoff I,Bekel Y. Application of Lame's super ellipsoids to model initial imperfections. ASME Journal of Applied Mechanics,2013,80(6):061006.

[107] Jiang C,Ni B Y,Han X,et al. Non-probabilistic convex model process:A new method of time-variant uncertainty analysis and its application to structural dynamic reliability problems. Computer Methods in Applied Mechanics and Engineering,2014,268:656-676.

[108] Lombardi M. Optimization of uncertain structures using non-probabilistic models. Computers and Structures,1998,67(1-3):99-103.

[109] Pantelides C P,Ganzeli S. Design of trusses under uncertain loads using convex models. Journal of Structural Engineering,1998,124(3):318-329.

[110] Ganzerli S,Pantelides C P. Load and resistance convex models for optimum design. Structural Optimization,1999,17(4):259-268.

[111] Ganzerli S,Pantelides C P. Optimum structural design via convex model superposition. Computers and Structures,2000,74(6):639-647.

[112] Pantelides C P. Comparison of fuzzy set and convex model theories in structural design. Mechanical Systems and Signal Processing,2001,15(3):499-511.

[113] Qiu Z P. Comparison of static response of structures using convex models and interval analysis method. International Journal for Numerical Methods in Engineering,2003,56(12):1735-1753.

[114] Qiu Z P,Wang X J. Comparison of dynamic response of structures with uncertain-but-bounded parameters using non-probabilistic interval analysis method and probabilistic

approach. International Journal of Solids and Structures,2003,40(20):5423-5439.

[115] 邱志平. 非概率集合理论凸方法及其应用. 北京:国防工业出版社,2005.

[116] Au F T K,Cheng Y S,Tham L G,et al. Robust design of structures using convex models. Computers and Structures,2003,81(28-29):2611-2619.

[117] Gurav S P,Goosen J F L,Keulen V F. Bounded-but-unknown uncertainty optimization using design sensitivities and parallel computing:Application to MEMS. Computers and Structures,2005,83(14):1134-1149.

[118] Guo X,Bai W,Zhang W S,et al. Confidence structural robust design and optimization under stiffness and load uncertainties. Computer Methods in Applied Mechanics and Engineering,2009,198(41-44):3378-3399.

[119] 郭书祥,吕震宙. 基于非概率模型的结构可靠性优化设计. 计算力学学报,2002,19(2):198-201.

[120] 郭书祥,吕震宙. 结构的非概率可靠性方法和概率可靠性方法的比较. 应用力学学报,2003,20(3):107-110.

[121] 曹鸿钧,段宝岩. 基于凸集合模型的非概率可靠性研究. 计算力学学报,2005,22(5):546-549.

[122] 曹鸿钧,段宝岩. 基于非概率可靠性的结构优化设计研究. 应用力学学报,2005,22(3):381-385.

[123] 亢战,罗阳军. 基于凸模型的结构非概率可靠性优化. 力学学报,2006,38(6):807-815.

[124] Kang Z,Luo Y J. Non-probabilistic reliability-based topology optimization of geometrically nonlinear structures using convex models. Computer Methods in Applied Mechanics and Engineering,2009,198(41):3228-3238.

[125] Li F Y,Luo Z,Rong J H,et al. A non-probabilistic reliability-based optimization of structures using convex models. Computer Modeling in Engineering and Sciences,2013,95(6):423-452.

[126] Rommelfanger H,Hanuscheck R,Wolf J. Linear programming with fuzzy objectives. Fuzzy Sets and Systems,1989,29(1):31-48.

[127] Ishibuchi H,Tanaka H. Multiobjective programming in optimization of the interval objective function. European Journal of Operational Research,1990,48(2):219-225.

[128] Ramik J,Rommelfanger H. A single-and a multi-valued order on fuzzy numbers and its use in linear programming with fuzzy coefficients. Fuzzy Sets and Systems,1993,57(2):203-208.

[129] Dubios D,Parade H. Ranking fuzzy numbers in the setting of possibility theory. Information Sciences,1983,30(3):183-224.

[130] Ohta H,Yamaguchi T. Linear fractional goal programming in consideration of fuzzy solution. European Journal of Operational Research,1996,92(1):157-172.

[131] Tong S C. Interval number and fuzzy number linear programmings. Fuzzy Sets and Systems,1994,66(3):301-306.

[132] 刘新旺,达庆利. 一种区间线性规划的满意解. 系统工程学报,1999,14(2):123-128.

[133] 张全,樊治平,潘德惠. 不确定性多属性决策中区间数的一种排序方法. 系统工程理论与实践,1999,5:129-133.

[134] 徐泽水,达庆利. 区间数排序的可能度法及其应用. 系统工程学报,2003,18(1):67-70.

[135] Chanas S,Kuchta D. Multiobjective programming in optimization of interval objective functions—A generalized approach. European Journal of Operational Research,1996,94(3):594-598.

[136] Sengupta A,Pal T K. On comparing interval numbers. European Journal of Operational Research,2000,127(1):28-43.

[137] Sengupta A,Pal T K,Chakraborty D. Interpretation of inequality constraints involving interval coefficients and a solution to interval linear programming. Fuzzy Sets and Systems,2001,119(1):129-138.

[138] Lai K K,Wang S Y,Xu J P,et al. A class of linear interval programming problems and its application to portfolio selection. IEEE Transactions on Fuzzy Systems, 2002, 10(6):698-704.

[139] Chen M Z,Wang S G,Wang P P,et al. A new equivalent transformation for interval inequalityconstraints of interval linear programming. Fuzzy Optimization and Decision Making,2016,15(2):155-175.

[140] Inuiguchi M,Kume Y. Extensions of efficiency to possibilistic multiobjective linear programming problems. Proceedings of Tenth International Conference on Multiple Criteria Decision Making,Taipei,1992:331-340.

[141] Inuiguchi M ,Sakawa M. Minimax regret solution to linear programming problems with an interval objective function. European Journal of Operational Research, 1995, 86(3):526-536.

[142] Shimizu K,Aiyoshi E. Necessary conditions for min-max problems and algorithms by a relaxation procedure. IEEE Transactions on Automatic Control,1980,25(1):62-66.

[143] Inuiguchi M,Sakawa M. Maximum regret analysis in linear programs with an interval objective function. Proceedings of IWSCI,1996:308-317.

[144] Mausser H E,Laguna M. A new mixed integer formulation for the maximum regret problem. International Transactions in Operational Research,1998,5(5):389-403.

[145] Kouvelis P,Yu G. Robust Discrete Optimization and its Applications. Boston:Kluwer Academic Publishers,1997.

[146] Mausser H E,Laguna M. A heuristic to minimax absolute regret for linear programs with interval objective function coefficients. European Journal of Operational Research,1999,117(1):157-174.

[147] Averbakh I,Lebedev V. On the complexity of minmax regret linear programming. European Journal of Operational Research,2005,160(1):227-231.

[148] Dong C, Huang G H,Cai Y P, et al. An interval-parameter minimax regret programmingapproach for power management systems planning under uncertainty. Applied Ener-

gy,2011,88(8):2835-2845.

[149] Rivaz S,Yaghoobi M A. Minimax regret solution to multiobjective linear programming problems with interval objective functions coefficients. Central European Journal of Operations Research,2013,21(3):625-649.

[150] 马龙华. 不确定系统的鲁棒优化方法及其研究. 杭州:浙江大学博士学位论文,2002.

[151] 程志强,戴连奎,孙优贤. 区间参数不确定系统优化的可行性分析. 自动化学报,2004,30(3):455-459.

[152] 姜潮. 基于区间的不确定优化理论与算法. 长沙:湖南大学博士学位论文,2008.

[153] Wu H C. The Karush-Kuhn-Tucker optimality conditions in an optimization problem with interval-valued objective function. European Journal of Operational Research,2007,176(1):46-59.

[154] Wu X Y,Huang G H,Liu L,et al. An interval nonlinear program for the planning of waste management systems with economies-of-scale effects—A case study for the region of Hamilton,Ontario,Canada. European Journal of Operational Research,2006,171(2):349-372.

[155] 巩敦卫,孙靖. 区间多目标进化优化理论与应用. 北京:科学出版社,2013.

[156] Cheng J,Liu Z Y,Wu Z Y,et al. Direct optimization of uncertain structures based on degree of interval constraint violation. Computers and Structures,2016,164:83-94.

[157] 吴杰,周胜男. 动力总成悬置系统频率和解耦率的稳健优化方法. 振动与冲击,2012,31(4):1-7.

[158] Wu J L,Luo Z,Zhang N,et al. A new interval uncertain optimization method for structures using Chebyshev surrogate models. Computers and Structures,2015,146:185-196.

[159] Xu B,Jin Y J. Multiobjective dynamic topology optimization of truss with interval parameters based on interval possibility degree. Journal of Vibration and Control,2014,20(1):66-81.

[160] Cheng J,Liu Z Y,Qian Y M,et al. Robust optimization of uncertain structures based on interval closeness coefficients and the 3D violation vectors of interval constraints. Structural and Multidisciplinary Optimization,2019,60(1):17-33.

[161] Wang L Q,Yang G L,Xiao H,et al. Interval optimization for structural dynamic responses of an artillery system under uncertainty. Engineering Optimization,2020,52(2):343-366.

[162] Li Y L,Wang X J,Huang R,et al. Actuator placement robust optimization for vibration control system with interval parameters. Aerospace Science and Technology,2015,45:88-98.

[163] Badri S A,Ghazanfari M,Shahanaghi K. A multi-criteria decision-making approach to solve the product mix problem with interval parameters based on the theory of constraints. The International Journal of Advanced Manufacturing Technology,2014,70(5-8):1073-1080.

[164] Li Y Z,Wu Q H,Jiang L,et al. Optimal power system dispatch with wind power integrated using nonlinear interval optimization and evidential reasoning approach. IEEE Transactions on Power Systems,2016,31(3):2246-2254.

[165] Huang C X, Yue D, Deng S, et al. Optimal scheduling of microgrid with multiple distribu-
ted resources using interval optimization. Energies, 2017, 10(3): 339.

[166] Soltani M, Kerachian R, Nikoo M R, et al. A conditional value at risk-based model for plan-
ning agricultural water and return flow allocation in river systems. Water Resources Ma-
nagement, 2016, 30(1): 427-443.

[167] Zarghami M, Safari N, Szidarovszky F, et al. Nonlinear interval parameter programming
combined with cooperative games: A tool for addressing uncertainty in water allocation
using water diplomacy framework. Water Resources Management, 2015, 29(12): 4285-4303.

第 2 章　区间分析基本原理

区间数简称区间,由一对有序的实数组成,具有集合和数值的双重特性。以区间数为研究对象的数学分析方法称为"区间分析"或"区间数学"。区间数学的思想最早起源于 20 世纪 30 年代。英国学者 Young[1] 于 1931 年首次对区间算术进行了描述,给出了区间和实数集合的计算规则。1951 年出版的一篇俄文论文最早提出把区间运算作为数值计算工具,并将其应用于求解传统表达式的取值区间[2];同年,美国密歇根大学的 Dwyer 在其专著 *Linear Computations*[3] 中给出了区间运算法则。1956 年,波兰学者 Warmus[4] 也独立地提出了一套区间数运算法则;同年,日本东京大学的 Sunaga 在其硕士论文[5] 中提出将区间应用于计算机计数,但遗憾的是,该论文是手写稿,无法广泛流传,所以区间数并未引起人们的关注。直到 1958 年,Sunaga 的另一篇更为重要的、为区间计算奠定数学基础的论文[6] 公开发表后,他在该领域的研究才始为人知,但是由于种种原因,其影响力仍然不大。1959 年,美国斯坦福大学的 Moore 和 Yang 在其学术报告[7] 中第一次提出了区间分析的概念。1962 年,Moore 发表了他的博士论文[8],此时区间分析才开始真正引起人们的广泛关注。1966 年,为了自动核对数值计算结果,Moore 以其博士论文为蓝本出版了具有重要意义的专著 *Interval Analysis*[9],该书至今被视为区间数学的理论基石。1979 年,Moore 又出版了著作 *Methods and Applications of Interval Analysis*[10],将区间数学初步应用于一些实际工程领域。之后,区间分析理论得到不断发展,并很快成为计算数学中的一个非常活跃的分支。该领域已出现专门的国际期刊 *Interval Computation*,其于 1995 年更名为 *Reliable Computing*。在我国,较早研究区间数学的学者是南京大学数学系的王德人[11] 和沈祖和[12,13]。此外,吉林大学的陈塑寰[14]、北京航空航天大学的邱志平[15] 等学者也长期致力于区间分析的理论与应用研究,并取得了一系列成果。

本章对区间数的由来、区间数学的基本概念、区间运算法则及区间扩张等进行简要介绍,以便为后续章节的区间优化方法的构建提供部分必要的理论基础。

2.1　区间数的由来

区间数的雏形起源于公元前 3 世纪阿基米德测算圆周率 π 的故事[16]。阿基米德在一个半径为 1 的圆上做一个外切正 m 边形和一个内接正 n 边形,并将这两个正多边形的面积分别作为圆面积的上、下限,从而得到了圆面积和 π 的区间。随

着 m 和 n 的变大,区间的宽度越来越小,直至最后得到一个包含 π 的足够小的区间数,即 π 的近似值。

计算机的发明使得区间数再一次进入人们的视野。众所周知,十进制数值必须经过二进制转换之后才能被计算机识别。以一个 32 位(bit)的计算机为例,根据 IEEE(Institute of Electrical and Electronics Engineers)发布的单精度浮点数表达和运算标准 IEEE754[17] 可知:其第 31 位表示正、负号,其中"0"表示正号,"1"表示负号;第 30 位至第 23 位的 8 位表示转换后的二进制数的指数(阶码),表示的范围为 $(-2^7+1) \sim 2^7$,即 $-127 \sim 128$ 的任意一个指数都可以表示和存储,由于采用移位存储,所以实际存储的数据为"原指数+127";第 22 位至第 0 位一共 23 位表示尾数。以十进制小数 85.5 为例,转换成二进制数为 1010101.1,利用二进制的科学计数法可计为 1.0101011×2^6。IEEE 标准要求浮点数必须是规范的,这意味着转换后的二进制小数的小数点左侧必须为"1",为了增大计数范围,通常将其省略,从而腾出一个二进制位来保存更多的尾数,这也是第 22 位至第 0 位只需要表示小数点后尾数的原因。为此,如图 2.1 所示,对于十进制小数 85.5,符号位为"0";指数位为"6",加上偏移量 127 后的存储数据为"133",转换成二进制数后是"1000 0101";尾数位为"010 1011",补足 23 位后为"010 1011 0000 0000 0000 0000"。

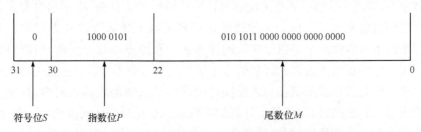

图 2.1　十进制小数 85.5 的二进制单精度浮点表示

由于字节位数有限,指数和尾数的表示范围都将受到限制,对于超出位数的部分数值只能进行舍入或截断处理,输出一个与原有数据近似的结果。IEEE754 规定 32 位单精度浮点数在转换成十进制数以后,小数部分只保存 $6 \sim 7$ 位有效数字。即使将计算机的位数提高至 64 位或 128 位,也同样会面临由于有理数数值位数超出系统固有位数而无法表示的情况。例如,用 32 位计算机存储十进制小数 85.49,由于其小数部分 0.49 无法分解成有限个 2 的幂相加的形式,所以不能用有限位的二进制数来表示 85.49。相反,只能将其近似地转换成一个二进制数(位数依据精度要求选取,本例取 38 位)$1.01010101111101011100001010001111010111 \times 2^6$,其中符号位"0"和指数"6"均可表示出来。但是该数的尾数共有 38 位,远远超出了 23 位的表示范围。根据 IEEE754 对溢出数值的处理规定,只能表示成如图 2.2 所示的形式。

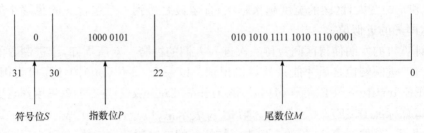

图 2.2　十进制小数 85.49 的二进制单精度浮点表示

　　该二进制数实际上只等于十进制数 85.48999786376953125，与原数 85.49 存在细微差别。通常认为小数点多位之后的误差不会对计算结果产生太大影响，可以忽略不计，然而事情远非如此简单。文献[18]给出了一个例子：无穷序列 $\{x_n\}$，$x_0=1,x_1=\dfrac{1}{3}$；$i \geqslant 1$ 时，$x_{i+1}=\dfrac{13}{3}x_i-\dfrac{4}{3}x_{i-1}$。如果在计算机上用浮点算法来计算该序列，并根据数据结果来判断序列的收敛性，会很容易得出该数列发散的错误结论。但是，根据数学归纳法，可以很容易证明该序列与 $\left(\dfrac{1}{3}\right)^n$ 等价，该无穷序列应该收敛于 0。对于无理数，更是无法通过计算机进行准确存储，必须通过舍入处理用一个近似数值来表示。Moore 敏锐地认识到类似上述运算以及无理数近似表示所带来的不可靠性完全是由于实数的浮点表示和浮点本身产生的，所以将原来计算机用一个浮点数去近似无理数的方法扩展到用与该无理数最接近的两个浮点数来表示。该无理数被限定在与之最接近的两个浮点数形成的区间内，并定义了相应的区间运算法则，以保证每次计算的精确结果都在某一区间范围内。至此，区间数成为人们关注的研究对象，围绕着区间数产生的运算法则以及以区间变量为自变量的区间函数计算方法逐渐规范化和体系化，并形成相应的理论体系[19]。所以某种程度上，早期主要是计算机领域的需求推动了区间分析理论的发展。

2.2　区间数学的基本概念

　　如图 2.3 所示，一个有界的实数闭集称为区间[10]：

$$A^I=[A^L,A^R]=\{x \mid A^L \leqslant x \leqslant A^R, x \in \mathbf{R}\} \tag{2.1}$$

式中，上标 I,L,R 分别表示区间、区间下界、区间上界。区间可以看成由两个端点组成的一对有序实数，称为区间数。所有区间数的集合记为 $\mathbf{IR}$，满足 $A^L \geqslant 0$ 和 $A^R \leqslant 0$ 的区间数的集合分别记为 $\mathbf{IR}^+$ 和 $\mathbf{IR}^-$。

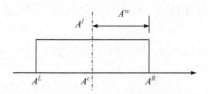

图 2.3　区间的几何描述

如果两个区间数相应的端点相等,则称这两个区间相等,即当 $A^L = B^L$ 且 $A^R = B^R$ 时, $A^I = B^I$。如果在区间数 $A^I = [A^L, A^R]$ 中, $A^L = A^R = A$,则称 $A^I = [A^L, A^R]$ 为点区间数,说明该区间退化为一个实数。实数中的不等式关系也可以扩展到区间数中,即当且仅当 $A^R < B^L$ 时, $A^I < B^I$;当且仅当 $A^L > B^R$ 时, $A^I > B^I$。

区间数 A^I 的宽度记为

$$\omega(A^I) = A^R - A^L \tag{2.2}$$

区间数 A^I 的中点 $m(A^I)$,又称区间数的中值,也可以记作

$$A^c = \frac{A^L + A^R}{2} \tag{2.3}$$

区间数 A^I 的偏差,又称区间半径或离差,记作

$$A^w = \frac{A^R - A^L}{2} \tag{2.4}$$

任意一个区间数 $A^I = [A^L, A^R]$ 也可以通过其中点 A^c 和半径 A^w 之和来表示,这种表示方法也称为区间数的分解定理,而且该分解形式是唯一的:

$$A^I = A^c \pm A^w \tag{2.5}$$

或者写成集合的形式:

$$A^I = \langle A^c, A^w \rangle = \{ x \mid A^c - A^w \leqslant x \leqslant A^c + A^w \} \tag{2.6}$$

区间数 A^I 的绝对值 $|A^I|$ 定义为

$$|A^I| = \max(|A^L|, |A^R|) \tag{2.7}$$

因此,对任意 $x \in X^I$,有

$$|x| \leqslant |A^I| \tag{2.8}$$

称 n 个有序区间数组 $\boldsymbol{A}^I = (A_1^I, A_2^I, \cdots, A_n^I)$ 为区间向量。从几何上讲,区间向量为一个 n 维长方体,其宽度定义为

$$\omega(\boldsymbol{A}^I) = \max(\omega(A_1^I), \omega(A_2^I), \cdots, \omega(A_n^I)) \tag{2.9}$$

其范数定义为

$$\| \boldsymbol{A}^I \| = \max(|A_1^I|, |A_2^I|, \cdots, |A_n^I|) \tag{2.10}$$

其中点向量为

$$\boldsymbol{m}(\boldsymbol{A}^I) = (m(A_1^I), m(A_2^I), \cdots, m(A_n^I)) \tag{2.11}$$

类似地,元素 A_{ij} 为区间的矩阵 $\boldsymbol{A}^I = (A_{ij}^I)$ 称为区间矩阵,其宽度、范数及中点矩阵分别定义为

$$\omega(\boldsymbol{A}^I) = \max_{i,j}(\omega(A_{ij}^I)) \tag{2.12}$$

$$\| \boldsymbol{A}^I \| = \max_i \sum_j |A_{ij}^I| \tag{2.13}$$

$$\boldsymbol{m}(\boldsymbol{A}^I) = (m(A_{ij}^I)) \tag{2.14}$$

如果对于任何实矩阵 $\boldsymbol{A} \in \boldsymbol{A}^I$,且实矩阵 $\boldsymbol{A}$ 都是对称矩阵,则 $\boldsymbol{A}^I$ 称为对称区间矩阵。

2.3　区间数的基本运算法则

设两个区间数分别为 $A^I = [A^L, A^R]$ 和 $B^I = [B^L, B^R]$,其四则运算定义如下[10]:

$$\begin{cases} A^I + B^I = [A^L, A^R] + [B^L, B^R] = [A^L + B^L, A^R + B^R] \\ A^I - B^I = [A^L, A^R] - [B^L, B^R] = [A^L - B^R, A^R - B^L] \\ A^I \times B^I = [A^L, A^R] \times [B^L, B^R] \\ \qquad = [\min(A^L B^L, A^L B^R, A^R B^L, A^R B^R), \max(A^L B^L, A^L B^R, A^R B^L, A^R B^R)] \\ A^I \div B^I = [A^L, A^R] \div [B^L, B^R] = [A^L, A^R] \times \left[\dfrac{1}{B^R}, \dfrac{1}{B^L}\right], \ 0 \notin [B^L, B^R] \end{cases} \tag{2.15}$$

如果 $0 \in [B^L, B^R]$ 且 $B^L \neq B^R$,则

$$A^I \div B^I = \begin{cases} [A^R/B^L, \infty), & A^R \leqslant 0, B^R = 0 \\ (-\infty, A^R/B^R] \cup [A^R/B^L, \infty), & A^R \leqslant 0, B^L < 0 < B^R \\ (-\infty, A^R/B^R], & A^R \leqslant 0, B^L = 0 \\ (-\infty, \infty), & A^L \leqslant 0 \leqslant A^R \\ (-\infty, A^L/B^L], & A^L \geqslant 0, B^R = 0 \\ (-\infty, A^L/B^L] \cup [A^L/B^R, \infty), & A^L \geqslant 0, B^L < 0 < B^R \\ [A^L/B^R, \infty), & A^L \geqslant 0, B^L = 0 \end{cases} \tag{2.16}$$

式(2.16)中类似于 $[A^R/B^L, \infty)$ 的形式称为半无限区间,$(-\infty, \infty)$ 称为无限区间。

区间数的幂运算规则如下:

$$(A^I)^n = \begin{cases} [0, \max((A^L)^n, (A^R)^n)], & n = 2k, 0 \in A^I \\ [\min((A^L)^n, (A^R)^n), \max((A^L)^n, (A^R)^n)], & n = 2k, 0 \notin A^I \\ [(A^L)^n, (A^R)^n], & n = 2k+1 \end{cases} \tag{2.17}$$

式中,k 为非负整数。

另外,实数的运算法则中仅有一部分对于区间数仍然成立,另外一些仅表现为弱形式。例如,下列实数运算法则对区间数 A^I、B^I 和 C^I 仍然适用。

交换律:

$$A^I + B^I = B^I + A^I \tag{2.18}$$

$$A^I \times B^I = B^I \times A^I \tag{2.19}$$

结合律:

$$(A^I + B^I) \pm C^I = A^I + (B^I \pm C^I) \tag{2.20}$$

$$(A^I \times B^I) \times C^I = A^I \times (B^I \times C^I) \tag{2.21}$$

恒等律:

$$A^I + 0 = 0 + A^I, \quad A^I \times 1 = 1 \times A^I \tag{2.22}$$

$$A^I - B^I = A^I + (-B^I) = -B^I + A^I \tag{2.23}$$

$$A^I / B^I = A^I \times (B^I)^{-1} = (B^I)^{-1} \times A^I, \quad 0 \notin [B^L, B^R] \tag{2.24}$$

$$-(A^I - B^I) = B^I - A^I \tag{2.25}$$

$$A^I \times (-B^I) = (-A^I) \times B^I = -(A^I \times B^I) \tag{2.26}$$

$$A^I - (B^I \pm C^I) = (A^I - B^I) \mp C^I \tag{2.27}$$

$$(-A^I) \times (-B^I) = A^I \times B^I \tag{2.28}$$

下列实数运算法则对区间数运算而言属于弱型准则。

分配律:

$$A^I \times (B^I \pm C^I) \subseteq A^I \times B^I \pm A^I \times C^I \tag{2.29}$$

$$(A^I \pm B^I) \times C^I \subseteq A^I \times C^I \pm B^I \times C^I \tag{2.30}$$

抵消律:

$$A^I - B^I \subseteq (A^I + C^I) - (B^I + C^I) \tag{2.31}$$

$$A^I / B^I \subseteq (A^I \times C^I) / (B^I \times C^I) \tag{2.32}$$

$$0 \in A^I - A^I, \quad 1 \in A^I / A^I \tag{2.33}$$

2.4 区间运算的过保守估计

区间函数是对实值函数的一种区间扩张,即通过相应的区间代替实值函数中的实变量所构成的区间值函数。通过区间运算法则估计区间函数的值域时,计算结果区间将包含真实值域且在多数情况下容易导致对区间函数值域的过保守估计。通过实例可以较好地说明区间函数的过保守估计问题:在计算区间函数 $F(X^I) = X^I - X^I$, $X^I = [0,1]$ 时,根据区间四则运算法则式(2.15)中的减法法则,有 $F(X^I) = [0,1] - [0,1] = [-1,1]$,而实际结果应是实数 0。由此可见,区间运算容易导致对区间函数值域的过保守估计。上述现象的根源是区间数之间的相关性,过保守的程度与区间函数中区间自变量出现的次数有关。区间自变量在区间函数中出现的次数越多,结果区间的过保守现象往往越严重。例如,当 $X^I =$ $[0,1]$ 时,将同一个实数函数写成三种不同形式的区间函数,并根据区间运算法则进行计算,得到的结果却不相同:

$$\begin{cases} F_1(X^I) = \dfrac{1}{4} - \left(X^I - \dfrac{1}{2}\right)^2 = \left[0, \dfrac{1}{4}\right] \\ F_2(X^I) = X^I(1 - X^I) = [0, 1] \\ F_3(X^I) = X^I - (X^I)^2 = [-1, 1] \end{cases} \tag{2.34}$$

式中,$F_1(X^I)$ 中的自变量只出现一次,并且是按区间幂运算法则进行计算,结果区间即为真实值域;$F_2(X^I)$ 和 $F_3(X^I)$ 中的自变量都出现了两次,都产生了一定程度的过保守估计。

目前,研究和建立更为精确的计算方法以有效克服不确定性分析中的过保守估计问题已经成为区间分析领域的重要研究方向。缓解对区间函数的过保守估计,用于处理区间函数值域求解的方法有截断法[20,21]、摄动法[22]、子区间法[23,24]、考虑相关性的区间四则运算[25]等。总体上这些方法只能处理一类相对简单的问题,建立一种对于复杂非线性区间函数普遍适用的区间分析方法,以及针对微分方程问题开发高精度的区间分析方法在未来较长一段时间内将仍然是该领域的研究重点。

2.5 本 章 小 结

本章首先对区间数的由来进行了介绍,并通过计算机浮点数的运算说明区间分析的必要性;其次,介绍了区间数学的基本概念及区间运算法则和区间运算的过保守估计问题。相关内容为后续区间优化方法的构建提供了部分必要的理论基础。

参 考 文 献

[1] Young R C. The algebra of many-valued quantities. Mathematische Annalen, 1931, 104(1): 260-290.

[2] Grell H, Maruhn K, Rinow W. Enzyklopadie der Elementar Mathematik, Band I Arithmetik, Dritte Auage. Berlin: VEB Deutscher Verlag der Wissenschaften, 1966.

[3] Dwyer P S. Linear Computations. New York: Wiley, 1951.

[4] Warmus M. Calculus of approximations. Bulletin de l'Academie Polonaise de Sciences, 1956, 4(5): 253-257.

[5] Sunaga T. Geometry of Numerals[PhD Thesis]. Tokyo: University of Tokyo, 1956.

[6] Sunaga T. Theory of an interval algebra and its application to numerical analysis. Japan Journal of Industrial and Applied Mathematics, 2009, 26(213): 125-143.

[7] Moore R E, Yang C. Interval analysis. Technical Document Lockheed Missiles and Space Division, Number LMSD-285875, 1959.

[8] Moore R E. Interval Arithmetic and Automatic Error Analysis in Digital Computing[PhD Thesis]. Stanford: Stanford University, 1962.

[9] Moore R E. Interval Analysis. Englewood Cliffs: Prentice-Hall, 1966.

[10] Moore R E. Methods and Applications of Interval Analysis. London: Society for Industrial and Applied Mathematics, 1979.

[11] 王德人, 张连生, 邓乃扬. 非线性方程的区间算法. 上海: 上海科学技术出版社, 1987.

[12] 沈祖和. 区间分析方法及其应用. 应用数学与计算数学, 1983, (2): 1-27.

[13] Shen Z H, Huang Z Y, Wolfe M A. An interval maximum entropy method for a discrete minimax problem. Applied Mathematics and Computation, 1997, 87(1): 49-68.

[14] Chen S H, Lian H D, Yang X W. Interval static displacement analysis for structures with interval parameters. International Journal for Numerical Methods in Engineering, 2002, 53(2): 393-407.

[15] 邱志平. 非凸概率集合理论凸方法及其应用. 北京: 国防工业出版社, 2005.

[16] Alefeld G, Mayer G. Interval analysis: Theory and applications. Journal of Computational and Applied Mathematics, 2000, 121(1-2): 421-464.

[17] Stevenson D. IEEE standard for binary floating point arithrnetic. Technical report. IEEE/ANSI 754—1985, 1985.

[18] 胡承毅, 徐山鹰, 杨晓光. 区间算法简介. 系统工程理论与实践, 2003, 4(12): 59-62.

[19] 苏静波. 工程结构不确定性区间分析方法及其应用研究. 南京: 河海大学博士学位论文, 2006.

[20] Rao S S, Berke L. Analysis of uncertain structural systems using interval analysis. AIAA Journal, 1997, 35(4): 727-735.

[21] 吕震宙, 冯蕴雯, 岳珠峰. 改进的区间截断法及基于区间分析的非概率可靠性分析方法. 计算力学学报, 2002, 19(3): 260-264.

[22] Qiu Z P, Wang X J. Parameter perturbation method for dynamic responses of structures with uncertain-but-bounded parameters based on interval analysis. International Journal of Solids and Structures, 2005, 42(18-19): 4958-4970.

[23] 邱志平. 不确定参数结构静力响应和特征值问题的区间分析方法. 长春: 吉林工业大学博士学位论文, 1994.

[24] Zhou Y T, Jiang C, Han X. Interval and subinterval analysis methods of the structural analysis and their error estimations. International Journal of Computational Methods, 2006, 3(2): 229-244.

[25] Jiang C, Fu C M, Ni B Y, et al. Interval arithmetic operations for uncertainty analysis with correlated interval variables. Acta Mechanica Sinica, 2016, 32(4): 743-752.

第3章 非线性区间优化的数学转换模型

对于不确定性优化问题的处理,通常是先通过数学转换模型将其转换为确定性优化问题,继而利用常规的优化方法进行求解。在随机规划和模糊规划中,这种转换分别基于概率统计理论和模糊统计理论,而在区间优化中通常是基于区间序关系[1-3]或者最大最小后悔准则[4-6]。对于不确定性优化的研究,建立一种合理的数学转换模型是首要的,也是至关重要的工作。现有的区间优化方法大都针对线性问题,而线性问题的目标函数和约束的区间在每一优化步都可以显式获得,所以其转化模型要远远简单于非线性问题。在过去有关非线性区间优化的研究中[7],针对一般性的非线性区间优化问题的数学转换模型欠缺,这在一定程度上阻碍了区间优化的研究进展及工程应用。

本章针对一般性的不确定性优化问题(目标函数和约束同时为非线性和不确定性,且同时含不等式约束和等式约束),提出两种非线性区间优化的数学转换模型。两种模型采用相同的约束处理方法,但根据不同的目标函数处理方法可将它们分别称为区间序关系转换模型和区间可能度转换模型。在区间序转换模型中,主要是将基于序关系的线性区间优化方法扩展至一般的非线性问题,将不确定目标函数转换为多个确定性的目标函数;在区间可能度转换模型中,通过引入一性能区间对目标函数的可能度进行最大化,从而将不确定目标函数转换为一确定性的目标函数。对于通过转换模型得到的确定性优化问题,进一步构建基于隔代映射遗传算法(intergeneration projection genetic algorithm,IP-GA)[8]的两层嵌套优化方法进行求解。最后,两种数学转换模型被分别应用于一数值算例分析。

3.1 一般形式的非线性区间优化问题

传统的确定性优化问题中,优化模型中所有的参数都可给定精确值,故目标函数和约束在给定的设计点也可以计算出其精确值。对于实际工程问题,很多参数存在不确定性,这导致目标函数和约束在给定的设计点的结果呈现不确定性,从而导致一类重要的不确定性优化问题。采用不同的数学手段对不确定性参数进行建模并构建相应的优化问题,则产生了随机优化、模糊优化及区间优化几类重要的不确定性优化方法。对于本书所关注的研究对象,即一般性的非线性区间优化问题可表述如下:

$$\begin{cases} \min\limits_{\boldsymbol{X}} \ f(\boldsymbol{X},\boldsymbol{U}) \\ \text{s. t. } \ g_i(\boldsymbol{X},\boldsymbol{U}) \leqslant (=,\geqslant) b_i^I = [b_i^L, b_i^R], \ i=1,2,\cdots,l, \ \boldsymbol{X} \in \Omega^n \\ \quad\quad \boldsymbol{U} \in \boldsymbol{U}^I = [\boldsymbol{U}^L, \boldsymbol{U}^R], \ U_i \in U_i^I = [U_i^L, U_i^R], \ i=1,2,\cdots,q \end{cases} \quad (3.1)$$

式中,$\boldsymbol{X}$ 为 n 维设计向量,其取值范围为 Ω^n;$\boldsymbol{U}$ 为 q 维不确定向量,用一个 q 维区间向量 $\boldsymbol{U}^I$ 描述;f 和 g 分别为目标函数和约束,是关于 $\boldsymbol{X}$ 和 $\boldsymbol{U}$ 的连续函数,而且至少有一个是关于后者的非线性函数;b_i^I 为第 i 个不确定约束的允许区间,实际问题中也可以为实数。

因为目标函数 $f(\boldsymbol{X},\boldsymbol{U})$ 和约束 $g_i(\boldsymbol{X},\boldsymbol{U})$ 是关于 $\boldsymbol{U}$ 的连续函数且 $\boldsymbol{U}$ 的波动范围属于一区间矢量,故对于任一确定的 $\boldsymbol{X}$,由不确定性造成的可能取值通常也相应地构成一区间。所以,上述问题无法通过传统的确定性优化方法进行求解,因为确定性优化方法中,决策的判断都基于目标函数和约束在各个设计向量处的具体数值。以下将首先提出不确定约束的处理方法,然后基于不同的目标函数的处理方法建立两种不同的非线性区间优化的数学转换模型。

3.2　区间可能度及不确定约束的转换

对于两个实数,可以通过其具体数值比较大小,但是对于区间,因为区间表示一实数的集合,故无法使用单个实数值来判断一区间是否大于(或优于)另一区间,所以必须构造新的数学工具,用于比较区间数的大小(或者说优劣),这也是建立区间优化数学转换模型的基础。为了使概念清晰和表述方便,本书将用于区间数比较的数学方法归纳为两类:一类称为区间序关系(order relation of interval number),用于定性地判断一区间是否大于(或优于)另一区间;另一类称为区间可能度(possibility degree of interval number)(也称为满意度或可接受度等),用于定量描述一区间大于(或优于)另一区间的具体程度。

3.2.1　一种改进的区间可能度方法

目前,国内外学者在线性区间优化的研究中,提出了多种不同的区间可能度构造方法。Nakahara 等[9] 提出了一种基于模糊集的区间可能度构造方法。Kundu[10] 利用模糊左关系的最小可传递性,给出了一种比较区间数大小程度的可能度构造方法。Sengupta 和 Pal[11] 提出了一种基于中值和区间半径的可接受度指标,并给出了一个效用函数,从乐观和悲观两种决策态度出发比较区间数的大小。刘兴旺和达庆利[12] 在文献[13]~[15]的基础上,提出了一种修正的区间可能度构造方法。徐泽水和达庆利[16] 研究出一种区间可能度构造方法,即用一个可能度矩阵对区间进行排序,并在后续研究中进一步证明此方法与文献[17]和[18]中的方法等价。

以上方法的本质都是基于模糊集来构造区间可能度,而在模糊集的构造过程中,在隶属度函数选择上,会不可避免地存在较多的主观性,使得区间可能度的构造缺乏较为客观的依据。为给区间可能度的构造提供一种更为严格和客观的数学解释,张全等[19]引入概率方法,提出了一种新的区间可能度构造方法。针对如图3.1所示的三种位置情况,区间 A^I 大于等于 B^I 的可能度 $P(A^I \geqslant B^I)$ 构造如下[19]:

$$P(A^I \geqslant B^I)$$

$$= \begin{cases} 1, & A^L \geqslant B^R \\ \dfrac{A^R - B^R}{A^R - A^L} + \dfrac{B^R - A^L}{A^R - A^L} \cdot \dfrac{A^L - B^L}{B^R - B^L} + \dfrac{B^R - A^L}{2(A^R - A^L)} \cdot \dfrac{B^R - A^L}{B^R - B^L}, & B^L \leqslant A^L < B^R \leqslant A^R \\ \dfrac{A^R - B^R}{A^R - A^L} + \dfrac{B^R - B^L}{2(A^R - A^L)}, & A^L < B^L < B^R < A^R \end{cases}$$

$$(3.2)$$

式中,区间 A^I 和 B^I 被假设为在各自区间内服从均匀分布的随机变量 $\tilde{A}$ 和 $\tilde{B}$,通过计算随机变量 $\tilde{A}$ 大于等于 $\tilde{B}$ 的概率来获得可能度 $P(A^I \geqslant B^I)$。

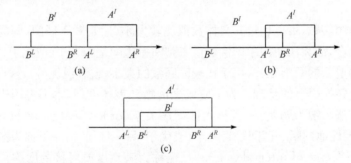

图 3.1   区间 A^I 和 B^I 的三种位置关系[19]

例如,对于图 3.1(c)中的情况,$\tilde{A}$ 在 B^R 和 A^R 之间的概率为 $\dfrac{A^R - B^R}{A^R - A^L}$,此时无论 $\tilde{B}$ 取何值,$\tilde{A} \geqslant \tilde{B}$ 的概率都为 1;$\tilde{A}$ 在 B^L 和 B^R 之间的概率为 $\dfrac{B^R - B^L}{A^R - A^L}$,此时 $\tilde{A} \geqslant \tilde{B}$ 的概率为 50%;$\tilde{A}$ 在 A^L 和 B^L 之间的概率为 $\dfrac{B^L - A^L}{A^R - A^L}$,此时 $\tilde{A} \geqslant \tilde{B}$ 的概率为 0。最终可得,在此情况下 $\tilde{A} \geqslant \tilde{B}$ 的概率为 $\dfrac{A^R - B^R}{A^R - A^L} + \dfrac{B^R - B^L}{2(A^R - A^L)}$。相应地,$B^I \geqslant A^I$ 的可能度为[19]

$$P(B^I \geqslant A^I) = \begin{cases} 0, & A^L \geqslant B^R \\ \dfrac{B^R - A^L}{2(A^R - A^L)} \cdot \dfrac{B^R - A^L}{B^R - B^L}, & B^L \leqslant A^L < B^R \leqslant A^R \\ \dfrac{B^L - A^L}{A^R - A^L} + \dfrac{B^R - B^L}{2(A^R - A^L)}, & A^L < B^L < B^R < A^R \end{cases} \quad (3.3)$$

上述构造方法中,由于引入概率方法,区间可能度本身的数学含义和客观性进一步得到了加强,且更具直观性,对于决策者的理解和使用都有很大的帮助。然而,此方法有两方面的局限性:

(1) 由于可能度的构造基于图 3.1 中的三种位置关系,而此三种情况只是区间 A^I 和 B^I 所有可能位置关系的一部分,所以造成需要用两个可能度公式,即式(3.2)和式(3.3)来进行对同一区间的比较,影响了使用的方便性。

(2) 未考虑有一个区间退化为实数的情况,而此情况在实际的区间优化中是非常常见的,所以此方法的实用性在一定程度上也受到了影响。

针对上述方法的不足,本章在其基础上提出了一种改进的区间可能度构造模型。考虑区间 A^I 和 B^I 所有可能的位置关系,将其归纳为六种不同的情况,如图 3.2 所示。基于此六种位置关系,应用上述的概率方法,得到改进的区间可能度模型如下[20]:

$P(A^I \leqslant B^I)$

$$= \begin{cases} 0, & A^L \geqslant B^R \\ \dfrac{B^R - A^L}{2(A^R - A^L)} \cdot \dfrac{B^R - A^L}{B^R - B^L}, & B^L \leqslant A^L < B^R \leqslant A^R \\ \dfrac{B^L - A^L}{A^R - A^L} + \dfrac{B^R - B^L}{2(A^R - A^L)}, & A^L < B^L < B^R \leqslant A^R \\ \dfrac{B^L - A^L}{A^R - A^L} + \dfrac{A^R - B^L}{A^R - A^L} \cdot \dfrac{B^R - A^R}{B^R - B^L} + \dfrac{A^R - B^L}{2(A^R - A^L)} \cdot \dfrac{A^R - B^L}{B^R - B^L}, & A^L < B^L \leqslant A^R < B^R \\ \dfrac{B^R - A^R}{B^R - B^L} + \dfrac{A^R - A^L}{2(B^R - B^L)}, & B^L \leqslant A^L < A^R < B^R \\ 1, & A^R < B^L \end{cases}$$

$$(3.4)$$

上述区间可能度具有如下特性:

(1) $0 \leqslant P(A^I \leqslant B^I) \leqslant 1$。

(2) 若 $P(A^I \leqslant B^I) = P(B^I \leqslant A^I)$,则 $A^I = B^I$。

(3) $P(A^I \leqslant B^I) = 0$ 表示区间 A^I 绝对不可能小于区间 B^I,即区间 A^I 绝对大于等于 B^I。

(4) $P(A^I \leqslant B^I) = 1$ 表示区间 A^I 绝对小于等于区间 B^I。

(5) 若 $P(A^I \leqslant B^I) = a$，则 $P(B^I \leqslant A^I) = 1 - a$。

如果区间 B^I 退化为一实数 b，区间 A^I 和实数 b 可能的位置关系如图 3.3 所示。基于此位置关系，区间可能度 $P(A^I \leqslant b)$ 构造如下：

$$P(A^I \leqslant b) = \begin{cases} 0, & b \leqslant A^L \\ \dfrac{b - A^L}{A^R - A^L}, & A^L < b \leqslant A^R \\ 1, & b > A^R \end{cases} \qquad (3.5)$$

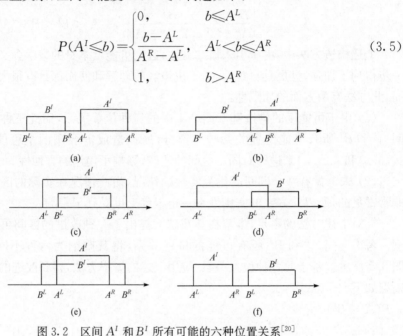

图 3.2　区间 A^I 和 B^I 所有可能的六种位置关系[20]

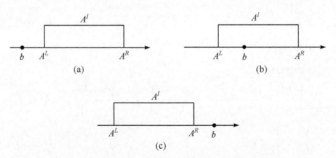

图 3.3　区间 A^I 和实数 b 的三种位置关系[20]

在式(3.5)可能度的构造中，只有区间 A^I 被假设为服从均匀分布的随机变量 $\tilde{A}$，$\tilde{A} \leqslant b$ 的概率被视为可能度 $P(A^I \leqslant b)$。类似地，当区间 A^I 退化为实数 a 时，基于图 3.4 中的三种位置关系，区间可能度 $P(a \leqslant B^I)$ 可构造如下：

$$P(a \leqslant B^I) = \begin{cases} 1, & a \leqslant B^L \\ \dfrac{B^R - a}{B^R - B^L}, & B^L < a \leqslant B^R \\ 0, & a > B^R \end{cases} \qquad (3.6)$$

图 3.5 给出了 $P(A^I{\leqslant}b)$ 和 $P(a{\leqslant}B^I)$ 的几何描述,两种可能度的值在 0 和 1 之间时,分别与 b 和 a 呈线性关系。

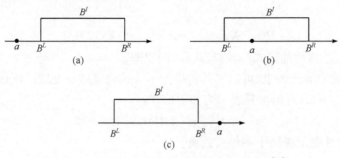

图 3.4　区间 B^I 和实数 a 的三种位置关系[20]

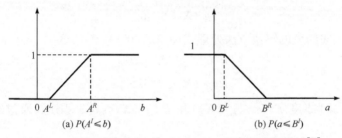

图 3.5　区间可能度 $P(A^I{\leqslant}b)$ 和 $P(a{\leqslant}B^I)$ 的几何描述[21]

3.2.2　基于区间可能度的不确定约束转换

如第 1 章中所述,在随机规划的机会约束规划[22,23]中,可以使随机约束的概率满足某一置信水平,从而将随机约束转换为确定性约束。类似地,在区间优化中,可以使区间不确定约束在某一可能度水平下得以满足,这一方法通常在线性区间优化中被用于处理不等式约束,此处将其扩展至非线性区间优化问题。对于式(3.1)中的"$\leqslant$"型不等式约束,如 $g_i(\boldsymbol{X},\boldsymbol{U}){\leqslant}b_i^I$,可以转换为如下的确定性不等式约束:

$$P(g_i^I(\boldsymbol{X}){\leqslant}b_i^I){\geqslant}\lambda_i \tag{3.7}$$

式中,$0{\leqslant}\lambda_i{\leqslant}1$ 为一预先给定的可能度水平;$g_i^I(\boldsymbol{X})$ 为约束函数 $g_i(\boldsymbol{X},\boldsymbol{U})$ 在 $\boldsymbol{X}$ 处由不确定性造成的可能取值区间:

$$g_i^I(\boldsymbol{X})=[g_i^L(\boldsymbol{X}),g_i^R(\boldsymbol{X})] \tag{3.8}$$

与线性区间优化不同的是,上述区间无法通过显式表达式获得,此处采用文献[7]的方法,通过两次优化获得

$$g_i^L(\boldsymbol{X})=\min_{\boldsymbol{U}} g_i(\boldsymbol{X},\boldsymbol{U}),\quad g_i^R(\boldsymbol{X})=\max_{\boldsymbol{U}} g_i(\boldsymbol{X},\boldsymbol{U})$$

$$\boldsymbol{U}\in\Gamma=\{\boldsymbol{U}\,|\,U_i^L{\leqslant}U_i{\leqslant}U_i^R,i=1,2,\cdots,q\} \tag{3.9}$$

一旦求得 $g_i^I(\boldsymbol{X})$,即可通过式(3.4)或式(3.5)求解约束可能度 $P(g_i^I(\boldsymbol{X}){\leqslant}b_i^I)$(根据 b_i^I 是区间还是实数的具体情况而定),并判断约束可能度是否满足给定的可能

度水平。

对于"≥"型的不等式约束,如 $g_i(\boldsymbol{X},\boldsymbol{U}) \geqslant b_i^I$,可以简单地将其转换为"≤"型约束进行处理:

$$P(g_i^I(\boldsymbol{X}) \geqslant b_i^I) = P(b_i^I \leqslant g_i^I(\boldsymbol{X})) \geqslant \lambda_i \tag{3.10}$$

式中,$P(b_i^I \leqslant g_i^I(\boldsymbol{X}))$ 通过式(3.4)或式(3.6)求解。

对于不确定等式约束,可以将其转换为不等式约束进行处理。例如,对于等式约束 $g_i(\boldsymbol{X},\boldsymbol{U}) = b_i^I$,可以将其表示为如下形式:

$$b_i^L \leqslant g_i(\boldsymbol{X},\boldsymbol{U}) \leqslant b_i^R \tag{3.11}$$

进而,可以将其表示成两个不等式约束:

$$\begin{cases} b_i^L \leqslant g_i(\boldsymbol{X},\boldsymbol{U}) \\ g_i(\boldsymbol{X},\boldsymbol{U}) \leqslant b_i^R \end{cases} \tag{3.12}$$

利用上述不等式约束的转换方法处理式(3.12),可得

$$\begin{cases} P(b_i^L \leqslant g_i^I(\boldsymbol{X})) \geqslant \lambda_{i1} \\ P(g_i^I(\boldsymbol{X}) \leqslant b_i^R) \geqslant \lambda_{i2} \end{cases} \tag{3.13}$$

式(3.13)中的可能度 $P(b_i^L \leqslant g_i^I(\boldsymbol{X}))$ 和 $P(g_i^I(\boldsymbol{X}) \leqslant b_i^R)$ 可分别通过式(3.6)和式(3.5)求解。

通过以上处理,式(3.1)中的不确定性约束被转换为确定性约束,可表示为如下的统一形式:

$$P(M_i^I \leqslant N_i^I) \geqslant \lambda_i, \quad i = 1, 2, \cdots, k \tag{3.14}$$

式中,不确定等式约束的存在使得 $k > l$。M_i^I 和 N_i^I 的具体形式是否为区间或实数视以上不确定约束的转换过程而定,也与 b_i^I 的形式有关。

3.3 区间序关系转换模型

3.3.1 区间序关系及不确定目标函数的转换

区间序关系用于定性判断一区间是否优于或劣于另一区间,在线性区间优化中通常用于处理不确定目标函数。如前所述,对于任一设计向量,不确定目标函数可能的取值为一区间而非确定的实数值,故在区间优化过程中,需要比较不同设计向量下的目标函数区间的优劣,从而评价相应的设计向量的优劣,进而寻找最优的设计向量。对于最大化和最小化优化问题,同一区间序关系往往具有不同的表述形式,因为两种问题中某些评价指标不同,如在最大化问题中大的目标函数值为优,而在最小化问题中则情况正好相反。

马龙华[7]总结了目前常用的几种区间序关系,对于最大化和最小化优化问题,它们具有如下形式。

1) 区间序关系 $\leqslant_{LR}$

$$\begin{cases} A^I \leqslant_{LR} B^I \text{并且仅当} A^L \leqslant B^L \text{ 和 } A^R \leqslant B^R \\ A^I <_{LR} B^I \text{并且仅当} A^I \leqslant_{LR} B^I \text{ 和 } A^I \neq B^I \end{cases} \quad \text{(最大化优化问题)} \quad (3.15)$$

$$\begin{cases} A^I \leqslant_{LR} B^I \text{并且仅当} A^L \geqslant B^L \text{ 和 } A^R \geqslant B^R \\ A^I <_{LR} B^I \text{并且仅当} A^I \leqslant_{LR} B^I \text{ 和 } A^I \neq B^I \end{cases} \quad \text{(最小化优化问题)} \quad (3.16)$$

该序关系表达了决策者对区间上、下边界的偏好。

2) 区间序关系 $\leqslant_{cw}$

$$\begin{cases} A^I \leqslant_{cw} B^I \text{并且仅当} A^c \leqslant B^c \text{ 和 } A^w \geqslant B^w \\ A^I <_{cw} B^I \text{并且仅当} A^I \leqslant_{cw} B^I \text{ 和 } A^I \neq B^I \end{cases} \quad \text{(最大化优化问题)} \quad (3.17)$$

$$\begin{cases} A^I \leqslant_{cw} B^I \text{并且仅当} A^c \geqslant B^c \text{ 和 } A^w \geqslant B^w \\ A^I <_{cw} B^I \text{并且仅当} A^I \leqslant_{cw} B^I \text{ 和 } A^I \neq B^I \end{cases} \quad \text{(最小化优化问题)} \quad (3.18)$$

该序关系表达了决策者对区间中点和半径的偏好。

3) 区间序关系 $\leqslant_{Lc}$

$$\begin{cases} A^I \leqslant_{Lc} B^I \text{并且仅当} A^L \leqslant B^L \text{ 和 } A^c \leqslant B^c \\ A^I <_{Lc} B^I \text{并且仅当} A^I \leqslant_{Lc} B^I \text{ 和 } A^I \neq B^I \end{cases} \quad \text{(最大化优化问题)} \quad (3.19)$$

$$\begin{cases} A^I \leqslant_{Lc} B^I \text{并且仅当} A^L \geqslant B^L \text{ 和 } A^c \geqslant B^c \\ A^I <_{Lc} B^I \text{并且仅当} A^I \leqslant_{Lc} B^I \text{ 和 } A^I \neq B^I \end{cases} \quad \text{(最小化优化问题)} \quad (3.20)$$

该序关系表达了决策者对区间下界和中点的偏好。

4) 区间序关系 $\leqslant_L$

$$\begin{cases} A^I \leqslant_L B^I \text{当且仅当} A^L \leqslant B^L \\ A^I <_L B^I \text{当且仅当} A^I \leqslant_L B^I \text{ 和 } A^I \neq B^I \end{cases} \quad \text{(最大化优化问题)} \quad (3.21)$$

$$\begin{cases} A^I \leqslant_L B^I \text{并且仅当} A^L \geqslant B^L \\ A^I <_L B^I \text{并且仅当} A^I \leqslant_L B^I \text{ 和 } A^I \neq B^I \end{cases} \quad \text{(最小化优化问题)} \quad (3.22)$$

该序关系表达了决策者对区间下界的偏好。

5) 区间序关系 $\leqslant_R$

$$\begin{cases} A^I \leqslant_R B^I \text{并且仅当} A^R \leqslant B^R \\ A^I <_R B^I \text{并且仅当} A^I \leqslant_R B^I \text{ 和 } A^I \neq B^I \end{cases} \quad \text{(最大化优化问题)} \quad (3.23)$$

$$\begin{cases} A^I \leqslant_R B^I \text{并且仅当} A^R \geqslant B^R \\ A^I <_R B^I \text{并且仅当} A^I \leqslant_R B^I \text{ 和 } A^I \neq B^I \end{cases} \quad \text{(最小化优化问题)} \quad (3.24)$$

该区间序关系表达了决策者对区间上界的偏好。

当然,区间序关系的定义并不局限于上述几种,例如,基于对区间中点或半径的偏好,本章还定义了如下两类区间序关系。

1) 区间序关系 $\leqslant_c$

$$\begin{cases} A^I \leqslant_c B^I \text{并且仅当} A^c \leqslant B^c \\ A^I <_c B^I \text{并且仅当} A^I \leqslant_c B^I \text{ 和 } A^I \neq B^I \end{cases} \qquad (\text{最大化优化问题}) \qquad (3.25)$$

$$\begin{cases} A^I \leqslant_c B^I \text{并且仅当} A^c \geqslant B^c \\ A^I <_c B^I \text{并且仅当} A^I \leqslant_c B^I \text{ 和 } A^I \neq B^I \end{cases} \qquad (\text{最小化优化问题}) \qquad (3.26)$$

该序关系表达了决策者对区间中点的偏好。

2) 区间序关系 $\leqslant_w$

$$\begin{cases} A^I \leqslant_w B^I \text{并且仅当} A^w \geqslant B^w \\ A^I <_w B^I \text{并且仅当} A^I \leqslant_w B^I \text{ 和 } A^I \neq B^I \end{cases} \qquad (\text{最大化和最小化优化问题}) \qquad (3.27)$$

该序关系表达了决策者对区间半径的偏好。

在本转换模型中,选用区间序关系 $\leqslant_{cw}$ 处理式(3.1)中的不确定目标函数。针对任一设计向量 $\boldsymbol{X}$,因为不确定向量 $\boldsymbol{U}$ 的存在且 f 为 $\boldsymbol{U}$ 的连续函数,所以 $f(\boldsymbol{X},\boldsymbol{U})$ 的可能取值范围也为一区间:

$$f^I(\boldsymbol{X}) = \left[f^L(\boldsymbol{X}), f^R(\boldsymbol{X}) \right] = \langle f^c(\boldsymbol{X}), f^w(\boldsymbol{X}) \rangle \qquad (3.28)$$

式中,

$$f^c(\boldsymbol{X}) = \frac{f^L(\boldsymbol{X}) + f^R(\boldsymbol{X})}{2} \qquad (3.29)$$

$$f^w(\boldsymbol{X}) = \frac{f^R(\boldsymbol{X}) - f^L(\boldsymbol{X})}{2} \qquad (3.30)$$

基于式(3.18)表述的区间序关系 $\leqslant_{cw}$,可以通过目标函数区间的中点和半径值来判断不同设计向量之间的优劣:设计向量 $\boldsymbol{X}^1$ 优于 $\boldsymbol{X}^2$,则 $\boldsymbol{X}^1$ 处的目标函数区间优于 $\boldsymbol{X}^2$ 处的目标函数区间,即 $f^c(\boldsymbol{X}^1) \leqslant f^c(\boldsymbol{X}^2)$ 且 $f^w(\boldsymbol{X}^1) \leqslant f^w(\boldsymbol{X}^2)$。如此,希望找到一个最优的设计向量,使得不确定目标函数的区间具有最小的中点值和最小的半径,则式(3.1)中的不确定目标函数可转换为如下的确定性多目标优化问题:

$$\min_{\boldsymbol{X}} (f^c(\boldsymbol{X}), f^w(\boldsymbol{X})) \qquad (3.31)$$

式中,对于任一 $\boldsymbol{X}$,需基于目标函数的区间计算其中点和半径。此处,仍然通过两次优化过程求解不确定目标函数的区间:

$$f^L(\boldsymbol{X}) = \min_{\boldsymbol{U}} f(\boldsymbol{X},\boldsymbol{U}), \quad f^R(\boldsymbol{X}) = \max_{\boldsymbol{U}} f(\boldsymbol{X},\boldsymbol{U})$$
$$\boldsymbol{U} \in \Gamma = \{ \boldsymbol{U} \,|\, U_i^L \leqslant U_i \leqslant U_i^R, i=1,2,\cdots,q \} \qquad (3.32)$$

式(3.31)中的两个目标函数类似于随机规划中不确定目标函数的期望值和标准偏差。优化 $f^c(\boldsymbol{X})$ 在某种意义上是提高目标函数在不确定性下的平均设计性能;而 $f^w(\boldsymbol{X})$ 的最小化可以降低目标函数对于不确定性的敏感程度,从而保证设计鲁棒性。从工程角度看,$\leqslant_{cw}$ 相比其他几种区间序关系具有更直观的工程意义和更好的工程实用性,所以本转换模型中选用了 $\leqslant_{cw}$ 来处理不确定目标。但是,同样可以根据具体情况选择其他类型的序关系,这并不会影响转换模型的整体架构,只是转换后的确定性目标函数在形式上有所不同而已。

3.3.2　转换后的确定性优化问题

通过以上处理,式(3.1)表示的区间不确定性优化问题可以转换为如下的确定性优化问题:

$$
\begin{cases}
\min_{\boldsymbol{X}} \ (f^c(\boldsymbol{X}), f^w(\boldsymbol{X})) \\
\text{s. t.} \ \ P(M_i^I \leqslant N_i^I) \geqslant \lambda_i, \ i = 1, 2, \cdots, k \\
\boldsymbol{X} \in \Omega^n
\end{cases} \tag{3.33}
$$

式中,

$$
f^c(\boldsymbol{X}) = \frac{\min\limits_{\boldsymbol{U}} f(\boldsymbol{X}, \boldsymbol{U}) + \max\limits_{\boldsymbol{U}} f(\boldsymbol{X}, \boldsymbol{U})}{2}
$$

$$
f^w(\boldsymbol{X}) = \frac{\max\limits_{\boldsymbol{U}} f(\boldsymbol{X}, \boldsymbol{U}) - \min\limits_{\boldsymbol{U}} f(\boldsymbol{X}, \boldsymbol{U})}{2}
$$

$$
\boldsymbol{U} \in \Gamma = \{\boldsymbol{U} \mid U_i^L \leqslant U_i \leqslant U_i^R, i = 1, 2, \cdots, q\} \tag{3.34}
$$

至此,区间序关系转换模型已建立完毕,通过此转换模型获得了一确定性的优化问题。但为配合和方便后续算法对其进行求解,可以采用线性加权法[24]将式(3.33)进一步转换为单目标优化问题:

$$
\begin{cases}
\min_{\boldsymbol{X}} \ f_d(\boldsymbol{X}) = (1 - \beta)(f^c(\boldsymbol{X}) + \xi)/\phi + \beta(f^w(\boldsymbol{X}) + \xi)/\psi \\
\text{s. t.} \ \ P(M_i^I \leqslant N_i^I) \geqslant \lambda_i, \ i = 1, 2, \cdots, k \\
\boldsymbol{X} \in \Omega^n
\end{cases} \tag{3.35}
$$

式中,f_d 为多目标评价函数;$0 \leqslant \beta \leqslant 1$ 为多目标权系数;ξ 为保证 $f^c(\boldsymbol{X}) + \xi$ 和 $f^w(\boldsymbol{X}) + \xi$ 非负的参数;ϕ 和 ψ 为多目标函数的正则化因子,理论上可通过如下优化过程获得:

$$
\phi = \min_{\boldsymbol{X}}(f^c(\boldsymbol{X}) + \xi), \quad \psi = \min_{\boldsymbol{X}}(f^w(\boldsymbol{X}) + \xi), \quad \boldsymbol{X} \in \Omega^n \tag{3.36}
$$

实际应用中,上述两个参数可以根据具体问题大致取与各自目标同一量级的值,这样可防止"大数吃小数"现象的发生。

采用罚函数法[25]处理约束,则式(3.35)可进一步转换为如下用罚函数 $f_p(\boldsymbol{X})$ 表示的无约束单目标优化问题:

$$
\begin{cases}
\begin{aligned}
\min_{\boldsymbol{X}} \ f_p(\boldsymbol{X}) &= f_d(\boldsymbol{X}) + \sigma \sum_{i=1}^{k} \varphi(P(M_i^I \leqslant N_i^I) - \lambda_i) \\
&= (1 - \beta)(f^c(\boldsymbol{X}) + \xi)/\phi + \beta(f^w(\boldsymbol{X}) + \xi)/\psi \\
&\quad + \sigma \sum_{i=1}^{k} \phi(P(M_i^I \leqslant N_i^I) - \lambda_i)
\end{aligned} \\
\text{s. t.} \ \boldsymbol{X} \in \Omega^n
\end{cases} \tag{3.37}
$$

式中，$\boldsymbol{X} \in \Omega^n$ 其实也是一组约束，因为它通常以设计向量的边界形式给出，故本书中一律将类似于式(3.37)的问题近似地称为无约束优化问题。式(3.37)中，σ 为罚因子，一般取较大的值，φ 为罚函数，可表示如下：

$$\varphi(P(M_i^I \leqslant N_i^I) - \lambda_i) = (\max(0, -(P(M_i^I \leqslant N_i^I) - \lambda_i)))^2 \qquad (3.38)$$

3.4　区间可能度转换模型

如第 1 章所介绍，在随机规划的"P-模型"方法中，可以使目标函数的值不大于某一指定值的概率最大（最小化问题），从而得到确定性的目标函数。此处，本章将 P-模型的思想引入非线性区间优化中，即最大化区间目标函数不大于某一指定区间的可能度（最小化问题），同时利用 3.2 节中的方法处理不确定约束，建立另外一种非线性区间优化的数学转换模型，即区间可能度转换模型。通过此转换模型，式(3.1)可转换为如下的确定性优化问题：

$$\begin{cases} \max_{\boldsymbol{X}} \ P(f^I(\boldsymbol{X}) \leqslant V^I) \\ \text{s. t.} \ P(M_i^I \leqslant N_i^I) \geqslant \lambda_i, \ i = 1, 2, \cdots, k \\ \boldsymbol{X} \in \Omega^n \end{cases} \qquad (3.39)$$

式中，$V^I = [V^L, V^R]$ 称为性能区间，根据实际问题中决策者对于优化问题的性能要求而定，可以取值为实数。对于最大化问题，式(3.39)中确定性目标函数的形式变为 $\max_{\boldsymbol{X}} P(f^I(\boldsymbol{X}) \geqslant V^I)$。通过上述优化，可以使得原目标函数在不确定性的影响下最大限度地满足给定的性能要求。

求解式(3.39)后，可以得到一最优设计向量 $\boldsymbol{X}^*$，使得目标函数的可能度取最大值 $P_{\max} = P(f^I(\boldsymbol{X}^*) \leqslant V^I)$。当 $P_{\max} = 1$ 时，表示目标函数在 $\boldsymbol{X}^*$ 时绝对满足性能区间的要求，即无论不确定向量取何值，目标函数值都绝对不大于性能区间，这也是决策者最希望达到的状态。但此时，$\boldsymbol{X}^*$ 通常并不是唯一的，而是存在一个 $\boldsymbol{X}^*$ 的集合使得 $P_{\max} = 1$。理论上说，选择此集合中的任一 $\boldsymbol{X}^*$ 都满足设计的要求，但是如果决策者在计算成本允许的情况下希望在此集合中进一步挑选更优的设计，则可以引入鲁棒性准则构造如下的优化问题继续展开一次优化：

$$\begin{cases} \min_{\boldsymbol{X}} \ f^w(\boldsymbol{X}) \\ \text{s. t.} \ P(f^I(\boldsymbol{X}) \leqslant V^I) = 1 \\ \quad\ P(M_i^I \leqslant N_i^I) \geqslant \lambda_i, \ i = 1, 2, \cdots, k \\ \quad\ \boldsymbol{X} \in \Omega^n \end{cases} \qquad (3.40)$$

通过上述优化，可以在满足 $P_{\max} = 1$ 的设计向量集合中找到一个使得不确定目标函数的区间半径最小，即鲁棒性最好的设计向量。但是需要注意的是，式(3.40)的优化过程并不是区间可能度转换模型所必需的,它只是在计算成本允许的情况下对优化结果的进一步提高。

在求解式(3.39)和式(3.40)时,同样可先将其进一步转换为无约束优化问题。式(3.39)的无约束优化问题为

$$\begin{cases} \max_{\boldsymbol{X}} \ f_p(\boldsymbol{X}) = P(f^I(\boldsymbol{X}) \leqslant V^I) - \sigma \sum_{i=1}^{k} \varphi(P(M_i^I \leqslant N_i^I) - \lambda_i) \\ \text{s. t. } \boldsymbol{X} \in \Omega^n \end{cases} \tag{3.41}$$

式(3.40)的无约束优化问题为

$$\begin{cases} \min_{\boldsymbol{X}} \ f_p(\boldsymbol{X}) = f^w(\boldsymbol{X}) + \sigma \Big[\sum_{i=1}^{k} \varphi(P(M_i^I \leqslant N_i^I) - \lambda_i) + (P(f^I(\boldsymbol{X}) \leqslant V^I) - 1)^2 \Big] \\ \text{s. t. } \boldsymbol{X} \in \Omega^n \end{cases}$$

$$\tag{3.42}$$

区间可能度转换模型相比于区间序关系转换模型,具有如下优缺点:

(1) 不确定目标函数和约束的转换都基于区间可能度,从而使整个优化问题的处理具有较为统一和简单的数学形式,方便决策者使用。

(2) 利用区间可能度处理不确定目标函数后,得到的优化模型为一单目标优化而非多目标优化问题,更易于求解。

(3) 性能区间的确定需要决策者对于优化问题有较好的了解,所以在这一点上其适用性不如区间序关系转换模型。

3.5　基于 IP-GA 的两层嵌套优化算法

以上通过两种非线性区间优化转换模型得到的确定性优化问题都是两层嵌套优化问题,其中外层优化用于设计向量的寻优,而内层优化用于计算不确定目标函数和约束的区间。由于嵌套优化的存在,即使原不确定性优化问题具有连续性和可导性,转换后的优化问题通常也是非连续和不可导的,所以传统的基于梯度的优化方法难以对之有效求解。而作为智能优化算法之一的遗传算法(GA)是一种随机搜索算法,寻优过程只需函数值信息,并不需要求解梯度,所以将其作为外层优化的求解器是一个很好的选择。鉴于此,本章构建了一种基于 IP-GA[8] 的两层嵌套优化算法来求解上述问题。该算法中,外层和内层的优化求解器都采用全局优化性能优异的 IP-GA,一方面克服了非连续和不可导对外层优化造成的求解困难,另一方面能一定程度上避免内层优化的局部最优,从而获得较为精确的不确定目标函数和约束的区间。当然必须指出的是,内层优化采用 IP-GA 相比传统的基于

梯度的优化方法在效率上付出了较大的代价。从某种程度上说,该算法是在牺牲一定的计算效率的前提下获得了理想的优化效果,所以在本书靠后章节内容研究中,将该算法的计算结果用于衡量其他相关算法的精度和效率。另外,该算法的变换形式被嵌入后续章节中的其他算法,用于构造出更为高效实用的非线性区间优化算法。

3.5.1　IP-GA 简介

IP-GA 是对小种群遗传算法(μGA)[26] 的改进。μGA 从传统的 GA 扩展而来,能避免收敛早熟,并且比传统的 GA 能更快地寻找到最优区域。一般地,μGA 的种群规模很小,通常只有 5~8 个个体,如此小的种群规模能快速收敛到一局部最优点。同时,为保证基因多样性,使用一重启策略替代传统的变异操作,即一旦当前代收敛,则随机产生一代相同种群规模的个体,并且此种群中将包含上一代的最优个体。IP-GA 在 μGA 算法中加入了 IP 算子,通过连续两代之间的最优个体来构造移动方向以快速获得一个更优的个体,从而大大提高收敛速度。假设 p_j^b 和 p_{j-1}^b 分别为当前代和上一代的最优个体,则 IP 算子将通过如下式子获得 3 个新的子代个体 c_1、c_2、c_3[8]:

$$\begin{cases} c_1 = p_j^b + r(p_j^b - p_{j-1}^b) \\ c_2 = p_{j-1}^b + s(p_j^b - p_{j-1}^b) \\ c_3 = p_j^b - t(p_j^b - p_{j-1}^b) \end{cases} \tag{3.43}$$

式中,$0 \leqslant r \leqslant 1$、$0 \leqslant s \leqslant 1$ 和 $0 \leqslant t \leqslant 1$ 为 3 个非负的搜寻参数,用于调节新产生的 3 个个体与 p_j^b 和 p_{j-1}^b 之间的距离,新的个体将替代下一代中的 3 个最差个体。文献 [8] 对 6 个测试函数(包括两个复杂的多峰函数)进行了分析,结果表明 IP-GA 具有较为突出的全局优化性能,对于 r、s 和 t 的任意组合,利用 IP-GA 达到全局最优点所需的迭代步数仅仅是 μGA 的 6.4%~74.4%。

3.5.2　算法流程

本章利用基于 IP-GA 的两层嵌套优化算法对上述罚函数表示的确定性优化问题进行求解,具体算法流程如图 3.6 所示。在外层 IP-GA,产生多个设计向量个体;对每一设计向量个体,调用多次内层 IP-GA 获得不确定目标函数和约束的区间;基于这些区间,计算转换后的确定性优化问题的目标函数和约束,由此获得罚函数的值。对于外层和内层 IP-GA,都选用最大优化迭代步数作为收敛准则。对于 IP-GA,大的适应度值表示较好的设计向量,所以在内层 IP-GA 中,当求解目标函数或约束的上界时,直接以函数值作为适应度值,但是在求解下界时,原函数取负后作为适应度值。另外，对于外层优化，根据转换后优化问题是最大化还是最小化问题，以罚函数或取负的罚函数值作为适应度值。

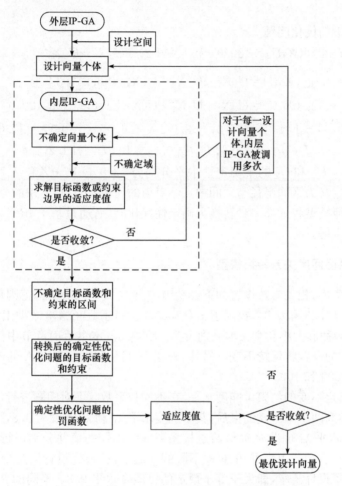

图 3.6　基于 IP-GA 的两层嵌套优化算法流程图[21]

　　在利用罚函数法处理约束时，选用较大的罚因子会使得罚函数 Hessian 矩阵的条件数过大，如采用基于梯度的优化方法进行求解会带来很大困难[25]。可采用的解决方法是利用外点法或内点法罚函数法，即通过对多次不同罚因子下的罚函数优化问题的求解来获得一相对理想的罚因子，从而获得一较好的优化结果。但是，本算法中采用了 GA 作为罚函数的优化求解器，GA 运行过程中只需要函数值信息而并不需要梯度信息，所以因过大罚因子造成的罚函数 Hessian 矩阵的病态通常不会影响 GA 的求解效果。因此，在该算法中不需要对罚因子 σ 进行更新，只需要根据问题给定一个较大的数值。

3.6　数值算例及讨论

考虑如下的优化问题[21]：

$$
\begin{cases}
\min\limits_{\boldsymbol{X}} \ f(\boldsymbol{X},\boldsymbol{U})=130.0-U_1^2(X_1+2)-U_2X_2^2-U_3^2X_3^2 \\
\text{s. t.} \ \ g_1(\boldsymbol{X},\boldsymbol{U})=U_1X_1^2-U_2^2X_2+U_3X_3=[6.2,7.3] \\
\qquad g_2(\boldsymbol{X},\boldsymbol{U})=U_1X_1+U_2X_2+U_3^2X_3^2+1.0\geqslant[15.0,20.0] \\
\qquad -1.0\leqslant X_1\leqslant5.0, \ -3.0\leqslant X_2\leqslant6.0, \ -2.0\leqslant X_3\leqslant7.0 \\
\qquad U_1\in[1.0,1.3], \ U_2\in[0.9,1.1], \ U_3\in[1.2,1.4]
\end{cases}
\tag{3.44}
$$

式中，变量 U_1、U_2 和 U_3 的不确定性水平分别为 13.0%、10.0% 和 7.7%（其中不确定性水平定义为区间半径与区间中点绝对值的比值）。在接下来的分析中，分别利用两种转换模型将式(3.44)转换为确定性优化问题，通过基于 IP-GA 的嵌套优化算法进行求解。

3.6.1　利用区间序关系转换模型

优化过程中，相关参数设置如下：ξ 为 0.0，通过式(3.36)获得正则化因子 ϕ 和 ψ 的值分别为 1.33 和 0.34，罚因子 σ 为 100000。对于 IP-GA，3 个搜索参数 r、s 和 t 都设为 0.6，种群大小和交叉率分别设为 5 和 0.5。本书后面章节中使用 IP-GA 时，这些参数的设置将保持不变。另外，外层 IP-GA 和内层 IP-GA 的最大迭代步数分别设为 300 和 100。

首先，给定不变的约束可能度水平，在不同权系数 β 下对问题进行优化。等式约束 g_1 转换为两个不等式约束后，其可能度水平 λ_1 和 λ_2 都设为 0.8，不等式约束 g_2 的可能度水平 λ_3 也设为 0.8，给定权系数 6 种不同的值并分别进行优化，优化结果如表 3.1 所示。由表可知，6 种不同的 β 值下，在最优设计向量处，约束的可能度都满足了设计要求，即大于等于预定的可能度水平 0.8。不同的 β 值下，获得了不同的最优设计向量，以及不同的目标函数和约束的区间。随着 β 值的减小，目

表 3.1　不同多目标权系数下的优化结果[21]

β	最优设计向量	目标函数区间	目标函数中点	目标函数半径	等式约束区间	不等式约束区间	约束可能度	罚函数
1.0	$(-0.60,-1.39,3.77)$	$[97.62,106.27]$	101.95	4.33	$[6.01,7.42]$	$[19.18,27.02]$	0.86,0.92,0.99	12.71
0.8	$(-0.96,-0.34,4.19)$	$[93.65,103.52]$	98.59	4.94	$[6.24,7.50]$	$[24.69,34.19]$	1.00,0.84,1.00	26.44
0.6	$(-0.53,0.37,5.31)$	$[72.08,87.79]$	79.94	7.86	$[6.21,7.50]$	$[41.27,56.16]$	1.00,0.85,1.00	37.90
0.4	$(0.56,1.21,5.87)$	$[56.47,76.36]$	66.42	9.95	$[5.90,7.65]$	$[52.34,70.69]$	0.83,0.80,1.00	41.66
0.2	$(0.34,1.20,6.04)$	$[52.95,73.71]$	63.33	10.38	$[5.92,7.64]$	$[54.98,74.29]$	0.84,0.80,1.00	44.37
0.0	$(0.34,1.20,6.04)$	$[52.95,73.71]$	63.33	10.38	$[5.92,7.64]$	$[54.98,74.29]$	0.84,0.80,1.00	47.62

标函数在最优设计向量处区间的中点和半径分别呈下降和上升趋势($\beta=0.2$ 和
0.0 时除外,两点处所获优化结果相同)。这是因为,较大的 β 值意味着加大了对
式(3.28)中不确定目标函数半径的偏好,而减小了对目标函数中点的偏好,所以多
目标优化后的最优设计将导致较小的目标函数半径和较大的目标函数中点。

其次,给定权系数 $\beta=0.5$,在 4 种不同的约束可能度水平下对问题进行优化
(3 个约束可能度水平在每次优化过程中给定相同的值),优化结果如表 3.2 所示。
由表可知,在 4 种不同情况下获得了不同的最优设计向量,每一个最优设计向量下
的约束可能度都满足相应的可能度水平的要求。随着约束可能度水平的减小,最
优设计处的罚函数值(此处等于多目标评价函数值)呈下降趋势。这是因为较小的
约束可能度水平使得转换后的确定性优化问题式(3.33)的可行域变大,从而可获
得更优的目标函数性能,即较小的多目标评价函数值。图 3.7 给出了上述 4 种不
同情况下优化过程的收敛曲线,图中的适应度值为取负后的罚函数。由图可见,
IP-GA 能以较快的速度达到一较为稳定的适应度值,故具有较强的收敛性能。

表 3.2　不同约束可能度水平下的优化结果[21]

约束可能度水平	最优设计向量	目标函数区间	等式约束区间	不等式约束区间	约束可能度	罚函数
1.0	$(-0.13, 0.10, 5.24)$	$[73.01, 88.58]$	$[6.19, 7.28]$	$[40.47, 54.80]$	1.00, 1.00, 1.00	50.12
0.8	$(-0.34, -0.37, 5.31)$	$[71.77, 87.60]$	$[6.04, 7.29]$	$[41.53, 56.35]$	0.87, 1.00, 1.00	41.60
0.4	$(1.81, 6.00, 7.00)$	$[-12.01, 23.21]$	$[4.44, 9.20]$	$[78.77, 105.99]$	0.63, 0.60, 1.00	28.00
0.0	$(0.31, 6.00, 7.00)$	$[-9.40, 24.60]$	$[1.24, 5.06]$	$[77.27, 104.04]$	0.00, 1.00, 1.00	27.86

实际应用时,多目标权系数 β 和约束可能度水平的选择主要与两个因素相关:
实际问题本身和决策者的偏好。如果一个系统在不确定性影响下的性能波动程
度,即鲁棒性对问题影响不大,则可以选用较小的权系数 β 来加大对目标函数中点
的偏好,因此在一定程度上可以得到更好的系统在不确定性影响下的平均设计性
能。如果系统工作时需要非常稳定,特别是系统的性能波动会对其他相关系统造
成较大影响,则可以考虑选用较大的权系数 β,在牺牲平均性能的前提下减小不确
定目标函数的波动,从而获得更好的设计鲁棒性。另外,如果系统在工作过程中的
可靠性是第一考虑要素,则需要选用较大的约束可能度水平,甚至使之等于 1.0。
但是,如果系统的设计目标(通常为系统性能或制造成本等)对问题比较重要,而约
束一定程度上的违反并不会造成很严重的问题,则可以考虑选用相对较小的可能
度水平。另外,只要问题存在不确定性,其决策过程通常会不可避免地与设计者的
主观偏好有关,基于区间的不确定性优化方法也不例外。一个乐观的决策者,总是
倾向于选用较小的权系数 β 和约束可能度水平,从而更多地追求系统的目标设计
性能,但同时会存在较大程度上的风险,即设计目标波动过大或约束违反;而一个
较为悲观的决策者,更倾向于使用较大的权系数和约束可能度水平,在牺牲设计性
能的代价下更大限度地降低系统的工作风险。所以,一定程度上,决策者对设计系

统的了解程度及设计经验往往显得较为重要,因为丰富的设计经验往往可以使决策者持有一个更为合理的决策态度。

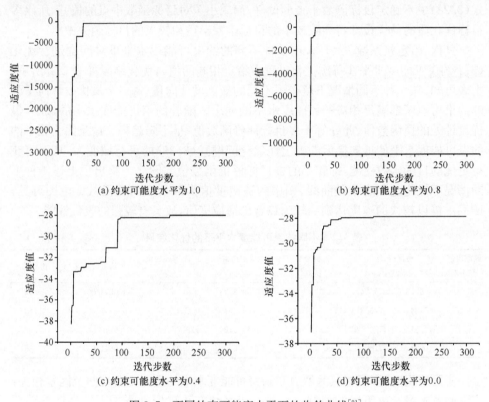

(a) 约束可能度水平为1.0

(b) 约束可能度水平为0.8

(c) 约束可能度水平为0.4

(d) 约束可能度水平为0.0

图 3.7 不同约束可能度水平下的收敛曲线[21]

3.6.2 利用区间可能度转换模型

优化过程中,约束可能度水平都设为 0.8,罚因子 σ 为 100000,外层 IP-GA 和内层 IP-GA 的最大迭代步数分别设为 300 和 100。首先考虑目标函数性能区间 $V^I = [69,79]$ 时的情况,建立如式(3.39)所示的优化问题,求解最大化目标函数的可能度,计算结果如表 3.3 所示。由表可知,在获得的最优设计向量处,目标函数的可能度达到 0.98,同时 3 个约束可能度分别为 0.80、0.83 和 1.00,都满足了预定的可能度水平的要求。

表 3.3 性能区间 $V^I = [69,79]$ 时的优化结果[21]

最优设计向量	目标函数区间	目标函数可能度	等式约束区间	不等式约束区间	约束可能度	罚函数
$(-0.17, 1.29, 6.16)$	$[50.80, 72.10]$	0.98	$[5.85, 7.61]$	$[56.52, 76.52]$	0.80, 0.83, 1.00	0.98

　　其次,考虑目标函数性能区间 $V^I=[79,89]$ 时的情况,仍然建立如式(3.39)的优化问题并求解,计算结果如表 3.4 所示。由表 3.4 可知,在获得的最优设计向量处,目标函数可能度达到了 1.00,相应的约束可能度满足可能度水平的要求。因为目标函数可能度为 1.00,所以建立如式(3.40)所示的考虑设计鲁棒性的优化问题并进一步进行求解,计算结果如表 3.5 所示。由表 3.5 可知,在获得的最优设计向量处,相应的目标函数和约束可能度仍然满足要求;另外,不确定目标函数的半径为 9.2,小于表 3.4 中的目标函数半径 9.5,即目标函数由不确定性造成的波动减少,从而进一步提高了设计鲁棒性。与上一性能区间情况不同的是,此情况下完成了两次相对独立的不确定性优化。

表 3.4　性能区间 $V^I=[79,89]$ 时最大化目标函数可能度的优化结果[21]

最优设计 向量	目标函数 区间	目标函 数半径	目标函数 可能度	等式约束 区间	不等式约束 区间	约束 可能度	罚函数
(0.60,1.13,5.72)	[60.00,79.02]	9.5	1.00	[5.86,7.56]	[49.81,67.25]	0.80,0.84,1.00	1.00

表 3.5　性能区间 $V^I=[79,89]$ 时考虑设计鲁棒性的优化结果[21]

最优设计 向量	目标函数 区间	目标函 数半径	目标函数 可能度	等式约束 区间	不等式约束 区间	约束 可能度	罚函数
(−0.59,1.16,5.76)	[61.21,79.61]	9.2	1.00	[5.86,7.57]	[49.08,66.69]	0.80,0.84,1.00	9.2

　　在实际应用中,选择一合理的目标函数性能区间是较为重要的,这需要决策者对设计问题有更好的了解,并具有一定的工程经验。过低的性能区间总会轻易使得目标函数的可能度达到 1.0,虽然可以继续构造如式(3.40)所示的优化问题并针对设计鲁棒性进一步进行优化,但是过低的性能区间使得新加入的约束(目标函数不大于性能区间的可能度为 1.0)作用不大。另外,过高的性能区间会造成最大目标函数可能度为 0,使优化问题失去意义。防止选择过低或过高的性能区间,需要对设计问题深入了解和具有较丰富的设计经验。在实际问题中,往往可以给定一个具体的性能值而非一个性能区间。

3.7　本 章 小 结

　　本章针对一般的不确定性优化问题,提出了两种非线性区间优化的数学转换模型,从而将不确定性优化问题转换为确定性优化问题。在区间序关系转换模型中,通过区间序关系将不确定目标函数转换为确定性的两目标优化问题;在区间可能度转换模型中,将不确定目标函数通过区间可能度转换为确定性单目标优化问题。相比区间序关系转换模型,区间可能度转换模型采用可能度同时处理不确定目标函数和约束,在数学形式上更为统一。另外,通过区间可能度转换模型得到的为一确定性的单目标优化问题,它的求解相比通过区间序关系转换模型得到的多目标优化问题更为简单。但是,利用区间可能度转换模型时,需要决策者对设计问题有更深入的了解,以选择合适的目标函数性能区间。本章还建立了基于 IP-GA 的两层嵌套优化算法,以求解通过转换模型得到的确定性优化问题。其中,全局优化性能优异的 IP-GA 被同时作为外层和内层优化求解器,一方面克服了非连续和不可导对外层优化造成的求解困难,另一方面一定程度上避免了因内层优化局部最优造成的确定性优化问题的约束违反,较好地保障了优化结果的安全性。

参 考 文 献

[1] Tanaka H,Okuda T,Asai K. On fuzzy mathematical programming. Journal of Cybernetics, 1973,3(4):37-46.

[2] Ishibuchi H,Tanaka H. Multiobjective programming in optimization of the interval objective function. European Journal of Operational Research,1990,48(2):219-225.

[3] Lai K K,Wang S Y,Xu J P,et al. A class of linear interval programming problems and its application to portfolio selection. IEEE Transactions on Fuzzy Systems, 2002, 10 (6): 698-704.

[4] Inuiguchi M,Sakawa M. Minimax regret solution to linear programming problems with an interval objective function. European Journal of Operational Research,1995,86(3):526-536.

[5] Inuiguchi M,Sakawa M. Maximum regret analysis in linear programs with an interval objective function. Proceedings of IWSCI'96,1996:308-317.

[6] Averbakh I,Lebedev V. On the complexity of minimax regret linear programming. European Journal of Operational Research,2005,160(1):227-231.

[7] 马龙华. 不确定系统的鲁棒优化方法及其研究. 杭州:浙江大学博士学位论文,2002.

[8] Liu G R,Han X. Computational Inverse Techniques in Nondestructive Evaluation. Boca Raton: CRC Press,2003.

[9] Nakahara Y,Sasaki M,Gen M. On the linear programming problems with interval coefficients. International Journal of Computer Industrial Engineering,1992,23(1):301-304.

[10] Kundu S. Min-transitivity of fuzzy leftness relationship and its application to decision making. Fuzzy Sets and Systems,1997,86(3):357-367.

[11] Sengupta A,Pal T K. On comparing interval numbers. European Journal of Operational Research,2000,127(1):28-43.

[12] 刘新旺,达庆利. 一种区间线性规划的满意解. 系统工程学报,1999,14(2):123-128.

[13] Ramik J,Rommelfanger H. A single- and a multi-valued order on fuzzy numbers and its use in linear programming with fuzzy coefficients. Fuzzy Sets and Systems, 1993, 57 (2): 203-208.

[14] Dubios D,Parade H. Ranking fuzzy numbers in the setting of possibility theory. Information Sciences,1983,30(3):183-224.

[15] Ohta H,Yamaguchi T. Linear fractional goal programming in consideration of fuzzy solution. European Journal of Operational Research,1996,92(1):157-165.

[16] 徐泽水,达庆利. 区间数排序的可能度法及其应用. 系统工程学报,2003,18(1):67-70.

[17] 达庆利,刘新旺. 区间数线性规划及其满意解. 系统工程理论与实践,1999,19(4):3-7.

[18] Facchinetti G,Ricci R G,Muzzioli S. Note on ranking fuzzy triangular numbers. International Journal of Intelligent Systems,1998,13(7):613-622.

[19] 张全,樊治平,潘德惠. 不确定性多属性决策中区间数的一种排序方法. 系统工程理论与实践,1999,19(5):129-133.

[20] Jiang C,Han X,Liu G R,et al. A nonlinear interval number programming method for uncertain optimization problems. European Journal of Operational Research,2008,188(1):1-13.

[21] 姜潮. 基于区间的不确定优化理论与算法. 长沙:湖南大学博士学位论文,2008.

[22] 刘宝碇,赵瑞清,王纲. 不确定规划及应用. 北京:清华大学出版社,2003.

[23] 刘宝碇,赵瑞清. 随机规划与模糊规划. 北京:清华大学出版社,1998.

[24] 胡毓达. 实用多目标最优化. 上海:上海科学技术出版社,1990.

[25] 陈宝林. 最优化理论与算法. 北京:清华大学出版社,2005.

[26] Krishnakumar K. Micro-genetic algorithms for stationary and nonstationary function optimization. Proceedings of SPIE:Intelligent Control and Adaptive Systems,Philadelphia,1989:289-296.

第 4 章　基于混合优化方法的区间优化

第 3 章中提出了两种非线性区间优化的数学转换模型,将区间不确定性优化问题转换为确定性的两层嵌套优化问题。虽然这两层优化问题可以通过基于 IP-GA 的嵌套优化算法直接求解,但通常仅限于较为简单的问题。对于大多数实际工程问题,优化模型的建立往往基于单次运算就十分耗时的数值分析模型,如有限元分析模型、多刚体动力学分析模型等,而基于数值分析模型的两层嵌套优化会导致极低的计算效率,很难满足实际工程设计需要。

因此,本章基于区间序关系转换模型,构建两种基于遗传算法(genetic algorithm,GA)和人工神经网络(artificial neural network,ANN)模型的混合优化算法(分别称为多网络混合优化算法和单网络混合优化算法),以求解转换后的两层嵌套优化问题,从而构造出两类高效的非线性区间优化方法,最后将这两种方法分别应用于两个实际工程问题:U 型件冲压中变压边力的优化和焊装夹具中定位点的优化。

4.1　约束具有统一表述形式的非线性区间优化问题

通过第 3 章的研究可以发现:在非线性区间优化中,不确定等式约束和≥型不等式约束都可以转变为≤型不等式约束进行处理。所以为表述方便,在本书的后续章节中,都将使用在形式上比式(3.1)更为简单和统一的非线性区间优化模型:

$$\begin{cases} \min_{\boldsymbol{X}} \ f(\boldsymbol{X},\boldsymbol{U}) \\ \text{s. t. } g_i(\boldsymbol{X},\boldsymbol{U}) \leqslant b_i^I = [b_i^L, b_i^R], \ i=1,2,\cdots,l, \ \boldsymbol{X} \in \Omega^n \\ \boldsymbol{U} \in \boldsymbol{U}^I = [\boldsymbol{U}^L, \boldsymbol{U}^R], \ U_i \in U_i^I = [U_i^L, U_i^R], \ i=1,2,\cdots,q \end{cases} \tag{4.1}$$

利用区间序关系转换模型,可得如下的确定性优化问题:

$$\begin{cases} \min_{\boldsymbol{X}}(f^c(\boldsymbol{X}), f^w(\boldsymbol{X})) \\ \text{s. t. } P(g_i^I(\boldsymbol{X}) \leqslant b_i^I) \geqslant \lambda_i, \ i=1,2,\cdots,l \\ \boldsymbol{X} \in \Omega^n \end{cases} \tag{4.2}$$

如前所述,式(4.2)可进一步转换为

$$
\begin{cases}
\begin{aligned}
\min_{\boldsymbol{X}}\ f_p(\boldsymbol{X}) &= f_d(\boldsymbol{X}) + \sigma \sum_{i=1}^{l} \varphi(P(g_i^I(\boldsymbol{X}) \leqslant b_i^I) - \lambda_i) \\
&= (1-\beta)(f^c(\boldsymbol{X})+\xi)/\phi + \beta(f^w(\boldsymbol{X})+\xi)/\psi \\
&\quad + \sigma \sum_{i=1}^{l} \varphi(P(g_i^I(\boldsymbol{X}) \leqslant b_i^I) - \lambda_i)
\end{aligned} \\
\text{s. t. } \boldsymbol{X} \in \Omega^n
\end{cases}
\tag{4.3}
$$

下面首先介绍所使用的 ANN 模型,然后构造两种混合优化算法以高效求解上述优化问题。

4.2　ANN　模　型

ANN 是指用大量的简单计算单元(神经元)构成的非线性系统,它在一定程度和层次上模仿了人脑神经系统的信息处理、存储及检索功能,因而具有学习、记忆和计算等智能处理功能。目前已有数十种神经网络模型,并在许多领域得到广泛应用。本章采用如图 4.1 所示的邻层连接多层前向网络[1],该网络由输入层、隐层和输出层组成,相邻层之间的神经元通过权值相连。隐层数目可调节,但文献[2]的研究表明,具有两个隐层的 ANN 模型已能够处理大多数的结构问题。大多数 ANN 模型的训练基于反向传播(back propagation,BP)学习算法,通常效率较低。本章采用文献[3]提出的改进 BP 学习算法,该算法具有可动态调节的学习率和跳跃因子。改进的 BP 学习算法有两个重要特征:学习率在每隔几代而不是每代后进行调整;加入了跳跃因子,可避免权系数矩阵的停滞。

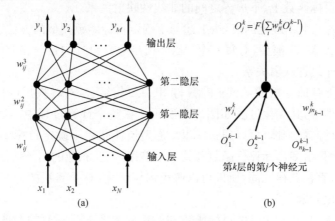

图 4.1　邻层连接多层前向网络[1]

4.3　混合优化算法构造

本节将 IP-GA 与 ANN 模型结合,构建多网络混合优化算法和单网络混合优化算法,以高效求解通过区间序关系转换模型得到的确定性优化问题,即式(4.3)。在多网络混合优化算法中,分别对不确定目标函数和约束建立多个 ANN 模型,建立设计向量与目标函数区间或约束区间之间的数据联系;而在单网络混合优化算法中,只通过一个 ANN 模型建立设计变量、不确定变量与目标函数值、约束值之间的联系。利用建立后的 ANN 模型代替真实模型,并与 IP-GA 相结合,可实现在优化过程中不必求解原耗时的真实模型,大大提高非线性区间优化的计算效率。

4.3.1　多网络混合优化算法

利用多网络混合优化算法求解转换后的确定性优化问题的计算过程如下。

(1) 在设计空间 Ω^n 内选取多个设计向量的样本。

(2) 对于每一个样本 $\boldsymbol{X}'$,对不确定性目标函数,调用原真实模型做 $\min\limits_{\boldsymbol{U}} f(\boldsymbol{X}',\boldsymbol{U})$ 和 $\max\limits_{\boldsymbol{U}} f(\boldsymbol{X}',\boldsymbol{U})$ 两次优化,以求取区间 $[f^L(\boldsymbol{X}'),f^R(\boldsymbol{X}')]$。$\boldsymbol{X}'$ 和 $[f^L(\boldsymbol{X}'),f^R(\boldsymbol{X}')]$ 将构成一个训练样本。对所有的设计向量样本完成上述优化过程,可得到一组训练样本。

(3) 建立一个 ANN 模型,以设计向量 $\boldsymbol{X}$ 为输入,以不确定目标函数在 $\boldsymbol{X}$ 处的上界 $f^R(\boldsymbol{X})$ 和下界 $f^L(\boldsymbol{X})$ 为输出。利用上述获得的训练样本对之进行训练,建立设计向量和目标函数上、下边界之间的非线性映射关系。

(4) 对每一个不确定约束,按上述与不确定目标函数类似的方法进行处理,则可以获得 l 个 ANN 模型,对每一个 ANN 模型建立设计向量与相应的约束上、下边界之间的非线性映射关系。

(5) 将所有训练后的 ANN 模型与 IP-GA 相结合,对转换后的优化问题(式(4.3))进行求解,其优化过程如图 4.2 所示。在整个计算过程中,对于 IP-GA 产生的任一设计向量个体,可以通过 ANN 模型快速获得不确定目标函数和约束的区间,进而计算出多目标评价函数和约束可能度,以及相应的罚函数值。因为通过 ANN 模型可直接获得区间,所以可以避免内层优化,整个算法的计算变为一较简单的单层优化问题。

实际问题中,并非所有的目标函数和约束都需要通过耗时的数值分析模型获得,其中某些往往是由显式函数表示的。所以利用上述算法时,只需对基于数值分析模型的约束或目标建立 ANN 模型即可,而其他基于显式函数的约束或目标可以按原先的方法进行处理,即通过两次优化过程获得其任一设计向量下的边界。

对于上述混合优化算法,主要的计算花费在 ANN 模型训练样本的获得上,即通过多次优化调用真实模型求取不确定目标函数和约束的区间。在实际应用中,这些训练样本的求取可以离线、并行完成。一旦获得所有的训练样本并对所有 ANN 模型进行训练,则可抛开原真实模型进行快速优化。

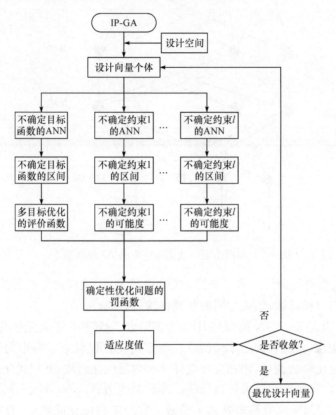

图 4.2　利用多网络混合优化算法求解非线性区间优化问题流程图[4]

4.3.2　单网络混合优化算法

利用单网络混合优化算法求解转换后的确定性优化问题的计算过程如下。

(1) 在设计空间 Ω^n 和不确定域 Γ 组成的混合空间内选择多个采样点,每一个采样点由设计变量和不确定变量组成。

(2) 对于任一个采样点 (X', U'),调用真实模型计算相应的不确定目标函数值 $f(X', U')$ 和约束值 $g_i(X', U')(i=1, 2, \cdots, l)$,并形成一个训练样本。对所有的采样点完成此计算过程,则形成一组训练样本。

(3) 建立一个如图 4.3 所示的 ANN 模型,输入为设计向量和不确定向量,输出为相应的不确定目标函数值和约束值。

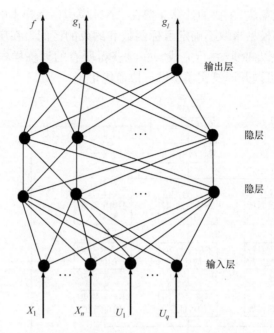

图 4.3　单网络混合优化算法中的 ANN 模型[4]

（4）利用获得的训练样本对 ANN 模型进行训练，从而建立设计向量、不确定向量与不确定目标函数、约束之间的非线性映射关系。

（5）将训练后的 ANN 模型与 IP-GA 相结合，对转换后的确定性优化问题（式（4.3)）进行优化，其流程如图 4.4 所示。整个优化过程与第 3 章中的基于 IP-GA 的两层嵌套优化算法类似，依然由外层优化和内层优化组成，外层优化用于设计向量的寻优，而内层优化用于求解目标函数和约束的边界。所不同的是，这里的嵌套优化全部基于 ANN 模型而非原真实模型。实际工程优化问题中，真实模型往往是耗时的数值仿真模型，而通过引入 ANN 模型，可以快速获得不确定目标函数和约束在任一设计向量和不确定向量下的函数值，而不必计算原先的数值分析模型，所以整个优化的效率将得到极大的提高。

在上述算法的建立过程中，为表述方便，将目标函数和所有约束都包含于 ANN 模型的输出中。如前所述，实际优化问题中，在目标函数和所有约束中，往往只有某些需要通过数值仿真模型计算，而其他可通过显式函数表示。所以，在建立 ANN 模型时，可以在输出中只包含需要通过数值仿真模型计算的部分函数。在内层优化中，只调用 ANN 模型计算此部分函数的边界，而其余函数的边界则可以直接调用原显式函数进行优化求解。通过此处理方法，可以一定程度上降低 ANN 模型的复杂程度，有利于保证 ANN 模型的映射精度。

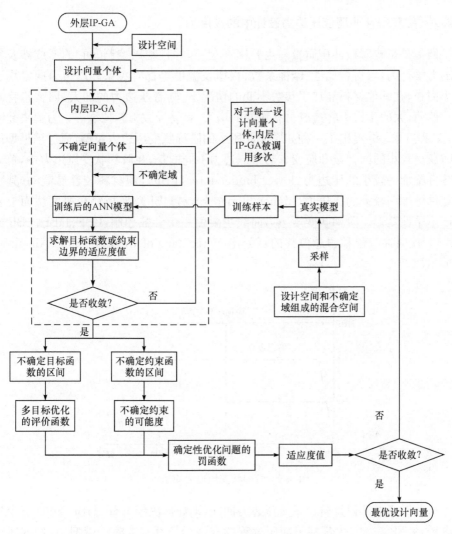

图 4.4　求解非线性区间优化问题的单网络混合优化算法流程图[4]

4.4　工　程　应　用

将上述算法应用于两个实际工程算例,即 U 型件冲压中变压边力的优化和焊装夹具设计中定位点的优化,前者利用多网络混合优化算法进行求解,而后者利用单网络混合优化算法进行求解。

4.4.1　在U型件冲压变压边力设计中的应用

回弹是影响薄板冲压质量的主要因素之一,并且难以控制。它的形成涉及复杂的力学行为,与材料属性、摩擦系数、板厚及温度等都有关系。压边力通常用于减小回弹,在其他材料和加工参数不变的情况下,随着压边力的加大,回弹量将减小。然而,大的压边力将造成材料应变的增大,容易导致板料拉裂[5]。为解决此问题,文献[6]~[8]提出了一种如图4.5所示的阶梯状变压边力模型,通过该模型能同时获得较小的回弹量和应变。与常压边力不同的是,在阶梯状变压边力中,首先对零件施加一较小的压边力(lower binder force,LBF),使材料较容易流动;其次对零件施加一较大的压边力(higher binder force,HBF),使板料在厚度截面上主要产生塑性变形。阶梯状变压边力曲线主要由三个参数控制:LBF、HBF、LBF向HBF转换时冲头位移占总位移的百分比(percentage of the total punch displacements,PPD)。

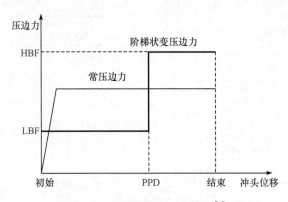

图4.5　阶梯状变压边力模型[9]

目前对于如何设计阶梯状变压边力曲线(即如何决定LBF、HBF、PPD三个控制参数)的研究[9,10],大都基于冲压过程的有限元仿真。有限元模型中,材料属性及各加工过程参数都给定一具体的值。然而,冲压是非常复杂的力学过程,一些参数往往无法给定精确的数值。例如,摩擦系数具有明显的不确定性,在每次冲压中,因为润滑条件的不同,会呈现一定的波动性。即使在同一次冲压中,摩擦系数也有不同程度的变化。考虑到摩擦系数是影响板料回弹计算的一个重要参数[11],本应用中对阶梯状变压边力进行优化设计时将其作为不确定参数进行处理,以更符合实际工况。

1. 不确定性优化问题的建立

选择NUMISHEET'93中的U型件冲压为研究对象,如图4.6所示,板料的几何参数和材料属性如表 4.1 所示。在实际冲压中，LBF 一般不能给定过小的值，以免出现起皱现象。但是因为 U 型件冲压中不存在起皱问题[9]，LBF 只需事先给定一较小的值即可，所以本算例中优化变量只有 HBF 和 PPD 两个。

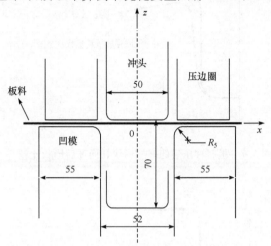

图 4.6　NUMISHEET'93 中的 U 型件冲压算例（单位：mm）[9]

表 4.1　板料的几何参数和材料属性[12]

板长/mm	板宽/mm	板厚/mm	弹性模量/GPa	泊松比	应力应变关系
350	35	1.0	206	0.3	$\sigma = 565.2(0.007117 + \varepsilon^p)^{0.2589}$

图 4.7 给出了 1/2 板料截面冲压后的理想形状和回弹后形状的比较，其中 H 表示两截面曲线右端点的 z 向距离。显然，较小的 H 意味着较小的回弹量，所以 H 可用于表征回弹的大小。另外，摩擦系数 μ 可根据实际润滑情况及工程经验估计其变化范围，以下分析中假设其区间为 $[0.1, 0.2]$，故可建立不确定性优化问题如下[12]：

$$\begin{cases} \min_{\text{HBF, PPD}} & H(\text{HBF, PPD}, \mu) \\ \text{s. t.} & 2.45\text{kN} \leqslant \text{HBF} \leqslant 40\text{kN} \\ & 55\% \leqslant \text{PPD} \leqslant 85\% \\ & \mu \in [\mu^L, \mu^R] = [0.1, 0.2] \end{cases} \tag{4.4}$$

2. 有限元模型及 ANN 模型的建立

建立 1/2 板料有限元模型，选用退化二维壳单元[13]建立板料网格，如图 4.8 所示。板料单元数为 84，与压边圈接触处单元较疏，而与凸、凹模接触处单元较密。整个有限元分析由冲压过程和回弹过程两部分组成，在分析过程中，LBF 给定一较小的值 2.45kN，冲头总位移为 70mm。

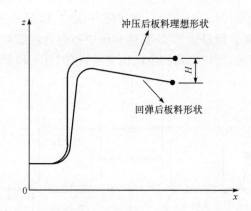

图 4.7　板料冲压后的理想形状和回弹后形状比较[12]

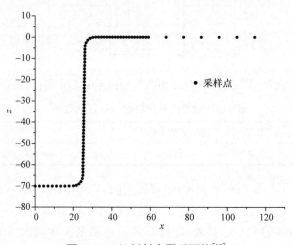

图 4.8　1/2 板料有限元网格[12]

　　因为在式(4.4)中,只有目标函数需通过有限元分析获得,所以只需建立一个 ANN 模型即可。此 ANN 模型只含一个隐层,输入为 HBF 和 PPD,输出为相应的 H 值的下界和上界,其输入层、隐层和输出层的神经元数目分别为 2、8 和 2。在设计空间内均匀选择 $5 \times 5 = 25$ 个采样点,并对每个采样点调用有限元模型进行两次优化获得上、下界,从而建立 25 个训练样本,并对 ANN 模型进行训练。为验证训练后 ANN 模型的预测精度,在设计空间内额外选择 4 个采样点,并分别利用 ANN 模型及优化方法求解目标函数的上、下界,计算结果如表 4.2 所示。利用 ANN 模型预测 H 边界,在 4 个样本点处与优化方法计算结果的最大偏差仅为 4.9%,这在一定程度上表明所建立的 ANN 模型具有较好的预测精度。

表 4.2 采用优化方法和 ANN 模型对 4 个采样点
求解目标函数 H 的计算结果[4] (单位:mm)

采样点(HBF,PPD)	优化方法		ANN 模型(与优化方法结果的偏差)	
	下界	上界	下界	上界
(20kN,60%)	3.53	9.12	3.39(4.1%)	8.76(3.9%)
(30kN,70%)	1.97	7.15	1.93(2.1%)	7.47(4.5%)
(30kN,60%)	2.51	7.58	2.59(3.1%)	7.80(2.9%)
(20kN,70%)	3.12	8.66	3.06(1.8%)	9.08(4.9%)

3. 优化结果

将训练后的 ANN 模型与 IP-GA 结合,进行非线性区间优化。优化过程中的一些参数设置如下:β 为 0.5,ξ 为 0.0,ϕ 和 ψ 为 1.0,IP-GA 的最大迭代步数设为 100。优化结果如表 4.3 所示,最优 HBF 和 PPD 分别为 25.8kN 和 67.7%,相应的 H 值的区间为[1.3mm,6.0mm]。为验证此优化结果的有效性,也考虑了将 25.8kN 作为常压边力施加于板料的情况,并且利用优化方法计算了变压边力和常压边力两种情况下板料变形相关力学参数在不确定摩擦系数下的边界,计算结果如表 4.4 所示。由结果可知,利用与 HBF 相同数值的常压边力,板料变形后的最大工程主应变和最大厚度减薄率都明显大于变压边力,这表明利用获得的最优变压边力,板料更不容易被拉裂;其次,利用最优变压边力,获得了比常压边力更好的 H 值的区间(更小的评价函数值),这表明最优变压边力能更好地控制回弹,提高冲压质量。

表 4.3 变压边力优化结果[4]

HBF/kN	PPD/%	H/mm		评价函数 f_d
		下界	上界	
25.8	67.7	1.3	6.0	3.0

表 4.4 板料在常压边力和最优变压边力下的变形情况比较[4]

参数	压边力/kN	最大工程主应变/%		最大厚度减薄率/%		H/mm		评价函数 f_d
		下界	上界	下界	上界	下界	上界	
常压边力	25.8	18.2	22.9	11.0	13.3	4.3	7.4	3.7
变压边力	HBF25.8,PPD67.7%	13.8	16.4	8.1	9.5	1.3	6.0	3.0

4.4.2 在焊装夹具定位点设计中的应用

冷冲压加工有着较高的生产率和材料利用率,广泛应用于汽车、飞机和各种家用电器制造工业。冲压件的焊接装配成为上述产品制造的关键工序,焊装夹具的性能不仅影响生产率,而且直接关系到产品的质量[14]。薄板件焊装夹具设计的中心问题就是选择最优定位点数并确定它们的位置,实现工件的确定约束定位及其在重力和加工力作用下的最小变形,以提高焊装精度和产品质量。

1. 不确定性优化问题的建立

以如图 4.9 所示的翻边薄板件夹具定位系统为研究对象,q_1 和 q_2 为两个 $\phi15$mm 的定位销孔,中心点坐标分别为(80mm,80mm,0mm)和(420mm,320mm,0mm),前者限制了工件 x 和 y 方向上的平移自由度,后者限制了工件绕 z 轴的转动自由度。L_1、L_2 和 L_3 为基准面上的($z=0$)三个夹具定位点,限制了刚体运动中的其他三个自由度。$F=50$N 为焊枪作用于工件表面产生的 x 向加工力,作用点坐标为(500mm,50mm,25mm)。板料厚度为 1mm,因为制造误差、材料弹性模量 E 和泊松比 ν 为不确定参数,其区间分别为 $E^I=[1.8\times10^5\text{MPa},2.2\times10^5\text{MPa}]$ 和 $\nu^I=[0.3,0.4]$。本应用的任务是优化三个夹具定位点的位置,使得板料在加工力和重力下的整体变形最小,从而保证焊装加工精度。为描述板料的变形,在基准面上选择五个关键点,坐标分别为(250mm,0mm)、(500mm,200mm)、(250mm,400mm)、(0mm,200mm)和(250mm,200mm),并以五个关键点的 z 向位移总和表示板料的整体变形。另外,板料上的 R_1 点和 R_2 点因为需满足后续装配精度的要求,其 z 向位移需满足约束要求。不确定性优化问题建立如下[4]:

$$
\begin{cases}
\min_{\boldsymbol{X}} \ \sum_{i=1}^{5} d_i(\boldsymbol{X},E,\nu) \\
\text{s. t.} \ d_{R_1}(\boldsymbol{X},E,\nu) \leqslant [0.3\text{mm},0.4\text{mm}] \\
\qquad d_{R_2}(\boldsymbol{X},E,\nu) \leqslant [0.76\text{mm},0.85\text{mm}] \\
\qquad \boldsymbol{X} \in \Omega^6 \\
\qquad E \in [1.8\times10^5\text{MPa},2.2\times10^5\text{MPa}] \\
\qquad \nu \in [0.3,0.4]
\end{cases}
\tag{4.5}
$$

式中,$\boldsymbol{X}$ 表示六维设计向量,由三个定位点的 x 和 y 向坐标组成;Ω^6 表示其 500mm×400mm 大小的取值范围(去两个定位销孔);d_i 表示第 i 个关键点的 z 向位移绝对值;d_{R_1} 和 d_{R_2} 分别表示 R_1 点和 R_2 点的 z 向位移绝对值。

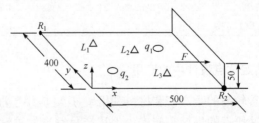

图 4.9 一翻边薄板件夹具定位系统(单位:mm)[15]

2. 有限元模型及 ANN 模型的建立

利用有限元计算优化问题中的目标函数和约束,采用结合二维实体单元和板单元的四节点壳单元[16]划分薄板件,单元总数为 1912。定位点与板件简化为点接触,接触点处的节点所有自由度固定约束。定位销孔圆周上所有节点的 x 和 y 向的平移自由度固定约束,z 向平移自由度和旋转自由度保留。

建立含两个隐层的 ANN 模型,输入为 6 个设计变量和 2 个不确定变量,考虑到目标函数和两个约束都需通过有限元计算,所以都作为 ANN 的输出。ANN 模型的输入层、第一隐层、第二隐层、输出层的神经元数分别为 8、18、9、3。每个输入变量设 13 水平,利用正交设计方法[17]选择 97 个样本点,每一个样本点需进行一次有限元计算。为验证训练后 ANN 模型的预测精度,另外选择 5 个采样点,并分别利用有限元模型和 ANN 求解目标函数和约束值,计算结果如表 4.5 所示。由表可知,在 5 个样本点处,利用 ANN 模型得到的预测值与有限元模型结果相比最大误差仅为 7.1%(第 5 个样本点的目标函数值),这在一定程度上表明所建立的 ANN 模型的预测精度可以满足工程需要。

表 4.5　有限元模型和 ANN 模型对 5 个采样点的计算结果比较[4]

输入(设计变量和不确定变量)			有限元模型			ANN 模型(与有限元模型结果的偏差)		
三定位点坐标(x,y)/mm	E/MPa	ν	目标函数/mm	约束 1/mm	约束 2/mm	目标函数/mm	约束 1/mm	约束 2/mm
(160.1,315.2),(468.5,346.7),(370.3,90.4)	2.0×10^5	0.32	1.32	0.80	0.45	1.41(6.5%)	0.82(2.1%)	0.42(5.8%)
(71.8,270.5),(180.8,45.2),(321.3,352.8)	1.9×10^5	0.34	4.00	0.14	5.69	3.85(3.8%)	0.15(5.9%)	5.34(6.2%)
(480.6,231.9),(18.0,190.7),(220.0,21.4)	1.8×10^5	0.30	5.46	2.12	2.81	5.35(2.1%)	2.03(4.2%)	2.89(3.0%)
(19.7,175.9),(259.8,25.2),(494.1,320.5)	2.1×10^5	0.36	5.78	2.50	3.91	6.14(6.2%)	2.58(3.1%)	3.86(1.2%)
(493.1,125.6),(328.6,6.1),(214.8,128.1)	2.2×10^5	0.38	7.72	5.28	1.19	7.17(7.1%)	5.06(4.2%)	1.25(5.4%)

3. 优化结果

将训练后的 ANN 模型与 IP-GA 结合,进行非线性区间优化。优化过程中的相关参数设置如下：权系数 β 为 0.5，ξ 为 0.0，正则化因子 ϕ 和 ψ 分别为 1.2 和 0.3，罚因子 σ 为 1000，两个不确定约束的可能度水平都设为 0.9，内、外层 IP-GA 的最大迭代步数分别为 500 和 100。优化结果如表 4.6 所示，其相应的定位点最优布置如图 4.10 所示。在最优夹具点布置下，板料整体变形量由不确定材料属性造成的可能区间为 [2.68mm, 3.42mm]，罚函数 f_p 值为 1.89；R_1 点和 R_2 点变形量的区间分别为 [0.19mm, 0.24mm] 和 [0.65mm, 0.81mm]，其约束的可能度值分别为 1.0 和 0.91，都满足大于可能度水平 0.9 的要求。另外，整个优化过程中有限元模型的计算次数仅为 97。

表 4.6　夹具定位点优化结果[4]

三定位点坐标 (x,y) /mm	目标函数区间 /mm	约束 1 区间 /mm	约束 2 区间 /mm	两约束可能度	罚函数 f_p
(169.5,78.6),(485.3,50.2), (109.5,340.2)	[2.68,3.42]	[0.19,0.24]	[0.65,0.81]	1.0,0.91	1.89

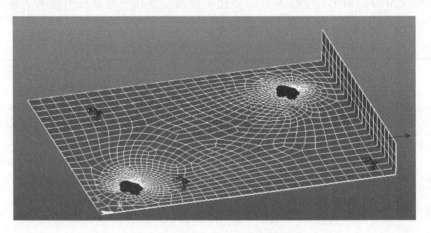

图 4.10　夹具定位点的最优布置[4]

4.5　本章小结

本章基于 IP-GA 和 ANN 模型，提出了两种混合优化算法用于求解转换后的两层嵌套优化问题，从而构造出两类高效的非线性区间优化算法。两种混合优化算法的各自特点和适用范围如下：

(1) 多网络混合优化算法中，可以通过 ANN 模型直接获得目标函数或约束的区间，所以不再存在内层优化。单网络混合优化算法中，内层优化并未消除，但因使用了高效的 ANN 模型而非真实模型，所以求解过程虽然比多网络混合优化算法复杂，但嵌套优化的计算成本依然很低。

（2）对于同一问题，多网络混合优化算法中的 ANN 模型在结构上会更为简单（输入、输出较少），通常更容易保证模型预测精度。但是，训练样本的获得需要通过多次优化，而对于实际问题，这些优化问题往往需要调用较多次数的数值分析模型，所以其计算效率通常不如单网络混合优化算法。应该看到，单网络混合优化算法中，虽然训练样本的建立更为高效，但是 ANN 模型的结构较为复杂，涉及较多的输入、输出参数，所以一旦问题中设计变量、不确定变量及约束较多，其训练精度较难保证。综合而言，单网络混合优化算法效率更高，而多网络混合优化算法的适用性较好。

另外，本章提出的两种混合优化算法也可以与第 3 章中的区间可能度转换模型相结合，从而构造出相应的高效非线性区间优化算法。

参 考 文 献

［1］ Liu G R, Han X. Computational Inverse Techniques in Nondestructive Evaluation. Boca Raton: CRC Press, 2003.

［2］ Masri S F, Chassiako G, Ganghey T K. Identification of nonlinear dynamic systems using neural networks. ASME Journal of Applied Mechanics, 1993, 60(1): 123-133.

［3］ Han X. Elastic Waves in Functionally Graded Materials and Its Applications to Material Characterization[PhD Thesis]. Singapore: National University of Singapore, 2001.

［4］ 姜潮. 基于区间的不确定优化理论与算法. 长沙: 湖南大学博士学位论文, 2008.

［5］ Cao J, Kinsey B, Solla S A. Consistent and minimal springback using a stepped binder force trajectory and neural network control. Journal of Engineering Materials and Technology, 2000, 122(1): 113-118.

［6］ Ayres R A. Shapeset: A process to reduce sidewall curl springback in high-strength steel rails. Journal of Applied Metalworking, 1984, 3(2): 127-134.

［7］ Hishida Y, Wagoner R. Experimental analysis of blank holding force control in sheet forming. Technical Report. SAE Technical Paper No. 930285. Warrendale: SAE International, 1993.

［8］ Sunseri M, Cao J, Karafillis A P, et al. Accommodation of springback error in channel forming using active binder force control: Numerical simulations and results. ASME Journal of Engineering Materials and Technology, 1996, 118(3): 426-435.

［9］ Liu G, Lin Z Q, Xu W L, et al. Variable blank holder force in U-shaped part forming for eliminating springback error. Journal of Materials Processing Technology, 2002, 120(1-3): 259-264.

［10］ Han X, Jiang C, Li G Y, et al. An inversion procedure for determination of variable binder force in U-shaped forming. Inverse Problems in Science and Engineering, 2006, 14(3): 301-312.

［11］ Papeleux L, Ponthot J P. Finite element simulation of springback in sheet metal forming. Journal of Materials Processing Technology, 2002, 125-126: 785-791.

［12］ Jiang C, Han X, Liu G R, et al. The optimization of the variable binder force in U-shaped forming with uncertain friction coefficient. Journal of Materials Processing Technology,

　　　2007,182(1-3):262-267.

[13] Hughes T J R,Liu W K. Nonlinear finite element analysis of shells-part Ⅱ:Two-dimensional shells. Computer Methods in Applied Mechanics and Engineering,1981,27(2):167-181.

[14] 来新民,陈关龙,林忠钦,等. 薄板冲压件焊装夹具设计方法. 机械科学与技术,2000,19(5):785-787.

[15] Jiang C,Han X,Liu G R,et al. A nonlinear interval number programming method for uncertain optimization problems. European Journal of Operational Research,2008,188(1):1-13.

[16] Liu G R,Quek S S. The Finite Element Method:A Practical Course. England:Elsevier Science Ltd. ,2003.

[17] Besterfield D H,Besterfield-Michna C,Besterfield G H,et al. Total Quality Management. New Jersey:Prentice-Hall Inc,1999.

第5章 基于区间结构分析方法的区间优化

第4章提出的两种混合优化算法,较大程度上提高了非线性区间优化的计算效率,使很多实际结构问题的求解成为可能。但是,混合优化算法的精度依赖 ANN 模型的映射精度,而对于一些较为复杂的设计问题,如变量较多或优化模型非线性程度较严重时,为系统建立较为精确的 ANN 模型会存在一定困难,这在一定程度上限制了混合优化算法的使用。如果能引入一些先进的计算分析方法,高效求解结构在不确定性影响下的响应区间,则有望直接避免区间优化中的内层优化,变两层嵌套优化问题为常规的单层优化问题,从而开发出更为高效实用的非线性区间结构优化算法。区间结构分析方法(interval structural analysis method)(又称区间分析方法)在一定程度上可以作为一种数值计算方法,它将区间数学与有限元分析等仿真模型相结合,通过少数几次仿真计算获得结构在不确定性下的响应区间。目前,在区间结构分析领域已出现了一系列研究成果[1-6],并且相关方法已应用于静力学、动力学、特征值等问题的求解。

本章首先对区间结构分析方法进行扩展和改进,接着将区间结构分析方法引入非线性区间优化,建立相应的高效不确定性结构优化方法。本章主要包括以下内容:介绍区间集合理论和区间扩展[7],以及适用于小不确定性问题的区间结构分析方法[1,2];基于区间集合理论和子区间技术,将区间结构分析方法扩展至大不确定性问题;将区间优化与区间结构分析方法相结合,构建高效的区间结构优化设计方法。

5.1 区间集合理论和区间扩展

如果 $A^L > B^R$ 或 $B^L > A^R$,则区间 A^I 和 B^I 的交集为空,即 $A^I \bigcap B^I = \varnothing$。否则,两区间的并集仍然是区间[7]:

$$A^I \bigcup B^I = [\min(A^L, B^L), \max(A^R, B^R)] \tag{5.1}$$

区间的并集运算可扩展至任意多个区间的情况。对于 n 个区间组成的区间集合 $A_r^I = [A_r^L, A_r^R], r \in \{1, 2, \cdots, n\}$,如对任意 $r \in \{1, 2, \cdots, n\}$,存在 $t \in \{1, 2, \cdots, n\}$ 且 $t \neq r$ 使得 $A_r^I \bigcap A_t^I \neq \varnothing$,即此区间集合是单连通的,则区间集合的并集 $\bigcup_{r \in \{1, 2, \cdots, n\}} A_r^I$ 仍为区间:

$$\bigcup_{r \in \{1,2,\cdots,n\}} A_r^I = [\min_{r \in \{1,2,\cdots,n\}} \{A_r^L\}, \max_{r \in \{1,2,\cdots,n\}} \{A_r^R\}] \tag{5.2}$$

设 $F(\boldsymbol{A}^I)=F(A_1^I,A_2^I,\cdots,A_n^I)$ 是区间向量 $\boldsymbol{A}^I=(A_1^I,A_2^I,\cdots,A_n^I)^\mathrm{T}$ 的区间值函数,如果 $A_i^I\subseteq B_i^I, i=1,2,\cdots,n$,有

$$F(A_1^I,A_2^I,\cdots,A_n^I)\subseteq F(B_1^I,B_2^I,\cdots,B_n^I) \tag{5.3}$$

则称 $F(\boldsymbol{A}^I)=F(A_1^I,A_2^I,\cdots,A_n^I)$ 在 $\boldsymbol{A}^I=(A_1^I,A_2^I,\cdots,A_n^I)^\mathrm{T}$ 具有包含关系单调性。

区间四则运算以及舍入区间运算满足包含关系单调性,因此有理区间函数具有包含单调性。如果一个函数的区间值能由有限次区间四则运算来确定,则称为有理区间函数。

设 $f(a_1,a_2,\cdots,a_n)$ 是 $a_1,a_2,\cdots,a_n$ 的实有理函数,若在 $f(a_1,a_2,\cdots,a_n)$ 的表达式中用相应的区间变量代替实变量,用相应的区间四则运算代替实四则运算,则所得有理区间函数 $F(A_1^I,A_2^I,\cdots,A_n^I)$ 显然具有包含关系单调性,称为 f 的自然区间扩展。

若 F 是 f 的具有包含关系单调性的区间扩展,则有

$$f(A_1^I,A_2^I,\cdots,A_n^I)\subseteq F(A_1^I,A_2^I,\cdots,A_n^I) \tag{5.4}$$

式中,$f(A_1^I,A_2^I,\cdots,A_n^I)$ 表示 $f(a_1,a_2,\cdots,a_n)$ 的值域:

$$f(A_1^I,A_2^I,\cdots,A_n^I)=\{f(a_1,a_2,\cdots,a_n)\,|\,a_i\in A_i^I,i=1,2,\cdots,n\} \tag{5.5}$$

为此,具有包含关系单调性的区间扩展 $F(A_1^I,A_2^I,\cdots,A_n^I)$ 在 $(A_1^I,A_2^I,\cdots,A_n^I)^\mathrm{T}$ 上的区间值包含实函数 $f(a_1,a_2,\cdots,a_n)$ 在 $(A_1^I,A_2^I,\cdots,A_n^I)^\mathrm{T}$ 上的值域,这就提供了一种求定义在 n 维长方体上实有理函数上、下边界的方法[8]。

5.2　区间结构分析方法

区间结构分析方法用于求解结构在不确定性下的响应边界。下面首先介绍适用于小不确定性水平问题的区间结构分析方法[1,2],其次将区间结构分析扩展至大不确定性水平问题。本章中两种方法分别称为小不确定性区间结构分析方法和大不确定性区间结构分析方法。

5.2.1　小不确定性区间结构分析方法

对于结构静力学问题,通过有限元方法获得的系统平衡方程为[9]

$$\boldsymbol{Kd}=\boldsymbol{F} \tag{5.6}$$

式中,$\boldsymbol{d}$ 和 $\boldsymbol{F}$ 分别为 n 维位移响应矢量和节点载荷矢量;$\boldsymbol{K}$ 为 $n\times n$ 维对称的整体刚度矩阵。如果结构和外载荷中存在 q 维不确定向量 $\boldsymbol{U}$,则式(5.6)可表述为

$$\boldsymbol{K}(\boldsymbol{U})\boldsymbol{d}(\boldsymbol{U})=\boldsymbol{F}(\boldsymbol{U}) \tag{5.7}$$

利用如下区间向量 $\boldsymbol{U}^I$ 描述 $\boldsymbol{U}$ 的不确定性:

$$\boldsymbol{U}\in \boldsymbol{U}^I=[\boldsymbol{U}^L,\boldsymbol{U}^R],\quad U_j\in U_j^I=[U_j^L,U_j^R],\quad j=1,2,\cdots,q \tag{5.8}$$

$\boldsymbol{U}^I$ 又可写为

$$\boldsymbol{U}^I = \boldsymbol{U}^c + [-1,1]\boldsymbol{U}^w = U_j^c + [-1,1]U_j^w, \quad j = 1, 2, \cdots, q \tag{5.9}$$

式中，

$$\boldsymbol{U}^c = \frac{\boldsymbol{U}^L + \boldsymbol{U}^R}{2}, \quad U_j^c = \frac{U_j^L + U_j^R}{2}, \quad j = 1, 2, \cdots, q \tag{5.10}$$

$$\boldsymbol{U}^w = \frac{\boldsymbol{U}^R - \boldsymbol{U}^L}{2}, \quad U_j^w = \frac{U_j^R - U_j^L}{2}, \quad j = 1, 2, \cdots, q \tag{5.11}$$

基于式(5.8)和式(5.9)，不确定向量 $\boldsymbol{U}$ 可以写为

$$\boldsymbol{U} = \boldsymbol{U}^c + \delta\boldsymbol{U} \tag{5.12}$$

式中，

$$\delta\boldsymbol{U} \in [-1,1]\boldsymbol{U}^w, \quad \delta U_j \in [-1,1]U_j^w, \quad j = 1, 2, \cdots, q \tag{5.13}$$

假设 $\boldsymbol{U}$ 中所有变量的不确定性水平都较小，则可对不确定位移响应 $\boldsymbol{d}(\boldsymbol{U})$ 在 $\boldsymbol{U}^c$ 处进行一阶泰勒展开[1]：

$$\boldsymbol{d}(\boldsymbol{U}) = \boldsymbol{d}(\boldsymbol{U}^c + \delta\boldsymbol{U}) \approx \boldsymbol{d}(\boldsymbol{U}^c) + \sum_{j=1}^{q} \frac{\partial \boldsymbol{d}(\boldsymbol{U}^c)}{\partial U_j} \delta U_j \tag{5.14}$$

因为 $\delta\boldsymbol{U}$ 属于式(5.13)中定义的区间向量，所以对式(5.14)进行自然区间扩展，可获得结构位移响应的区间：

$$\boldsymbol{d}^I(\boldsymbol{U}^I) = \boldsymbol{d}(\boldsymbol{U}^c) + \sum_{j=1}^{q} \left| \frac{\partial \boldsymbol{d}(\boldsymbol{U}^c)}{\partial U_j} \right| [-1,1]U_j^w \tag{5.15}$$

故结构位移响应的下界 $\boldsymbol{d}^L(\boldsymbol{U}^I)$ 和上界 $\boldsymbol{d}^R(\boldsymbol{U}^I)$ 可显式获得

$$\boldsymbol{d}^L(\boldsymbol{U}^I) = \boldsymbol{d}(\boldsymbol{U}^c) - \sum_{j=1}^{q} \left| \frac{\partial \boldsymbol{d}(\boldsymbol{U}^c)}{\partial U_j} \right| U_j^w \tag{5.16}$$

$$\boldsymbol{d}^R(\boldsymbol{U}^I) = \boldsymbol{d}(\boldsymbol{U}^c) + \sum_{j=1}^{q} \left| \frac{\partial \boldsymbol{d}(\boldsymbol{U}^c)}{\partial U_j} \right| U_j^w \tag{5.17}$$

式(5.16)和式(5.17)中的位移响应梯度可通过下面的敏感性分析方法获得。式(5.7)中，等式两边同时对不确定变量求一阶偏导：

$$\boldsymbol{K}(\boldsymbol{U}^c)\frac{\partial \boldsymbol{d}(\boldsymbol{U}^c)}{\partial U_j} = \frac{\partial \boldsymbol{F}(\boldsymbol{U}^c)}{\partial U_j} - \frac{\partial \boldsymbol{K}(\boldsymbol{U}^c)}{\partial U_j}\boldsymbol{d}(\boldsymbol{U}^c), \quad j = 1, 2, \cdots, q \tag{5.18}$$

在有限元分析中，首先计算单元刚度矩阵和单元节点载荷向量，再通过这些矩阵组装成整体刚度矩阵和整体节点载荷向量：

$$\boldsymbol{K}(\boldsymbol{U}) = \sum_{i=1}^{s} \boldsymbol{K}_i(\boldsymbol{U}) \tag{5.19}$$

$$\boldsymbol{F}(\boldsymbol{U}) = \sum_{i=1}^{s} \boldsymbol{F}_i(\boldsymbol{U}) \tag{5.20}$$

式中，$\boldsymbol{K}_i(\boldsymbol{U})$ 和 $\boldsymbol{F}_i(\boldsymbol{U})$ 分别表示第 i 个单元的刚度矩阵和节点载荷向量；s 表示单元数；$\sum$ 表示按有限元方法进行矩阵组装，而不是简单的求和。所以，结构整体刚

度矩阵和节点载荷向量对于不确定变量的梯度可以通过下列公式获得

$$\frac{\partial \boldsymbol{K}(\boldsymbol{U}^c)}{\partial U_j} = \frac{\partial}{\partial U_j}\Big(\sum_{i=1}^{s}\boldsymbol{K}_i(\boldsymbol{U}^c)\Big) = \sum_{i=1}^{s}\frac{\partial \boldsymbol{K}_i(\boldsymbol{U}^c)}{\partial U_j}, \quad j=1,2,\cdots,q \quad (5.21)$$

$$\frac{\partial \boldsymbol{F}(\boldsymbol{U}^c)}{\partial U_j} = \frac{\partial}{\partial U_j}\Big(\sum_{i=1}^{s}\boldsymbol{F}_i(\boldsymbol{U}^c)\Big) = \sum_{i=1}^{s}\frac{\partial \boldsymbol{F}_i(\boldsymbol{U}^c)}{\partial U_j}, \quad j=1,2,\cdots,q \quad (5.22)$$

在实际有限元分析计算中,单元刚度矩阵很多时候通过数值积分获得,因而无法通过相关结构参数显式表示。此时,可以先进行微分,再通过数值积分获得隐式的单元刚度矩阵对于结构参数的一阶梯度。另外,也可以利用有限差分法,通过两次单元刚度矩阵的计算来求得一阶梯度。

得到整体刚度矩阵和节点载荷向量对所有不确定变量的一阶梯度后,可基于式(5.18),通过 q 次有限元分析计算获得位移响应对于所有不确定变量的一阶梯度,继而通过式(5.16)和式(5.17)得到结构位移响应由不确定性造成的上、下界。从上述分析可知,区间结构分析方法只需通过 $q+1$ 次有限元分析计算就可获得结构位移响应在 q 个不确定变量下的区间,其中一次用于计算不确定变量中点处的结构响应,其余 q 次用于结构敏感性分析。所以,相对于利用两次优化来求解结构响应边界的方法,区间结构分析方法能很大程度上提高计算效率。

5.2.2　大不确定性区间结构分析方法

区间结构分析方法利用一阶泰勒展开式对结构位移响应进行线性近似,这就限制了该方法只能适用于较小的变量不确定性水平问题。为此,本章基于子区间技术和区间集合理论,将区间结构分析方法扩展至大不确定性问题[10]。需要指出的是,"子区间"的概念已经在文献[8]中被提出,并与区间摄动方法相结合发展出子区间摄动法,本节的工作是进一步将其扩展至区间结构分析方法,从而解决大不确定性水平下结构的响应区间求解问题。

因为较大的变量不确定性水平造成了区间结构分析方法较大的计算误差,所以可以将不确定变量的区间划分为多个不确定性水平较小的子区间:

$$(U_j^I)_i = \left[U_j^L + \frac{(i-1)2U_j^w}{t_j}, U_j^L + \frac{2iU_j^w}{t_j}\right], \quad i=1,2,\cdots,t_j; \; j=1,2,\cdots,q$$

$$(5.23)$$

式中,$(U_j^I)_i$ 表示第 j 个变量区间 U_j^I 的第 i 个子区间;t_j 表示 U_j^I 的子区间数。对于不同的变量,可以根据其不确定性水平划分不同数目的子区间。从每一个不确定变量的区间中抽取一个子区间,可以产生 r 种不同的子区间组合:

$$r = t_1 t_2 \cdots t_q \quad (5.24)$$

对于不同的子区间组合,有限元系统平衡方程可表示为

$$K(U^I_{G_1 G_2 \cdots G_q}) d(U^I_{G_1 G_2 \cdots G_q}) = F(U^I_{G_1 G_2 \cdots G_q}), \quad G_j = 1, 2, \cdots, t_j; \ j = 1, 2, \cdots, q$$

$$(5.25)$$

式中, $U^I_{G_1 G_2 \cdots G_q}$ 表示一子区间向量, 由第一个不确定变量的第 G_1 个子区间, 第二个不确定变量的第 G_2 个子区间, 直至第 q 个不确定变量的第 G_q 个子区间组成。式(5.25)表示 $r = t_1 t_2 \cdots t_q$ 个子区间有限元平衡方程, 每一个方程中的变量子区间都是小不确定性的, 可以通过 5.2.1 节中的小不确定性区间结构分析方法进行求解。对于不确定向量的任一子区间向量 $U^I_{G_1 G_2 \cdots G_q}$, 进行小不确定性区间结构分析后可获得一结构位移响应区间 $d^I(U^I_{G_1 G_2 \cdots G_q})$ (为表述方便, 记为 $d^I_{G_1 G_2 \cdots G_q}$)。对于两子区间向量 $U^I_{G_1 G_2 \cdots G_q}$ 和 $U^I_{(G_1+1) G_2 \cdots G_q}$, 下面公式总成立:

$$K(U^I_{G_1 G_2 \cdots G_q}) \bigcap K(U^I_{(G_1+1) G_2 \cdots G_q}) = K(U^R_{G_1} = U^L_{(G_1+1)}, U^I_{G_2}, U^I_{G_3}, \cdots, U^I_{G_q}) \quad (5.26)$$

$$F(U^I_{G_1 G_2 \cdots G_q}) \bigcap F(U^I_{(G_1+1) G_2 \cdots G_q}) = F(U^R_{G_1} = U^L_{(G_1+1)}, U^I_{G_2}, U^I_{G_3}, \cdots, U^I_{G_q}) \quad (5.27)$$

所以, $K(U^I_{G_1 G_2 \cdots G_q})$ 和 $K(U^I_{(G_1+1) G_2 \cdots G_q})$、$F(U^I_{G_1 G_2 \cdots G_q})$ 和 $F(U^I_{(G_1+1) G_2 \cdots G_q})$ 必有交集, 故一般通过式(5.25)获得的位移响应区间 $d^I_{G_1 G_2 \cdots G_q}$ 和 $d^I_{(G_1+1) G_2 \cdots G_q}$ 的交集非空:

$$d^I_{G_1 G_2 \cdots G_q} \bigcap d^I_{(G_1+1) G_2 \cdots G_q} \neq \varnothing \quad (5.28)$$

类似地, 下面结论也成立:

$$d^I_{G_1 G_2 \cdots G_q} \bigcap d^I_{G_1 (G_2+1) \cdots G_q} \neq \varnothing$$

$$d^I_{G_1 G_2 G_3 \cdots G_q} \bigcap d^I_{G_1 G_2 (G_3+1) \cdots G_q} \neq \varnothing$$

$$\vdots \quad (5.29)$$

$$d^I_{G_1 G_2 \cdots G_q} \bigcap d^I_{G_1 G_2 \cdots (G_q+1)} \neq \varnothing$$

式(5.28)和式(5.29)表明所有的结构位移响应区间 $d^I(U^I_{G_1 G_2 \cdots G_q})$ ($G_j = 1, 2, \cdots, t_j; j = 1, 2, \cdots, q$)是单连通的, 对于向量中的每一个分量组成的 r 个区间进行式(5.2)表示的区间集合运算, 可以获得所有位移响应区间向量的并集 d^I_s:

$$d^I_s = [d^L_s, d^R_s], \quad (d^I_s)_i = [(d^L_s)_i, (d^R_s)_i], \quad i = 1, 2, \cdots, n \quad (5.30)$$

式中,

$$(d^L_s)_i = \min_{\substack{G_j = 1, 2, \cdots, t_j \\ j = 1, 2, \cdots, q}} (d^L_{G_1 G_2 \cdots G_q})_i, \quad i = 1, 2, \cdots, n \quad (5.31)$$

$$(d^R_s)_i = \max_{\substack{G_j = 1, 2, \cdots, t_j \\ j = 1, 2, \cdots, q}} (d^R_{G_1 G_2 \cdots G_q})_i, \quad i = 1, 2, \cdots, n \quad (5.32)$$

d^I_s 正是通过区间结构分析方法获得的大不确定性水平下的位移响应区间。

通过上述扩展, 区间结构分析方法可以用于处理任意大不确定性结构问题, 只要子区间划分得足够密。但也应该看到, 其计算效率将会有所下降, 因为它通过多次小不确定性区间结构分析计算来获得需要的解, 并且计算次数与不确定变量的子区间个数有关。对于实际工程问题, "大不确定性"总是相对的概念, 它在绝对数值上通常是较小的, 因为不确定性往往表现为参数名义值附近较小量的扰动, 所以实际问题中子区间的数目往往不会很大。另外, 实际结构中, 往往只有少量不确定变量需要划分子区间, 所以在求解大不确定性问题时, 通常并不需要担心产生过多的子区间组合。

　　以上介绍的区间结构分析方法是基于静力有限元方法进行推导的,实际上它们完全适合于动力学问题。文献[2]已经基于动力有限元方法发展出相应的区间结构分析方法,用于计算结构的动力学响应边界,类似地,本节提出的上述处理方法也可扩展至解决大不确定性水平的动力学问题。另外,区间结构分析方法并不仅限于与有限元方法相结合进行位移响应区间的求解,还可以与其他数值分析方法如无网格法、多刚体动力学法等相结合,计算除位移响应之外的应力、应变等结构响应的边界。所不同的是,需要开发基于相应数值算法的敏感性分析技术,来计算结构响应对于不确定参数的梯度。如果在实际计算中结构敏感性信息较难获取,也可以通过有限差分法来求解,所付出的代价是必须通过两次结构分析来获得结构响应对于某一不确定变量的一阶梯度,计算效率有所下降。

　　区间结构分析方法其实是一种较为一般性的数值分析方法,即通过泰勒展开式和区间数学理论来近似求解非线性函数在变量扰动下的边界。因此从数学角度出发,通常被称为区间分析方法,而本书将其称为区间结构分析方法,更多的是从结构力学的角度进行考量。

5.2.3　算例分析

　　将区间结构分析方法应用于文献[11]中的六杆平面桁架结构,如图 5.1 所示。对每一根杆建立一个杆单元,共有 6 个单元和 4 个节点。

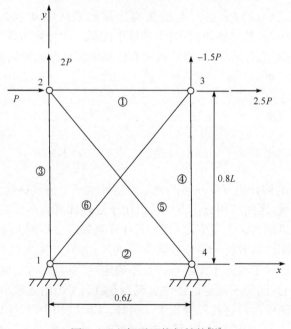

图 5.1　六杆平面桁架结构[11]

单元刚度矩阵 $K_i(i=1,2,\cdots,6)$ 和节点载荷向量 F 如下所示：

$$K_1=\frac{E_1A_1}{L_1}\begin{bmatrix}1&0&-1&0\\0&0&0&0\\-1&0&1&0\\0&0&0&0\end{bmatrix},\quad K_2=\frac{E_2A_2}{L_2}\begin{bmatrix}1&0&-1&0\\0&0&0&0\\-1&0&1&0\\0&0&0&0\end{bmatrix}$$

$$K_3=\frac{E_3A_3}{L_3}\begin{bmatrix}0&0&0&0\\0&1&0&-1\\0&0&0&0\\0&-1&0&1\end{bmatrix},\quad K_4=\frac{E_4A_4}{L_4}\begin{bmatrix}0&0&0&0\\0&1&0&-1\\0&0&0&0\\0&-1&0&1\end{bmatrix}$$

$$\text{(5.33)}$$

$$K_5=\frac{E_5A_5}{L_5}\begin{bmatrix}0.36&-0.48&-0.36&0.48\\-0.48&0.64&0.48&-0.64\\-0.36&0.48&0.36&-0.48\\0.48&-0.64&-0.48&0.64\end{bmatrix}$$

$$K_6=\frac{E_6A_6}{L_6}\begin{bmatrix}0.36&0.48&-0.36&-0.48\\0.48&0.64&-0.48&-0.64\\-0.36&-0.48&0.36&0.48\\-0.48&-0.64&0.48&0.64\end{bmatrix}$$

$$F=(P,2P,2.5P,-1.5P)^{\mathrm{T}}\qquad\text{(5.34)}$$

式中，E_i、A_i 和 L_i 分别表示第 i 根杆的弹性模量、横截面积和长度。

杆的横截面积都为 $A=1.0\times10^3\,\mathrm{mm}^2$，弹性模量都为 $E=2.0\times10^5\,\mathrm{MPa}$，载荷 $P=20\mathrm{kN}$，杆长 $L=1000\mathrm{mm}$。由于制造和测量误差，杆的横截面积 A 和弹性模量 E 为不确定变量，不确定性水平都为 10%，其区间为

$$A^I=[0.9\times10^3\,\mathrm{mm}^2,1.1\times10^3\,\mathrm{mm}^2],\quad E^I=[1.8\times10^5\,\mathrm{MPa},2.2\times10^5\,\mathrm{MPa}]$$

$$\text{(5.35)}$$

利用小不确定性区间结构分析方法进行计算，节点 2 和 3 位移响应绝对值的区间如表 5.1 所示。本算例中，节点位移单位为 mm。由表可知，由变量不确定性造成的 4 个位移响应的不确定性水平分别为 20.0%、20.6%、20.2% 和 21.9%，基本上等于两个变量的不确定性水平之和。

表 5.1　通过小不确定性区间结构分析方法获得的位移响应区间[12]

参数	响应下界/mm	响应上界/mm	响应中点/mm	响应半径/mm	不确定性水平/%
d_1	0.72	1.08	0.90	0.18	20.0
d_2	0.27	0.40	0.34	0.07	20.6
d_3	0.75	1.13	0.94	0.19	20.2
d_4	0.25	0.38	0.32	0.07	21.9

通过简单的力学分析可知,本算例中 4 个节点位移响应应该在 A^L 和 E^L 处获得上界,在 A^R 和 E^R 处获得下界。为此,针对两种情况分别进行一次有限元计算,可获得 4 个节点位移响应在有限元意义上的精确区间。区间结构分析方法的计算结果与此精确值的比较如表 5.2 所示。由表可知,区间结构分析的计算结果与精确值非常接近,其最大偏差仅为 4%,发生于 d_1 下界的计算。所以说,当变量的横截面积 A 和弹性模量 E 的不确定性水平仅为 10% 时,小不确定性区间结构分析方法具有很高的计算精度。另外,在利用区间结构分析方法进行计算时,只用到了 3 次有限元计算。

表 5.2　小不确定性区间结构分析计算结果与精确值的比较(10%的变量不确定性)[12]

参数	精确值		区间结构分析方法结果(与精确值偏差)	
	响应下界/mm	响应上界/mm	响应下界/mm	响应上界/mm
d_1	0.75	1.11	0.72(4.0%)	1.08(2.7%)
d_2	0.28	0.41	0.27(3.6%)	0.40(2.4%)
d_3	0.78	1.16	0.75(3.8%)	1.13(2.6%)
d_4	0.26	0.39	0.25(3.8%)	0.38(2.6%)

接下来,将变量 A 和 E 的不确定性水平分别提高至 20% 和 30%,其区间分别为

$$A^I = [0.8 \times 10^3 \, \text{mm}^2, 1.2 \times 10^3 \, \text{mm}^2], \quad E^I = [1.4 \times 10^5 \, \text{MPa}, 2.6 \times 10^5 \, \text{MPa}]$$

$$(5.36)$$

再次利用小不确定性区间结构分析方法求解节点位移响应绝对值的区间,同时利用上述介绍的方法获得位移响应区间的精确值,结果比较如表 5.3 所示。由表可知,区间结构分析的计算结果与精确值偏差明显增大,最大值达到 22.4%,仍然发生在 d_1 下界的计算。这表明,对于较大的变量不确定性水平,使用原先的小不确定性区间结构分析方法将造成较大的计算误差。为提高计算精度,采用大不确定性区间结构分析方法重新进行计算。式(5.36)中的 A^I 和 E^I 被分别划分为 2 个和 3 个子区间,故共有 $r = 2 \times 3 = 6$ 种子区间组合,利用 $s_i(i = 1, 2, \cdots, 6)$ 表示不同组合,具体对应关系如表 5.4 所示。对于每一子区间组合,利用小不确定性区间结构分析方法求解,计算结果如表 5.5~表 5.10 所示。由表可知,在任一子区间组合下,结构位移响应的区间半径即不确定性都较小,这是由于通过子区间的划分,保证了两个参数的不确定性被控制在较小的水平。另外,可以发现对于每一个位移分量,所有 6 个子区间组合下的位移响应区间都是单连通的,故通过式(5.2)的区间并集操作可最终获得大不确定性区间结构分析方法的计算结果,其与精确值的比较如表 5.11 所示。由表可知,区间结构分析方法的计算值与精确值非常接近,最大偏差仅为 3.7%,发生于 d_1 上界的计算。可见,对于较大的变量不确定性水

平,大不确定性区间结构分析方法具有很好的计算精度。另外,在求解过程中,每个子区间组合进行了 3 次有限元计算,6 个子区间组合的有限元计算总数为 18。所以,从计算效率上,大不确定性区间结构分析方法要低于小不确定性区间结构分析方法。

表 5.3　小不确定性区间结构分析计算结果与精确值的比较(20% 和 30% 的变量不确定性)[12]

参数	精确值		区间结构分析方法结果(与精确值偏差)	
	响应下界/mm	响应上界/mm	响应下界/mm	响应上界/mm
d_1	0.58	1.61	0.45(22.4%)	1.35(16.1%)
d_2	0.21	0.60	0.17(19.0%)	0.50(16.7%)
d_3	0.60	1.68	0.47(21.7%)	1.41(16.1%)
d_4	0.20	0.57	0.16(20.0%)	0.48(15.8%)

表 5.4　不确定变量 A 和 E 的六种子区间组合[12]

参数	A 子区间/mm²	E 子区间/MPa
s_1	$[0.8\times10^3, 1.0\times10^3]$	$[1.4\times10^5, 1.8\times10^5]$
s_2	$[0.8\times10^3, 1.0\times10^3]$	$[1.8\times10^5, 2.2\times10^5]$
s_3	$[0.8\times10^3, 1.0\times10^3]$	$[2.2\times10^5, 2.6\times10^5]$
s_4	$[1.0\times10^3, 1.2\times10^3]$	$[1.4\times10^5, 1.8\times10^5]$
s_5	$[1.0\times10^3, 1.2\times10^3]$	$[1.8\times10^5, 2.2\times10^5]$
s_6	$[1.0\times10^3, 1.2\times10^3]$	$[2.2\times10^5, 2.6\times10^5]$

表 5.5　子区间组合 s_1 下的位移响应区间[12]　　　(单位:mm)

参数	响应下界	响应上界	响应中点	响应半径
d_1	0.96	1.55	1.26	0.30
d_2	0.36	0.58	0.47	0.11
d_3	1.00	1.62	1.31	0.31
d_4	0.34	0.55	0.45	0.11

表 5.6　子区间组合 s_2 下的位移响应区间[12]　　　(单位:mm)

参数	响应下界	响应上界	响应中点	响应半径
d_1	0.79	1.21	1.00	0.21
d_2	0.29	0.45	0.37	0.08
d_3	0.82	1.27	1.05	0.23
d_4	0.28	0.43	0.36	0.08

表 5.7　子区间组合 s_3 下的位移响应区间[12]　　　　　（单位：mm）

参数	响应下界	响应上界	响应中点	响应半径
d_1	0.67	1.00	0.84	0.17
d_2	0.25	0.37	0.31	0.06
d_3	0.70	1.04	0.87	0.17
d_4	0.24	0.35	0.30	0.06

表 5.8　子区间组合 s_4 下的位移响应区间[12]　　　　　（单位：mm）

参数	响应下界	响应上界	响应中点	响应半径
d_1	0.80	1.25	1.03	0.23
d_2	0.30	0.46	0.38	0.08
d_3	0.84	1.30	1.07	0.23
d_4	0.28	0.44	0.36	0.08

表 5.9　子区间组合 s_5 下的位移响应区间[12]　　　　　（单位：mm）

参数	响应下界	响应上界	响应中点	响应半径
d_1	0.66	0.98	0.82	0.16
d_2	0.25	0.36	0.31	0.06
d_3	0.69	1.02	0.86	0.17
d_4	0.23	0.34	0.29	0.06

表 5.10　子区间组合 s_6 下的位移响应区间[12]　　　　　（单位：mm）

参数	响应下界	响应上界	响应中点	响应半径
d_1	0.56	0.80	0.68	0.12
d_2	0.21	0.30	0.26	0.05
d_3	0.59	0.84	0.72	0.13
d_4	0.20	0.28	0.24	0.04

表 5.11　大不确定性区间结构分析计算结果与精确值的比较[12]

参数	精确值		区间结构分析方法结果（与精确值偏差）	
	响应下界/mm	响应上界/mm	响应下界/mm	响应上界/mm
d_1	0.58	1.61	0.56(3.4%)	1.55(3.7%)
d_2	0.21	0.60	0.21(0.0%)	0.58(3.3%)
d_3	0.60	1.68	0.59(1.7%)	1.62(3.6%)
d_4	0.20	0.57	0.20(0.0%)	0.55(3.5%)

本算例相对简单,可以通过力学分析判断其位移响应上、下界所对应的不确定变量的值,从而可以快速获得响应边界的精确值。然而,对于大多数实际结构,响应与不确定变量的关系较为复杂,通常需要通过两次优化过程来获得某一响应由变量不确定性造成的区间,从而需要进行大量的有限元计算,效率较低。虽然大不确定性区间结构分析方法在效率方面比小不确定性区间结构分析方法稍低,但通常情况下比其他优化方法仍具有一定的效率优势。

5.3　基于区间结构分析的高效不确定性优化设计

本节将区间结构分析方法与非线性区间优化的区间序关系转换模型相结合,构造出一种高效的不确定性结构优化算法。

5.3.1　算法描述

对于一种实际结构,建立如式(4.1)所示的非线性区间优化问题,通过区间序关系转换模型可以得到如式(4.3)所示的确定性两层嵌套优化问题。在结构优化问题中,不确定目标函数或约束往往是通过数值分析模型得到的结构响应,如位移、应力、应变等,或者是结构响应的函数形式。为此,在求解转换后的确定性优化问题时,在每一设计向量的迭代步,可以通过区间结构分析方法求解目标函数或约束在不确定性下的响应边界,从而避免内层优化。因此,构建的区间优化算法如下:

(1) 考虑到转换后确定性优化问题的非连续和不可导性,依然选择 IP-GA 作为外层优化求解器。

(2) 对 IP-GA 产生的设计向量个体 $\boldsymbol{X}$,计算不确定目标函数和约束的响应区间。如果所有变量的不确定性水平较小,则利用小不确定性区间结构分析方法:

$$f^L(\boldsymbol{X},\boldsymbol{U}^I) = f(\boldsymbol{X},\boldsymbol{U}^c) - \sum_{j=1}^q \left| \frac{\partial f(\boldsymbol{X},\boldsymbol{U}^c)}{\partial U_j} \right| U_j^w \qquad (5.37)$$

$$f^R(\boldsymbol{X},\boldsymbol{U}^I) = f(\boldsymbol{X},\boldsymbol{U}^c) + \sum_{j=1}^q \left| \frac{\partial f(\boldsymbol{X},\boldsymbol{U}^c)}{\partial U_j} \right| U_j^w \qquad (5.38)$$

$$g_i^L(\boldsymbol{X},\boldsymbol{U}^I) = g_i(\boldsymbol{X},\boldsymbol{U}^c) - \sum_{j=1}^q \left| \frac{\partial g_i(\boldsymbol{X},\boldsymbol{U}^c)}{\partial U_j} \right| U_j^w, \quad i=1,2,\cdots,l \quad (5.39)$$

$$g_i^R(\boldsymbol{X},\boldsymbol{U}^I) = g_i(\boldsymbol{X},\boldsymbol{U}^c) + \sum_{j=1}^q \left| \frac{\partial g_i(\boldsymbol{X},\boldsymbol{U}^c)}{\partial U_j} \right| U_j^w, \quad i=1,2,\cdots,l \quad (5.40)$$

如果变量的不确定性水平较大,则划分子区间,利用大不确定性区间结构分析方法获得如式(5.31)和式(5.32)所示的目标函数和约束的边界:

$$f_s^L(\boldsymbol{X},\boldsymbol{U}^I) = \min(f_{G_1 G_2 \cdots G_q}^L(\boldsymbol{X},\boldsymbol{U}^I)), \quad G_j = 1,2,\cdots,t_j; \; j=1,2,\cdots,q \quad (5.41)$$

$$f_s^R(\boldsymbol{X},\boldsymbol{U}^I)=\max f_{G_1 G_2 \cdots G_q}^R(\boldsymbol{X},\boldsymbol{U}^I), \quad G_j=1,2,\cdots,t_j; \ j=1,2,\cdots,q \qquad (5.42)$$

$$(g_s^L(\boldsymbol{X},\boldsymbol{U}^I))_i=\min (g_{G_1 G_2 \cdots G_q}^L(\boldsymbol{X},\boldsymbol{U}^I))_i, \quad G_j=1,2,\cdots,t_j; \ j=1,2,\cdots,q; \ i=1,2,\cdots,l$$
$$\qquad (5.43)$$

$$(g_s^R(\boldsymbol{X},\boldsymbol{U}^I))_i=\max (g_{G_1 G_2 \cdots G_q}^R(\boldsymbol{X},\boldsymbol{U}^I))_i, \quad G_j=1,2,\cdots,t_j; \ j=1,2,\cdots,q; \ i=1,2,\cdots,l$$
$$\qquad (5.44)$$

(3) 基于目标函数的区间,获得其中点值和半径值,并计算两目标优化的线性加权评价函数 $f_d(\boldsymbol{X})$;基于约束的区间,计算可能度 $P(g_i^I(\boldsymbol{X}) \leqslant b_i^I)(i=1,2,\cdots,l)$。

(4) 基于评价函数、约束可能度及约束可能度水平,计算式(4.3)表示的罚函数值 $f_p(\boldsymbol{X})$,并获得 IP-GA 的适应度值。

(5) 对 IP-GA 产生的任一设计向量个体,完成上述计算,获得相应的适应度值。达到最大迭代步数,则优化过程停止,最大适应度值对应的即非线性区间优化的最优设计向量。

算法流程如图 5.2 所示。由图可知,通过区间结构分析方法,在任一设计向量处只需要基于少数几次数值分析模型的计算便可获得目标函数或约束的边界,从而避免内层优化。所以原两层嵌套优化问题变成了单层优化问题,非线性区间优化的计算效率得到很大程度上的提高。另外,对于复杂的结构问题,可能因为变量

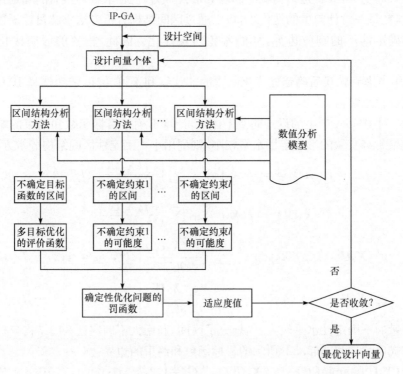

图 5.2　基于区间结构分析方法的非线性区间优化算法流程图[12]

较多及不确定区间较大,单次大不确定性区间结构分析在效率上较优化方法的提高程度没有小不确定性区间结构分析那么显著,但在整个非线性区间优化过程中,累积的计算时间的节省仍然会非常可观,因为区间结构分析需要被大量调用,其单次计算效率的少量提高都会很大程度上降低整个优化过程的计算成本。

上述算法描述中,对目标函数和所有约束都使用了区间结构分析方法,这是假设它们都是需要通过数值分析模型获得的。如前所述,实际优化问题中,目标函数和约束中往往只有一项或少数几项需通过数值分析模型获得,所以在本算法的实际使用中只要对这些项进行区间结构分析即可,而其他基于显式函数的项仍然可通过优化过程求取边界。

5.3.2　工程应用

将上述算法应用于两个数值算例,两个算例中变量的不确定性水平都较小,所以优化过程中仅使用了小不确定性区间结构分析方法。

1. 在 25 杆桁架结构设计中的应用

如图 5.3 所示的 25 杆桁架结构,需优化杆的横截面积使结构在满足某些位移约束的情况下所用材料最少,该算例由文献[13]中的算例改变而来。杆(1)～(4)有相同的横截面积 A_1,杆(16)～(25)、杆(11)～(15)和杆(5)～(10)的横截面积分别为 A_2、A_3 和 A_4。横向和纵向杆的长度 $L=15.24\text{m}$,杆的弹性模量 $E=199949.2\text{MPa}$。连接点 12 为铰接支座,6、8 和 10 为滚动支座。连接点 7、9 和 11分别受纵向载荷 $F_3=1779.2\text{kN}$、$F_2=2224\text{kN}$ 和 $F_1=1779.2\text{kN}$ 作用,连接点 1受横向载荷 $F_4=1334.4\text{kN}$ 作用。连接点 6 横向位移 d_1 最大允许值为 23mm,连接点 7、9 和 11 的纵向位移 d_2、d_3 和 d_4 的最大允许值分别为 47mm、40mm 和48mm。结构中,载荷 $\boldsymbol{F}=(F_1,F_2,F_3,F_4)^{\mathrm{T}}$ 具有不确定性,四个变量的不确定性水平都为 10%。故可建立如下的不确定性优化问题[14]:

$$
\begin{cases}
\min_{\boldsymbol{A}} \text{Vol}(\boldsymbol{A}) = \sum_{i=1}^{25} (L_i A_i) = L(4A_1 + 10\sqrt{2}A_2 + 5A_3 + 6A_4) \\
\text{s. t. } d_1(\boldsymbol{A},\boldsymbol{F}) \leqslant 23\text{mm} \\
\quad\quad d_2(\boldsymbol{A},\boldsymbol{F}) \leqslant 47\text{mm} \\
\quad\quad d_3(\boldsymbol{A},\boldsymbol{F}) \leqslant 40\text{mm} \\
\quad\quad d_4(\boldsymbol{A},\boldsymbol{F}) \leqslant 48\text{mm} \\
\quad\quad 100\text{mm}^2 \leqslant A_i \leqslant 10000\text{mm}^2, i=1,2,3,4 \\
\quad\quad F_1 \in [F_1^l, F_1^R] = [1601.2\text{kN}, 1957.1\text{kN}] \\
\quad\quad F_2 \in [F_2^l, F_2^R] = [2001.6\text{kN}, 2446.4\text{kN}] \\
\quad\quad F_3 \in [F_3^l, F_3^R] = [1601.2\text{kN}, 1957.1\text{kN}] \\
\quad\quad F_4 \in [F_4^l, F_4^R] = [1201.0\text{kN}, 1467.8\text{kN}]
\end{cases}
\tag{5.45}
$$

式中,目标函数 Vol 表示所有杆的材料体积。上述优化问题中,不确定性只存在于约束中。

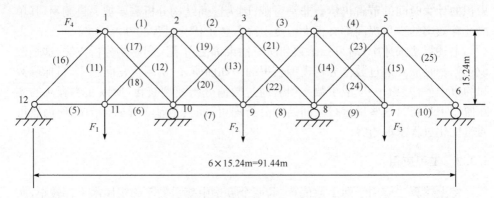

图 5.3　25 杆桁架结构[13]

建立结构的有限元模型,利用杆单元划分网格,共 25 个单元和 12 个节点。在优化过程中只需要对约束进行基于有限元的区间结构分析,而目标函数按常规的确定性优化方法进行处理。IP-GA 的最大迭代步数设为 300,罚因子 σ 设为10000。给定几种不同的约束可能度水平分别进行优化,每一次优化过程中 4 个不确定约束给定相同的可能度水平,通过上述不确定性结构优化算法获得的计算结果如表 5.12～表 5.16 所示。由表可知,当约束可能度水平为 1.0 时,最优设计向量下的结构材料体积为 2.58m³。随着约束可能度水平的降低,结构所需材料体积也随之减少,并且在约束可能度水平为 0.2 时减小至 2.13m³。这再次说明,在实际结构的设计中,约束可能度水平与目标设计性能(本算例中为结构轻量化)往往是矛盾的,降低可能度水平虽然能提高目标设计性能,但同时也不可避免地增加了约束违反的可能性,降低了系统的可靠性。如表 5.13 所示,当约束可能度水平为 0.8 时,4 个位移约束在最优设计向量下的区间分别为 $d_1^I=[18.83\text{mm},23.91\text{mm}]$、$d_2^I=[36.49\text{mm},48.36\text{mm}]$、$d_3^I=[29.49\text{mm},42.04\text{mm}]$ 和 $d_4^I=[38.18\text{mm},50.41\text{mm}]$,这些区间都有可能违反其对应的最大允许值 23mm、47mm、40mm 和 48mm。

表 5.12　约束可能度水平为 1.0 时的优化结果[14]

杆横截面积/mm²	位移约束区间/mm	可能度
A_1:719.4	d_1:[17.82,22.39]	1.00
A_2:6293.5	d_2:[34.40,44.76]	1.00
A_3:5374.2	d_3:[28.78,39.46]	1.00
A_4:8848.4	d_4:[35.66,46.26]	1.00

注:结构所用材料的体积为 2.58m³。

表 5.13　约束可能度水平为 0.8 时的优化结果[14]

杆横截面积/mm²	位移约束区间/mm	可能度
A_1:409.7	d_1:[18.83,23.91]	0.82
A_2:5064.5	d_2:[36.49,48.36]	0.89
A_3:6293.5	d_3:[29.49,42.04]	0.84
A_4:8316.1	d_4:[38.18,50.41]	0.80

注:结构所用材料的体积为 2.32m³。

表 5.14　约束可能度水平为 0.6 时的优化结果[14]

杆横截面积/mm²	位移约束区间/mm	可能度
A_1:487.1	d_1:[19.70,24.89]	0.64
A_2:5122.6	d_2:[38.90,51.12]	0.66
A_3:5248.4	d_3:[32.06,44.85]	0.62
A_4:7996.8	d_4:[40.46,52.99]	0.60

注:结构所用材料的体积为 2.23m³。

表 5.15　约束可能度水平为 0.4 时的优化结果[14]

杆横截面积/mm²	位移约束区间/mm	可能度
A_1:196.8	d_1:[20.48,26.27]	0.44
A_2:5054.8	d_2:[39.69,53.53]	0.53
A_3:5054.8	d_3:[30.37,45.44]	0.64
A_4:7532.3	d_4:[42.23,56.63]	0.40

注:结构所用材料的体积为 2.14m³。

表 5.16　约束可能度水平为 0.2 时的优化结果[14]

杆横截面积/mm²	位移约束区间/mm	可能度
A_1:100.0	d_1:[20.36,26.29]	0.45
A_2:5054.8	d_2:[39.59,54.12]	0.51
A_3:5054.8	d_3:[29.10,45.26]	0.68
A_4:7532.3	d_4:[42.55,57.72]	0.36

注:结构所用材料的体积为 2.13m³。

　　四个不确定约束的分析都基于有限元分析,针对任一设计向量 $\boldsymbol{X}$,进行一次区间结构分析可获得所有约束的区间,需要的有限元计算次数为 5。IP-GA 的最大迭代步数为 300,种群规模为 5,所以完成一次区间优化共需 300×5×5＝7500 次有限元计算。但是如果使用第 3 章中的基于 IP-GA 的两层嵌套优化方法调用有限元模型进行直接求解,如内、外层 IP-GA 的最大迭代步数都设为 300,则一次优

化过程共需 1.8×10^7 次有限元计算,计算量极大。所以,本算法中通过引入区间结构分析方法取代内层优化,能够较大限度地提升优化效率。

　　2. 在汽车车架结构设计中的应用

　　如图 5.4 所示的汽车车架结构,由两根纵梁和多根横梁组成,需优化其横梁的布置使车架在 y 向上具有最大刚度。纵梁由槽钢制作而成,其横截面形状如图 5.5 所示。$b_i(i=1,2,\cdots,7)$ 表示 7 根横梁,都为 690mm×90mm×5mm 的钢板。车架为整个汽车的基座,大多数零件和单元组件如发动机、传动系、悬架和驾驶室等都固定于车架,这些零件和单元组件都通过连接件对车架产生载荷,通过简化约束和载荷可获得一车架的静力学模型,如图 5.6 所示。图中,单箭头表示集中力,双箭头表示弯矩,三角形表示不同方向的固定约束。集中力 $F_i(i=1,2,\cdots,$ 10) 分别为 201N、222.5N、500N、222.5N、300N、300N、300N、300N、200N 和 200N;弯矩 $M_i(i=1,2,\cdots,10)$ 分别为 190.2N・m、190.2N・m、120N・m、120N・m、110.5N・m、120N・m、110.5N・m、120N・m、180N・m 和 180N・m。车架材料的密度 $\rho=7.8 \times 10^{-6} \text{kg/mm}^3$,弹性模量 $E=2.0 \times 10^5 \text{MPa}$,泊松比 $\nu=0.3$。

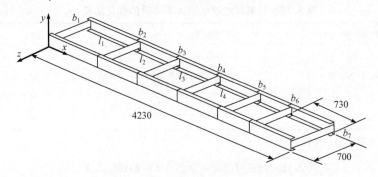

图 5.4　汽车车架结构(单位:mm)[15]

　　横梁 b_1、b_6 和 b_7 固定,其他横梁的跨距需优化,故选择 $\boldsymbol{l}=(l_1,l_2,l_3,l_4)^T$ 为设计向量。因为车架变形后在 y 向上的最大位移可以用于表征其刚度的大小,所以将其作为目标函数。由于制造和测量误差,材料的弹性模量 E 和泊松比 ν 为不确定变量,其不确定性水平都为 10%,故可建立如下的不确定性优化问题:

$$
\begin{cases}
\min\limits_{l} \ d_{\max}(\boldsymbol{l},E,\nu) \\
\text{s. t.} \ \ l_1+l_2+l_3+l_4 \leqslant 3200\text{mm} \\
\qquad 300\text{mm} \leqslant l_i \leqslant 1500\text{mm}, i=1,2,3,4 \\
\qquad E \in [E^L,E^R]=[1.8 \times 10^5 \text{MPa},2.2 \times 10^5 \text{MPa}] \\
\qquad \nu \in [\nu^L,\nu^R]=[0.27,0.33]
\end{cases}
\tag{5.46}
$$

式中,目标函数 $d_{\max}$ 表示车架变形后的 y 向最大位移。式(5.46)中,不确定性仅存

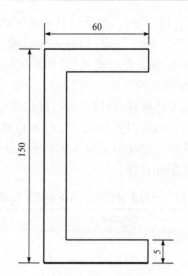

图5.5　纵梁截面形状(单位：mm)[15]

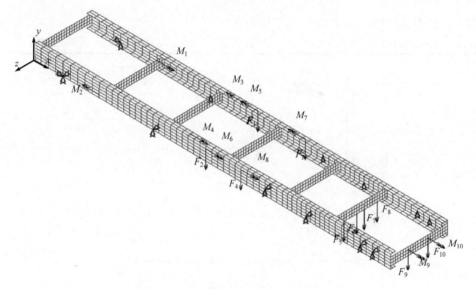

图5.6　简化后的车架静力学模型[15]

在于目标函数中。

　　建立车架的有限元模型，采用结合二维实体单元和板单元的四节点壳单元[9]划分网格。在优化过程中，只需对目标函数进行基于有限元的区间结构分析，而约束按常规的确定性优化方法进行处理。相关的参数设置如下：ξ 为 0.0，正则化因子 ϕ 和 ψ 分别为 1.16 和 0.13，IP-GA 的最大迭代步数为 200。表 5.17 给出了 6 种不同多目标权系数下的优化结果，图 5.7 给出了二维目标函数空间上解的分布情况。由图、表可知,随着 β 值的变化,最优设计向量下的目标函数区间的中点值和半径值呈相反的变化趋势。$\beta=1.0$ 时,目标函数有最大的中点值 1.58 和最小的半径值 0.13,此时能很好地保证设计鲁棒性,即刚度对不确定变量的敏感性最小,但是车架在不确定性影响下的平均刚度较差;$\beta=0.0$ 时,车架的平均刚度最好,但是鲁棒性最差。如第 3 章所述,合理的多目标权系数需根据实际工程问题的需要及设计人员的经验进行选取,以更好地在设计鲁棒性和平均目标性能之间进行取舍。在本算例中,一次区间结构分析需 3 次有限元计算,而进行一次非线性区间结构优化共需 5000 次有限元计算。

表 5.17　不同多目标权系数下的优化结果[12]

β	最优设计向量 l/mm	目标函数区间/mm	中点值	半径值
1.0	(1041.3,569.8,307.0,300.0)	[1.45,1.71]	1.58	0.13
0.8	(1069.5,532.3,300.0,301.2)	[1.24,1.62]	1.43	0.18
0.6	(1109.4,494.7,300.0,300.0)	[1.11,1.59]	1.35	0.24
0.4	(1071.8,497.1,302.3,312.9)	[0.94,1.56]	1.25	0.31
0.2	(1071.8,497.1,302.3,312.9)	[0.94,1.56]	1.25	0.31
0.0	(1081.5,492.3,304.6,302.7)	[0.81,1.51]	1.16	0.35

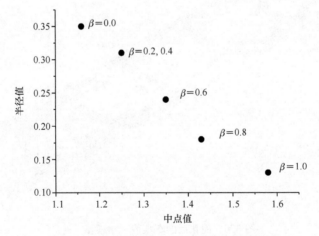

图 5.7　不同权系数下的多目标最优解集[15]

5.4　本章小结

本章对区间结构分析方法进行了改进和扩展。原先的小不确定性区间结构分析方法基于一阶泰勒展开式,只适合变量不确定性水平较小的问题。本章基于区间集合理论及子区间技术,构建了大不确定性区间结构分析方法,以求解结构在较大的变量不确定性下的响应边界。本章将区间结构分析方法与非线性区间优化相结合,提出了一种高效的不确定性结构优化算法。该算法中,利用区间结构分析代替内层优化,从而将原先的两层嵌套优化问题变为单层优化问题,大大提高了非线性区间优化的效率。该方法被应用于 25 杆桁架结构和汽车车架结构的设计,计算结果表明:该算法的优化效率远高于基于真实模型的两层嵌套优化问题求解。另外,整个不确定性结构优化算法的构造,都基于区间序关系转换模型,实际上是将区间结构分析方法按类似方式与区间可能度转换模型相结合,从而发展出相应的区间结构优化算法。

参 考 文 献

[1] Qiu Z P. Comparison of static response of structures using convex models and interval analysis method. International Journal for Numerical Methods in Engineering, 2003, 56(12): 1735-1753.

[2] Qiu Z P, Wang X J. Comparison of dynamic response of structures with uncertain-but-bounded parameters using non-probabilistic interval analysis method and probabilistic approach. International Journal of Solids and Structures, 2003, 40(20): 5423-5439.

[3] Qiu Z P, Elishakoff I. Anti-optimization technique—A generalization of interval analysis for nonprobabilistic treatment of uncertainty. Chaos, Solitons and Fractals, 2001, 12(9): 1747-1759.

[4] Han X, Jiang C, Gong S, et al. Transient waves in composite-laminated plates with uncertain load and material property. International Journal for Numerical Methods in Engineering, 2008, 75(3): 253-274.

[5] Liu N G, Gao W, Song C M, et al. Interval dynamic response analysis of vehicle-bridge interaction system with uncertainty. Journal of Sound and Vibration, 2013, 332(13): 3218-3231.

[6] Wang C, Qiu Z P. Interval analysis of steady-state heat convection-diffusion problem with uncertain-but-bounded parameters. International Journal of Heat and Mass Transfer, 2015, 91: 355-362.

[7] Moore R E. Methods and Applications of Interval Analysis. London: Prentice-Hall Inc, 1979.

[8] 邱志平. 不确定参数结构静力响应和特征值问题的区间分析方法. 长春: 吉林工业大学博士学位论文, 1994.

[9] Liu G R, Quek S S. The Finite Element Method: A Practical Course. England: Elsevier Science Ltd. , 2003.

[10] Zhou Y T, Jiang C, Han X. Interval and subinterval analysis methods of the structural analysis and their error estimations. International Journal of Computational Methods, 2006, 3(2): 229-244.

[11] 邱志平. 非概率集合理论凸方法及其应用. 北京: 国防工业出版社, 2005.

[12] 姜潮. 基于区间的不确定优化理论与算法. 长沙: 湖南大学博士学位论文, 2008.

[13] Au F T K,Cheng Y S,Tham L G,et al. Robust design of structures using convex models. Computers and Structures,2003,81(28-29):2611-2619.

[14] Jiang C,Han X,Liu G R. Optimization of structures with uncertain constraints based on convex model and satisfaction degree of interval. Computer Methods in Applied Mechanics and Engineering,2007,196(49-52):4791-4800.

[15] Jiang C,Han X,Guan F J,et al. An uncertain structural optimization method based on non-linear interval number programming and interval analysis method. Engineering Structures, 2007,29(11):3168-3177.

第6章 基于序列线性规划的区间优化

第5章提出了一种基于区间结构分析的非线性区间优化算法,有效地消除了嵌套优化问题,大大提高了区间优化的计算效率。该算法其实是利用区间结构分析方法,对优化模型进行关于不确定变量的线性化,从而在外层优化的每一迭代步通过少数几次真实模型的计算便可获得不确定目标函数和约束区间。但是,该算法的线性化仅局限于不确定变量,并不包括设计变量,所以外层优化依然存在,特别是利用 GA 作为外层优化求解器时,整个优化过程仍然需要较多次数的真实模型计算。为此,本章将传统确定性优化方法中的序列线性规划(sequential linear programming,SLP)[1-3]的思想引入非线性区间优化,不仅对不确定变量线性化,而且对设计变量线性化,并且建立有效的迭代机制保证算法的收敛,同时消除基于真实模型的内、外层优化,从而构造出效率更高的区间优化算法。

本章主要包括以下内容:基于序列线性规划的非线性区间优化算法的构造,其中包括近似不确定性优化问题的建立和求解、迭代机制的建立等;提供两个测试函数对算法的优化性能进行分析,并对算法的收敛性进行讨论;将算法应用于实际工程问题,检验其实用性。

6.1 算 法 构 造

研究如式(4.1)所示的问题,这里不确定向量 U 中的所有变量需满足小不确定性水平的条件,因此本章所提出的算法也只适用于变量不确定性水平较小的问题。如前所述,这一条件在实际工程问题中通常是可以得到满足的,因为不确定性往往表现为参数在其名义值附近做较微小的扰动。

整个优化过程由一系列的近似不确定性优化问题迭代完成,在每一迭代步,基于一阶泰勒展开式建立目标函数和约束关于设计变量及不确定变量的线性模型,从而得到一个近似不确定性优化问题。在第 s 个迭代步,式(4.1)的近似不确定性优化问题可表述为[4]

$$
\begin{cases}
\min\limits_{\boldsymbol{X}}\ \widetilde{f}(\boldsymbol{X},\boldsymbol{U}) \approx f(\boldsymbol{X}^{(s)},\boldsymbol{U}^c) + \sum\limits_{j=1}^{n}\dfrac{\partial f(\boldsymbol{X}^{(s)},\boldsymbol{U}^c)}{\partial X_j}(X_j - X_j^{(s)}) \\
\qquad\qquad + \sum\limits_{j=1}^{q}\dfrac{\partial f(\boldsymbol{X}^{(s)},\boldsymbol{U}^c)}{\partial U_j}(U_j - U_j^c) \\
\text{s. t. }\ \widetilde{g}_i(\boldsymbol{X},\boldsymbol{U}) \approx g_i(\boldsymbol{X}^{(s)},\boldsymbol{U}^c) + \sum\limits_{j=1}^{n}\dfrac{\partial g_i(\boldsymbol{X}^{(s)},\boldsymbol{U}^c)}{\partial X_j}(X_j - X_j^{(s)}) \\
\qquad\qquad + \sum\limits_{j=1}^{q}\dfrac{\partial g_i(\boldsymbol{X}^{(s)},\boldsymbol{U}^c)}{\partial U_j}(U_j - U_j^{(c)}) \\
\qquad\qquad \leqslant b_i^I = [b_i^L, b_i^R],\ i = 1,2,\cdots,l \\
\qquad \max[\boldsymbol{X}_l, \boldsymbol{X}^{(s)} - \boldsymbol{\delta}^{(s)}] \leqslant \boldsymbol{X} \leqslant \min[\boldsymbol{X}_r, \boldsymbol{X}^{(s)} + \boldsymbol{\delta}^{(s)}] \\
\qquad \boldsymbol{U} \in \boldsymbol{U}^I = [\boldsymbol{U}^L, \boldsymbol{U}^R],\ U_i \in U_i^I = [U_i^L, U_i^R],\ i = 1,2,\cdots,q
\end{cases}
\tag{6.1}
$$

式中,$\boldsymbol{X}_l$ 和 $\boldsymbol{X}_r$ 分别表示设计向量 $\boldsymbol{X}$ 的下界和上界;$\widetilde{f}$ 和 $\widetilde{g}_i$ 分别表示目标函数和第 i 个约束的线性近似模型;$\boldsymbol{\delta}^{(s)}$ 表示设计变量的步长矢量,它与当前设计向量 $\boldsymbol{X}^{(s)}$ 组成一个当前设计空间,并且此步长矢量随着优化过程的进行而改变。由于用一阶泰勒展开式逼近非线性函数时,一般只在展开点附近近似程度较好,远离展开点则可能产生较大偏差,特别是函数非线性程度较高时,因此需要通过 $\boldsymbol{\delta}^{(s)}$ 对设计变量的取值范围加以限制。另外,式(6.1)中同时对设计变量和不确定变量进行了线性化,因此目标函数和约束的近似函数 $\widetilde{f}$ 和 $\widetilde{g}_i(i=1,2,\cdots,l)$ 都为设计变量和不确定变量的线性函数。

6.1.1　线性区间优化问题的求解

通过线性化过程获得的近似不确定性优化问题(式(6.1))其实是一个线性区间优化问题,它的求解远比非线性区间优化简单,因为对于任意给定的设计向量,其目标函数和约束区间可以显式获得而不需要通过内层优化。

由式(5.12)和式(5.13)可知:

$$(\boldsymbol{U} - \boldsymbol{U}^c) \in [-1,1]\boldsymbol{U}^w, \quad (U_i - U_i^c) \in [-1,1]U_i^w,\ i = 1,2,\cdots,q \tag{6.2}$$

所以对式(6.1)中的目标函数使用自然区间扩展,可显式获得近似目标函数在任意 $\boldsymbol{X}$ 处的区间:

$$\widetilde{f}^L(\boldsymbol{X}) = f(\boldsymbol{X}^{(s)},\boldsymbol{U}^c) + \sum_{j=1}^{n}\dfrac{\partial f(\boldsymbol{X}^{(s)},\boldsymbol{U}^c)}{\partial X_j}(X_j - X_j^{(s)}) - \sum_{j=1}^{q}\left|\dfrac{\partial f(\boldsymbol{X}^{(s)},\boldsymbol{U}^c)}{\partial U_j}\right|U_j^w$$

$$\widetilde{f}^R(\boldsymbol{X}) = f(\boldsymbol{X}^{(s)},\boldsymbol{U}^c) + \sum_{j=1}^{n}\dfrac{\partial f(\boldsymbol{X}^{(s)},\boldsymbol{U}^c)}{\partial X_j}(X_j - X_j^{(s)}) + \sum_{j=1}^{q}\left|\dfrac{\partial f(\boldsymbol{X}^{(s)},\boldsymbol{U}^c)}{\partial U_j}\right|U_j^w$$

$$\tag{6.3}$$

类似地,可显式获得式(6.1)中的近似约束在任意 $\boldsymbol{X}$ 处的区间:

$$\widetilde{g}_i^L(\boldsymbol{X}) = g_i(\boldsymbol{X}^{(s)},\boldsymbol{U}^c) + \sum_{j=1}^{n}\dfrac{\partial g_i(\boldsymbol{X}^{(s)},\boldsymbol{U}^c)}{\partial X_j}(X_j - X_j^{(s)})$$

$$-\sum_{j=1}^{q}\left|\frac{\partial g_i(\boldsymbol{X}^{(s)},\boldsymbol{U}^c)}{\partial U_j}\right|U_j^w, \quad i=1,2,\cdots,l$$

$$\widetilde{g}_i^R(\boldsymbol{X})=g_i(\boldsymbol{X}^{(s)},\boldsymbol{U}^c)+\sum_{j=1}^{n}\frac{\partial g_i(\boldsymbol{X}^{(s)},\boldsymbol{U}^c)}{\partial X_j}(X_j-X_j^{(s)})$$

$$+\sum_{j=1}^{q}\left|\frac{\partial g_i(\boldsymbol{X}^{(s)},\boldsymbol{U}^c)}{\partial U_j}\right|U_j^w, \quad i=1,2,\cdots,l \tag{6.4}$$

基于区间序关系转换模型,式(6.1)可转换为如下的确定性优化问题:

$$\begin{cases} \min_{\boldsymbol{X}} \ (\widetilde{f}^c(\boldsymbol{X}),\widetilde{f}^w(\boldsymbol{X})) \\ \text{s.t.} \ P(\widetilde{g}_i^I(\boldsymbol{X})\leqslant b_i^I)\geqslant\lambda_i, \ i=1,2,\cdots,l \\ \max[\boldsymbol{X}_l,\boldsymbol{X}^{(s)}-\boldsymbol{\delta}^{(s)}]\leqslant\boldsymbol{X}\leqslant\min[\boldsymbol{X}_r,\boldsymbol{X}^{(s)}+\boldsymbol{\delta}^{(s)}] \end{cases} \tag{6.5}$$

式(6.5)可进一步转换为

$$\begin{cases} \min_{\boldsymbol{X}} \ \widetilde{f}_p(\boldsymbol{X})=\widetilde{f}_d(\boldsymbol{X})+\sigma\sum_{i=1}^{l}\varphi(P(\widetilde{g}_i^I(\boldsymbol{X})\leqslant b_i^I)-\lambda_i) \\ \qquad\quad =(1-\beta)(\widetilde{f}^c(\boldsymbol{X})+\xi)/\phi+\beta(\widetilde{f}^w(\boldsymbol{X})+\xi)/\psi \\ \qquad\qquad +\sigma\sum_{i=1}^{l}\varphi(P(\widetilde{g}_i^I(\boldsymbol{X})\leqslant b_i^I)-\lambda_i) \\ \text{s.t.} \ \max[\boldsymbol{X}_l,\boldsymbol{X}^{(s)}-\boldsymbol{\delta}^{(s)}]\leqslant\boldsymbol{X}\leqslant\min[\boldsymbol{X}_r,\boldsymbol{X}^{(s)}+\boldsymbol{\delta}^{(s)}] \end{cases} \tag{6.6}$$

式中,$\widetilde{f}_d$ 和 $\widetilde{f}_p$ 分别为近似不确定性优化问题的多目标评价函数和罚函数。

虽然式(6.1)中的近似目标函数和约束都是连续、可导的线性函数,但是转换后的确定性优化问题并不是关于设计变量的线性问题,而且其连续性和可导性也无法保证。所以,此处仍采用 IP-GA 作为求解器对式(6.6)进行优化。图 6.1 给出了其优化流程。由图可知,对于任意设计向量个体,近似不确定目标函数和约束的区间都可以通过式(6.3)和式(6.4)表示的显式函数快速获得,故不存在内层优化。所以,通过对原优化模型的线性化,每一迭代步的近似不确定性优化问题可转换为传统的单层优化问题,提高了求解的方便性。另外,优化过程完全基于显式函数,优化效率很高,其计算时间相比单次的数值分析模型计算通常可以忽略。

6.1.2　迭代机制

算法的迭代过程如下:

(1) 给定初始设计向量 $\boldsymbol{X}^{(1)}$,初始步长矢量 $\boldsymbol{\delta}^{(1)}$,缩小因子 $\alpha\in(0,1)$,允许误差 $\varepsilon_1>0$、$\varepsilon_2>0$ 和 $\varepsilon_3>0$,置 $s=1$。$\boldsymbol{X}^{(1)}$ 需为转换后确定性优化问题式(4.2)的可行解,即 $P(g_i^I(\boldsymbol{X}^{(1)})\leqslant b_i^I)\geqslant\lambda_i(i=1,2,\cdots,l)$ 且 $\boldsymbol{X}^{(1)}\in\Omega^n$。

(2) 建立如式(6.1)所示的线性区间优化问题并求解,获得一个最优解 $\bar{\boldsymbol{X}}$。

(3) 计算原不确定目标函数在 $\bar{\boldsymbol{X}}$ 处的区间 $[f^L(\bar{\boldsymbol{X}}),f^R(\bar{\boldsymbol{X}})]$,并基于此区间计算多目标评价函数 $f_d(\bar{\boldsymbol{X}})$;计算原不确定约束在 $\bar{\boldsymbol{X}}$ 处的区间 $[g_i^L(\bar{\boldsymbol{X}}),g_i^R(\bar{\boldsymbol{X}})]$($i=$

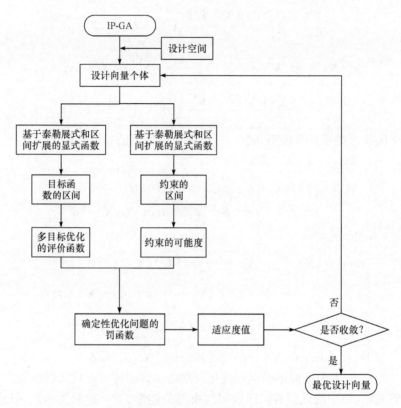

图 6.1　每一迭代步线性区间优化问题的求解流程图[5]

$1,2,\cdots,l)$,并基于此计算约束的可能度 $P(g_i^I(\bar{\boldsymbol{X}})\leqslant b_i^I)(i=1,2,\cdots,l)$。

（4）如果 $\min\{(P(g_i^I(\bar{\boldsymbol{X}})\leqslant b_i^I)-\lambda_i),i=1,2,\cdots,l\}>-\varepsilon_1$ 且 $f_d(\bar{\boldsymbol{X}})<f_d(\boldsymbol{X}^{(s)})$,则 $\boldsymbol{X}^{(s+1)}=\bar{\boldsymbol{X}}$,并且进行步骤(6);否则,置 $\boldsymbol{\delta}^{(s)}:=\alpha\boldsymbol{\delta}^{(s)}$。

（5）如果 $\min\{\delta_i^{(s)},i=1,2,\cdots,n\}<\varepsilon_2$,$\boldsymbol{X}^{(s)}$ 为最优设计向量,迭代终止;否则,转至步骤(2)。

（6）如果 $\|\boldsymbol{X}^{(s+1)}-\boldsymbol{X}^{(s)}\|<\varepsilon_3$,$\boldsymbol{X}^{(s+1)}$ 为最优设计向量,迭代终止;否则,置 $\boldsymbol{\delta}^{(s+1)}=\boldsymbol{\delta}^{(s)}$ 和 $s:=s+1$,转至步骤(2)。

算法的优化流程如图 6.2 所示。

在步骤(4)中,通过 $\min\{(P(g_i^I(\bar{\boldsymbol{X}})\leqslant b_i^I)-\lambda_i),i=1,2,\cdots,l\}>-\varepsilon_1$ 和 $f_d(\bar{\boldsymbol{X}})<f_d(\boldsymbol{X}^{(s)})$ 两个判断准则需要保证:只有 $\bar{\boldsymbol{X}}$ 对于转换后的确定性优化问题式(4.2)是一个下降可行解时,$\bar{\boldsymbol{X}}$ 才能作为更优的设计被保留至下一迭代步。在每一迭代步,不确定目标函数和约束的线性近似模型建立于由当前设计空间和不确定域组成的混合空间之上,所以它们是同时关于设计变量和不确定变量的显式函数。但是,在迭代过程中只有设计空间被更新,而不确定域始终保持不变。这是因为,在本章研究的非线性区间优化问题中,变量的不确定性水平假设为较小,因而不确定域也较

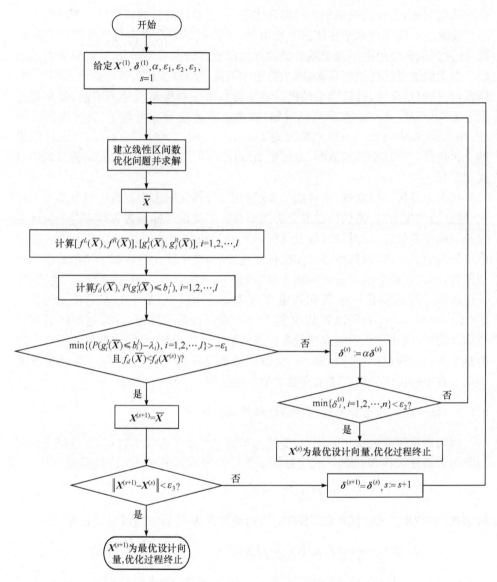

图 6.2　基于序列线性规划的非线性区间优化算法流程图[5]

小,故每一迭代步线性模型的近似误差主要由较大的设计空间造成,只需要通过不断缩小设计空间来提高线性近似模型的精度,从而不断获得更优的设计向量。一般地,在优化过程的前期阶段,该算法具有较高的收敛速度,因为随着设计空间的移动和缩小,总能不断提高线性近似模型的精度,并且使当前设计空间不断向实际最优解靠近,从而不断提高迭代过程中的优化结果。最理想的情况是,在此过程中凭借判断准则 $\| \boldsymbol{X}^{(s+1)} - \boldsymbol{X}^{(s)} \| < \varepsilon_3$,迭代过程即达到收敛。然而,对于一些较为复

杂的优化问题,当优化结果接近局部最优解,并且设计向量的移动步长相对较小甚至与变量的不确定性水平在数值上相当时,寻找更好的设计向量将变得困难。此时,线性近似模型中由不确定域造成的近似误差开始占主要部分,这部分误差虽然较小但无法通过迭代过程消除,因为算法中不确定域在迭代过程中始终保持不变。所以,在这种情况下,设计结果的提高将变得越来越缓慢甚至停滞不前,如果仅使用 $\| \boldsymbol{X}^{(s+1)} - \boldsymbol{X}^{(s)} \| < \varepsilon_3$ 作为判断准则,收敛效率将变得非常低下,甚至发散。因此,在步骤(6)中新增了一个判断准则 $\min\{\delta_i^{(s)}, i=1,2,\cdots,n\} < \varepsilon_2$,即当设计向量的步长达到一个过小的数值时,继续更新设计空间已经意义不大,此时将强制中断优化过程。

从以上分析可以发现,在算法工作过程中,计算时间主要花费在三个部分。首先,建立线性模型时,需调用数值分析模型计算不确定目标函数和约束对于设计变量及不确定变量的一阶梯度,以及目标函数和约束在当前设计向量和不确定变量中点处的值。其次,求解线性区间优化问题,因为整个优化过程基于简单的线性近似函数,所以此部分的计算时间相比单次的数值分析计算一般可以忽略。再次,每一迭代步计算真实目标函数和约束在 $\bar{\boldsymbol{X}}$ 处的区间 $[f^L(\bar{\boldsymbol{X}}), f^R(\bar{\boldsymbol{X}})]$ 和 $[g_i^L(\bar{\boldsymbol{X}}), g_i^R(\bar{\boldsymbol{X}})](i=1,2,\cdots,l)$ 用以判断 $\bar{\boldsymbol{X}}$ 是否为下降可行解。然而,计算这些区间需通过多次优化,优化过程中将调用较多次数的数值分析模型计算,这在很大程度上影响整个不确定性优化的计算效率。为进一步提高算法的优化效率,下面将再次基于第5章中的区间分析方法来高效求解上述区间。

6.1.3　每一迭代步计算真实目标函数和约束的区间

因为本章研究的优化问题中,变量的不确定性水平假设为较小,所以仍然利用一阶泰勒展开式将 $\bar{\boldsymbol{X}}$ 处的不确定目标函数近似为不确定变量的线性函数[6,7]:

$$f(\bar{\boldsymbol{X}}, \boldsymbol{U}) \approx f(\bar{\boldsymbol{X}}, \boldsymbol{U}^c) + \sum_{j=1}^{q} \frac{\partial f(\bar{\boldsymbol{X}}, \boldsymbol{U}^c)}{\partial U_j}(U_j - U_j^c) \tag{6.7}$$

根据式(6.2)及自然区间扩展,不确定目标函数在 $\bar{\boldsymbol{X}}$ 处的边界可显式获得

$$f^L(\bar{\boldsymbol{X}}) = \min_{\boldsymbol{U} \in \Gamma} f(\bar{\boldsymbol{X}}, \boldsymbol{U}) = f(\bar{\boldsymbol{X}}, \boldsymbol{U}^c) - \sum_{j=1}^{q} \left| \frac{\partial f(\bar{\boldsymbol{X}}, \boldsymbol{U}^c)}{\partial U_j} \right| U_j^w$$

$$f^R(\bar{\boldsymbol{X}}) = \max_{\boldsymbol{U} \in \Gamma} f(\bar{\boldsymbol{X}}, \boldsymbol{U}) = f(\bar{\boldsymbol{X}}, \boldsymbol{U}^c) + \sum_{j=1}^{q} \left| \frac{\partial f(\bar{\boldsymbol{X}}, \boldsymbol{U}^c)}{\partial U_j} \right| U_j^w \tag{6.8}$$

同理,不确定约束在 $\bar{\boldsymbol{X}}$ 处的边界也可显式获得

$$g_i^L(\bar{\boldsymbol{X}}) = \min_{\boldsymbol{U} \in \Gamma} g_i(\bar{\boldsymbol{X}}, \boldsymbol{U}) = g_i(\bar{\boldsymbol{X}}, \boldsymbol{U}^c) - \sum_{j=1}^{q} \left| \frac{\partial g_i(\bar{\boldsymbol{X}}, \boldsymbol{U}^c)}{\partial U_j} \right| U_j^w, \quad i=1,2,\cdots,l$$

$$g_i^R(\bar{\boldsymbol{X}}) = \max_{\boldsymbol{U} \in \Gamma} g_i(\bar{\boldsymbol{X}}, \boldsymbol{U}) = g_i(\bar{\boldsymbol{X}}, \boldsymbol{U}^c) + \sum_{j=1}^{q} \left| \frac{\partial g_i(\bar{\boldsymbol{X}}, \boldsymbol{U}^c)}{\partial U_j} \right| U_j^w, \quad i=1,2,\cdots,l$$

$$\tag{6.9}$$

通过上面两式,真实目标函数和约束在 $\overline{X}$ 处的区间只需要通过少数几次真实模型的计算便可获得,其中主要的计算量是用于求解真实目标函数和约束对于不确定变量的梯度。而第 5 章的研究已经表明,对于变量不确定性水平较小的问题,通过上述方法求解的区间具有较高的计算精度。如此,则基于真实模型的优化过程便可避免,这将进一步提高整个不确定性优化过程的计算效率。

至此,该算法的整个迭代过程中,已不再涉及任何关于真实模型的优化求解。唯一的优化过程是求解每一迭代步中的线性区间优化问题,但是如前所述,此问题基于简单的线性近似模型,计算时间可以忽略不计。原先通过转换模型得到的确定性优化问题是基于真实模型的两层嵌套优化,而通过本算法,此嵌套优化中的内、外层优化都已被消除,每一迭代步的主要工作量只是通过少数几次真实模型的计算来获得不确定目标函数和约束的梯度信息。

理论上,在变量不确定性水平较小的情况下,虽然使用上述近似方法来代替优化方法计算真实目标函数和约束在 $\overline{X}$ 处的区间时精度较高,但仍然会存在一定误差,因为变量的不确定性水平不可能无穷小。此误差会影响 $f_d(\overline{X})$ 和 $P(g_i^I(\overline{X}) \leqslant b_i^I)(i=1,2,\cdots,l)$ 的计算精度及随之而来的对下降可行解的判断,并可能进一步影响整个迭代过程的进行,从而降低算法的收敛性能和计算精度。为了验证此误差的影响程度并表明在本算法中使用上述近似计算方法的有效性,在下面的第一个测试函数中,对算法使用了两种不同的处理方法并分别对问题进行优化。第一种处理方法是在算法中通过构造优化问题求解 $[f^L(\overline{X}), f^R(\overline{X})]$ 和 $[g_i^L(\overline{X}), g_i^R(\overline{X})](i=1,2,\cdots,l)$。第二种处理方法是利用上述的近似方法高效求解这些区间,而迭代过程中的其他部分完全相同。为表述方便,使用的这两种处理方法的迭代算法被分别称为最优边界算法(optimal bound method)和近似边界算法(approximate bound method)。需注意的是,近似边界算法是本章所推荐的,对最优边界算法进行分析只是为了通过比较来说明近似边界算法的有效性。

6.2 算 法 测 试

6.2.1 测试函数 1

分析如下的测试函数[4]:

$$
\begin{cases}
\min_{X} f(\boldsymbol{X}, \boldsymbol{U}) = U_1(X_1-2)^2 + U_2(X_2-1)^2 + U_3^2 X_3 \\
\text{s.t.} \ U_1 X_1^2 - U_2^2 X_2 + U_3^2 X_3 \geqslant [6.5, 7.0] \\
\quad U_1^2 X_1 + U_2 X_2^2 + U_3^2 X_3 + 1 \geqslant [10.0, 15.0] \\
\quad 2.0 \leqslant X_1 \leqslant 12.0, \ 2.0 \leqslant X_2 \leqslant 12.0, \ 2.0 \leqslant X_3 \leqslant 12.0 \\
\quad U_1 \in [0.9, 1.1], \ U_2 \in [0.9, 1.1], \ U_3 \in [0.9, 1.1]
\end{cases}
\tag{6.10}
$$

式中,三个变量 U_1、U_2 和 U_3 的不确定性水平都仅为 10%。

优化过程中,相关的参数设置如下:ξ 为 0.0,正则化因子 ϕ 和 ψ 分别为 3.0 和 0.4,权系数 β 为 0.5,罚因子 σ 为 1000,两个不确定约束的可能度水平都设为 0.9,缩小因子 α 设为 0.5,允许误差 ε_1、ε_2 和 ε_3 都设为 0.01。求解线性区间规划问题时,IP-GA 的最大迭代步数设为 200。当利用最优边界算法进行优化时,IP-GA 依然选择为优化求解器以求解不确定目标函数和约束在 $\overline{X}$ 处的边界,并且其最大迭代步数也设为 200。在计算过程中,所有的一阶梯度都可解析获得。

首先,考虑初始设计向量 $X^{(1)} = (7.0, 7.0, 7.0)^T$ 及初始步长矢量 $\delta^{(1)} = (1.0, 1.0, 1.0)^T$ 的情况。表 6.1 给出了两种算法在整个迭代过程中的计算结果。由表可知,利用最优边界算法和近似边界算法在 12 个迭代步后都达到了收敛,并获得了相同的最优设计向量$(3.12, 2.98, 2.00)^T$,相应的多目标评价函数值都为 2.34。在两种算法的优化过程中,每一迭代步都具有相同的设计向量,并且对于相同的当前设计向量利用优化方法和近似方法获得了非常接近的多目标评价函数、约束区间及约束可能度的值。这表明,在变量不确定性水平较小的情况下(本算例中仅为 10%),利用基于区间分析的近似方法求解真实目标函数和约束的边界具有很好的精度,从而使得近似边界算法具有与最优边界算法几乎完全相同的收敛性能与优化精度。另外,在整个优化过程中,随着迭代的进行,多目标评价函数的值呈现单调下降的趋势,并且所有的设计向量都满足约束可能度水平的要求。这是因为,在该算法中,只有针对转换后的确定性优化问题是下降可行的设计向量才能保留至下一迭代步,而且初始设计点为可行解。

表 6.1 最优边界算法和近似边界算法在整个迭代过程中的计算结果[5]

迭代步数 s	算法	设计向量 $X^{(s)}$	约束 1 区间	约束 2 区间	两约束可能度	多目标评价函数 $f_d(X^{(s)})$
1	最优边界算法	(7.00, 7.00, 7.00)	[41.31, 56.67]	[56.46, 71.84]	1.00, 1.00	20.68
	近似边界算法	(7.00, 7.00, 7.00)	[41.30, 56.70]	[56.30, 71.70]	1.00, 1.00	20.71
2	最优边界算法	(6.00, 6.00, 6.00)	[30.01, 41.95]	[43.14, 55.10]	1.00, 1.00	14.30
	近似边界算法	(6.00, 6.00, 6.00)	[30.00, 42.00]	[43.00, 55.00]	1.00, 1.00	14.46
3	最优边界算法	(5.00, 5.00, 5.00)	[20.51, 29.47]	[31.60, 40.58]	1.00, 1.00	9.34
	近似边界算法	(5.00, 5.00, 5.00)	[20.50, 29.50]	[31.50, 40.50]	1.00, 1.00	9.38
4	最优边界算法	(4.00, 4.00, 4.00)	[12.81, 19.19]	[21.90, 28.27]	1.00, 1.00	5.46
	近似边界算法	(4.00, 4.00, 4.00)	[12.80, 19.20]	[21.80, 28.20]	1.00, 1.00	5.46
5	最优边界算法	(3.03, 3.00, 4.05)	[8.02, 12.58]	[14.84, 19.47]	1.00, 1.00	3.17
	近似边界算法	(3.03, 3.00, 4.05)	[7.92, 12.58]	[14.77, 19.40]	1.00, 1.00	3.16
6	最优边界算法	(2.55, 2.61, 4.98)	[6.73, 11.05]	[13.24, 17.60]	0.98, 0.93	2.92
	近似边界算法	(2.55, 2.61, 4.98)	[6.70, 11.03]	[13.15, 17.52]	0.98, 0.92	2.92

续表

迭代步数 s	算法	设计向量 $X^{(s)}$	约束 1 区间	约束 2 区间	两约束可能度	多目标评价函数 $f_d(X^{(s)})$
7	最优边界算法	(2.85,2.69,4.05)	[7.34,11.65]	[13.12,17.30]	1.00,0.92	2.73
	近似边界算法	(2.85,2.69,4.05)	[7.32,11.64]	[13.03,17.23]	1.00,0.91	2.73
8	最优边界算法	(2.78,2.78,3.55)	[6.48,10.54]	[13.10,17.15]	0.93,0.91	2.58
	近似边界算法	(2.78,2.78,3.55)	[6.46,10.54]	[13.03,17.11]	0.93,0.91	2.58
9	最优边界算法	(3.11,2.89,2.55)	[7.30,11.41]	[13.12,17.06]	1.00,0.91	2.47
	近似边界算法	(3.11,2.89,2.55)	[7.29,11.41]	[13.07,17.01]	1.00,0.91	2.47
10	最优边界算法	(3.12,2.98,2.00)	[6.75,10.68]	[13.14,16.96]	0.98,0.91	2.34
	近似边界算法	(3.12,2.98,2.00)	[6.76,10.70]	[13.08,16.91]	0.99,0.90	2.34
11	最优边界算法	(3.12,2.98,2.00)	[6.75,10.68]	[13.14,16.96]	0.98,0.91	2.34
	近似边界算法	(3.12,2.98,2.00)	[6.76,10.70]	[13.08,16.91]	0.99,0.90	2.34
12	最优边界算法	(3.12,2.98,2.00)	[6.74,10.68]	[13.14,16.96]	0.98,0.91	2.34
	近似边界算法	(3.12,2.98,2.00)	[6.76,10.69]	[13.08,16.91]	0.99,0.90	2.34

　　其次,保持初始设计向量 $X^{(1)}$ 不变,初始步长矢量 $\boldsymbol{\delta}^{(1)}$ 分别设为 $(0.5,0.5,0.5)^{\mathrm{T}}$、$(1.0,1.0,1.0)^{\mathrm{T}}$、$(2.0,2.0,2.0)^{\mathrm{T}}$、$(3.0,3.0,3.0)^{\mathrm{T}}$、$(4.0,4.0,4.0)^{\mathrm{T}}$ 和 $(5.0,5.0,5.0)^{\mathrm{T}}$,利用两种算法分别对 5 种不同情况进行优化,所有计算结果如表 6.2 所示。由表可知,在任一初始条件下,利用两种算法都获得了完全相同的最优设计向量;对于所有不同的初始条件,获得的最优设计向量也非常接近,即不同的步长矢量下算法收敛到了几乎相同的设计点。另外,对于任一初始步长矢量,两种算法所需的迭代步数相同,但是不同的初始步长矢量下,算法需要的迭代步数是不同的。当初始步长矢量 $\boldsymbol{\delta}^{(1)}=(1.0,1.0,1.0)^{\mathrm{T}}$ 时,仅需要 12 个迭代步,但是 $\boldsymbol{\delta}^{(1)}=(3.0,3.0,3.0)^{\mathrm{T}}$ 时,算法需要 26 个迭代步。图 6.3 给出了不同初始步长矢量下两种算法优化过程的收敛曲线。由图可知,在任一初始步长下,利用最优边界算法和近似边界算法优化得到的收敛曲线几乎完全重合,这进一步说明利用近似边界算法能够达到与最优边界算法几乎完全相同的收敛性能及优化结果,前提条件是变量的不确定性水平较小。

表 6.2　初始设计向量为 $(7.0,7.0,7.0)^{\mathrm{T}}$ 时不同步长矢量下的优化结果[5]

初始步长矢量	算法	最优设计向量	迭代步数	约束可能度	多目标评价函数 f_d
(0.5,0.5,0.5)	最优边界算法	(3.05,2.98,2.00)	21	0.90,0.91	2.30
	近似边界算法	(3.05,2.98,2.00)	21	0.90,0.90	2.30
(1.0,1.0,1.0)	最优边界算法	(3.12,2.98,2.00)	12	0.98,0.91	2.34
	近似边界算法	(3.12,2.98,2.00)	12	0.99,0.90	2.34
(2.0,2.0,2.0)	最优边界算法	(3.03,2.97,2.09)	15	0.90,0.91	2.32
	近似边界算法	(3.03,2.97,2.09)	15	0.90,0.90	2.32

初始步长矢量	算法	最优设计向量	迭代步数	约束可能度	多目标评价函数 f_d
(3.0,3.0,3.0)	最优边界算法	(3.05,2.98,2.00)	26	0.90,0.91	2.30
	近似边界算法	(3.05,2.98,2.00)	26	0.90,0.90	2.30
(4.0,4.0,4.0)	最优边界算法	(3.07,2.98,2.00)	17	0.94,0.91	2.31
	近似边界算法	(3.07,2.98,2.00)	17	0.94,0.90	2.31
(5.0,5.0,5.0)	最优边界算法	(3.06,2.98,2.00)	15	0.92,0.91	2.31
	近似边界算法	(3.06,2.98,2.00)	15	0.92,0.90	2.31

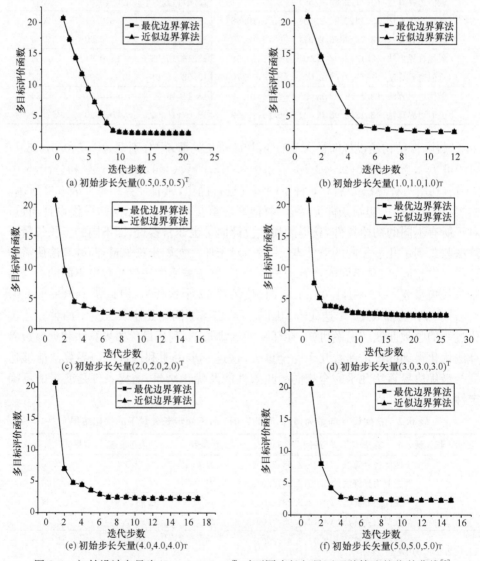

图 6.3　初始设计向量为 $(7.0,7.0,7.0)^T$ 时不同步长矢量下两种算法的收敛曲线[5]

再次，考虑其他两种初始设计向量 $\boldsymbol{X}^{(1)} = (3.0, 3.0, 3.0)^{\mathrm{T}}$ 和 $\boldsymbol{X}^{(1)} = (10.0, 10.0, 10.0)^{\mathrm{T}}$，并且每一种初始设计向量下采用上述 6 种不同初始设计步长，共有 12 种不同的初始条件组合，对所有组合进行优化后的计算结果如表 6.3 和表 6.4 所示。由表可知，对于所有不同的初始条件，利用最优边界算法及近似边界算法所得到的最优设计向量及相应的多目标评价函数值仍然与表 6.2 中的结果非常接近。另外，对于大多数初始条件组合，两种算法需要相同的迭代数。图 6.4 和图 6.5 给出了所有优化过程的收敛曲线，对于大多数初始条件组合，利用最优边界算法和近似边界算法其收敛曲线几乎完全重合。对于少数例子，如表 6.4 中的前两种初始条件情况，虽然两种算法的所需迭代步数不同，并且收敛曲线差别较大，但最终都收敛到了几乎相同的设计向量和多目标评价函数值。

表 6.3　初始设计向量为 $(3.0, 3.0, 3.0)^{\mathrm{T}}$ 时不同初始步长矢量下的优化结果[5]

初始步长矢量	算法	最优设计向量	迭代步数	约束可能度	多目标评价函数 f_d
(0.5,0.5,0.5)	最优边界算法	(3.04,2.98,2.01)	20	0.90,0.91	2.30
	近似边界算法	(3.06,2.98,2.00)	9	0.93,0.90	2.31
(1.0,1.0,1.0)	最优边界算法	(3.05,2.98,2.00)	13	0.90,0.91	2.30
	近似边界算法	(3.05,2.98,2.00)	10	0.90,0.91	2.31
(2.0,2.0,2.0)	最优边界算法	(3.06,2.98,2.00)	11	0.91,0.91	2.31
	近似边界算法	(3.06,2.98,2.00)	11	0.91,0.91	2.31
(3.0,3.0,3.0)	最优边界算法	(3.12,2.98,2.00)	8	0.98,0.91	2.34
	近似边界算法	(3.12,2.98,2.00)	8	0.99,0.91	2.34
(4.0,4.0,4.0)	最优边界算法	(3.06,2.98,2.00)	12	0.92,0.91	2.31
	近似边界算法	(3.06,2.98,2.00)	12	0.92,0.90	2.31
(5.0,5.0,5.0)	最优边界算法	(3.07,2.98,2.00)	10	0.93,0.91	2.31
	近似边界算法	(3.07,2.98,2.00)	10	0.93,0.91	2.31

表 6.4　初始设计向量为 $(10.0, 10.0, 10.0)^{\mathrm{T}}$ 时不同初始步长矢量下的优化结果[5]

初始步长矢量	算法	最优设计向量	迭代步数	约束可能度	多目标评价函数 f_d
(0.5,0.5,0.5)	最优边界算法	(3.05,2.98,2.00)	27	0.90,0.91	2.30
	近似边界算法	(3.05,2.98,2.00)	27	0.90,0.90	2.30
(1.0,1.0,1.0)	最优边界算法	(3.12,2.98,2.00)	15	0.98,0.91	2.34
	近似边界算法	(3.05,2.98,2.00)	15	0.99,0.91	2.34
(2.0,2.0,2.0)	最优边界算法	(3.05,2.98,2.00)	20	0.90,0.91	2.30
	近似边界算法	(3.05,2.98,2.00)	20	0.90,0.90	2.30
(3.0,3.0,3.0)	最优边界算法	(3.05,2.98,2.00)	27	0.90,0.91	2.30
	近似边界算法	(3.05,2.98,2.00)	27	0.90,0.90	2.30

续表

初始步长矢量	算法	最优设计向量	迭代步数	约束可能度	多目标评价函数 f_d
(4.0,4.0,4.0)	最优边界算法	(3.05,2.98,2.00)	15	0.90,0.91	2.30
	近似边界算法	(3.05,2.99,2.00)	17	0.90,0.90	2.30
(5.0,5.0,5.0)	最优边界算法	(3.05,2.99,2.00)	21	0.90,0.91	2.30
	近似边界算法	(3.05,2.99,2.00)	20	0.90,0.90	2.30

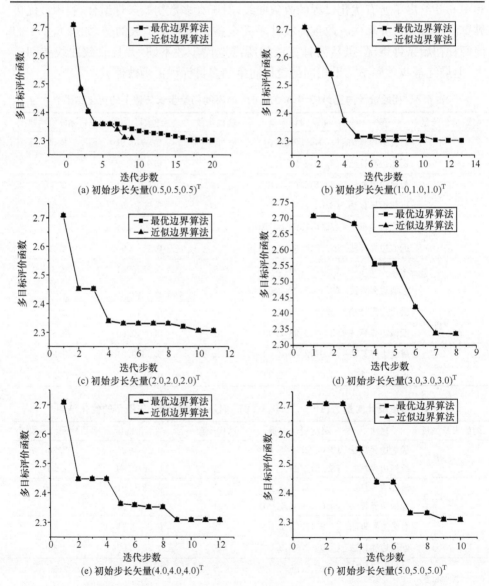

图 6.4　初始设计向量为 $(3.0,3.0,3.0)^{\mathrm{T}}$ 时不同步长矢量下两种算法的收敛曲线[5]

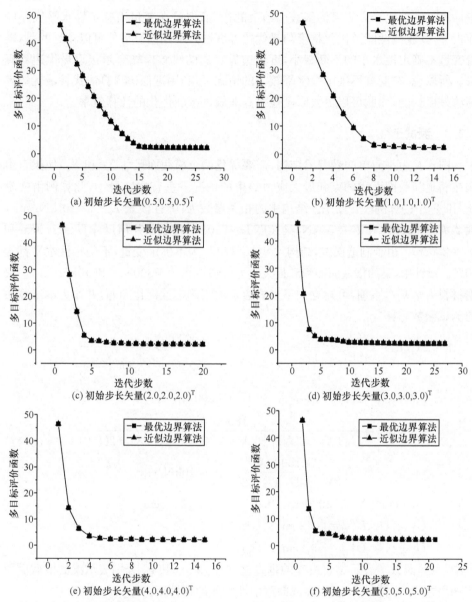

图 6.5　初始设计向量为 $(10.0, 10.0, 10.0)^{\mathrm{T}}$ 时不同步长矢量下两种算法的收敛曲线[5]

　　在上述分析中,采用了多种不同的初始条件,但是两种算法都几乎收敛到了相同的最优设计向量,这在一定程度上说明最优边界算法和近似边界算法都具有较为稳健的收敛性能。另外,对于大多数的初始条件,利用近似边界算法其收敛曲线几乎与最优边界算法完全重合,即使对于少数收敛曲线差别较大的情况,两种算法也能获得非常接近的优化结果。这表明,虽然在近似边界算法中采用了近似方法来计算每一迭代步真实目标函数和约束的边界,但是在变量不确定性水平较小的前提下,其收敛性能及优化精度与最优边界算法几乎相同。另外可以预见的是,随着变量不确定性水平的不断减小,近似边界算法的收敛性能会越接近最优边界算法。所以说,在变量不确定性水平较小的情况下,利用近似边界算法代替最优边界算法是可行的,如此可以更大限度地提高非线性区间优化的计算效率。

6.2.2　测试函数 2

图 6.6 为一简单的悬臂梁结构,需要优化两个横截面尺寸 X_1 和 X_2,使梁自由端在满足横截面面积约束和最大应力约束的情况下垂直挠度最小,此算例由文献[8]和[9]中的算例改变而来。结构中的相关参数为:弹性模量 $E=2\times10^4\text{kN/cm}^2$,载荷 $F_1=600\text{kN}$ 和 $F_2=50\text{kN}$,梁长度 $L=200\text{cm}$,横截面几何尺寸 $U_1=1.0\text{cm}$ 和 $U_2=2.0\text{cm}$。由于制造误差,结构尺寸 U_1 和 U_2 为不确定变量,不确定性水平都为 10%。设计中,梁的横截面面积和最大应力分别不能大于 300cm^2 和 10kN/cm^2。根据材料力学基本原理,可建立如下显式表示的不确定性优化问题,并作为本章算法的测试函数[4]:

$$
\begin{cases}
\min_{\boldsymbol{X}} \ f(\boldsymbol{X},\boldsymbol{U}) = \dfrac{F_1 L^3}{48 E I_z} = \dfrac{5000}{\dfrac{1}{12}U_1\,(X_1-2U_2)^3 + \dfrac{1}{6}X_2 U_2^3 + 2X_2 U_2\left(\dfrac{X_1-U_2}{2}\right)^2} \\[4mm]
\text{s. t.}\ \ g_1(\boldsymbol{X},\boldsymbol{U}) = 2X_2 U_2 + U_1(X_1-2U_2) \leqslant 300\ \text{cm}^2 \\[3mm]
\qquad g_2(\boldsymbol{X},\boldsymbol{U}) = \dfrac{180000 X_1}{U_1\,(X_1-2U_2)^3 + 2X_2 U_2\left[4U_2^2 + 3X_1(X_1-2U_2)\right]} \\[4mm]
\qquad\qquad + \dfrac{15000 X_2}{(X_1-2U_2)U_1^3 + 2U_2 X_2^3} \leqslant 10\text{kN/cm}^2 \\[3mm]
\qquad 10.0\text{cm} \leqslant X_1 \leqslant 120.0\text{cm},\ 10.0\text{cm} \leqslant X_2 \leqslant 120.0\text{cm} \\[2mm]
\qquad U_1 \in [U_1^L, U_1^R] = [0.9\text{cm}, 1.1\text{cm}] \\[2mm]
\qquad U_2 \in [U_2^L, U_2^R] = [1.8\text{cm}, 2.2\text{cm}]
\end{cases}
\tag{6.11}
$$

式中,目标函数 f 表示梁自由端的垂直挠度,约束 g_1 和 g_2 分别表示梁的横截面面积和最大应力,符号 I_z 表示梁截面对中性轴 z 的惯性矩。

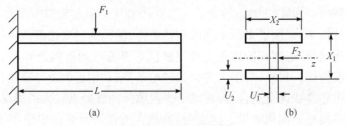

图 6.6　悬臂梁结构[8]

优化过程中,相关的参数设置如下:ξ 为 0.0,正则化因子 ϕ 和 ψ 分别为 0.007 和 0.0007,权系数 β 为 0.5,罚因子 σ 为 1000,两个不确定约束的可能度水平都设为 0.9,缩小因子 α 设为 0.5,允许误差 ε_1、ε_2 和 ε_3 分别设为 0.1、0.1 和 0.001。求解线性区间规划问题时,IP-GA 的最大迭代步数设为 100。本算例中,只采用近似边界算法进行优化,优化过程中所有的梯度通过中心差分获得。另外,假设式 (6.11) 中的目标函数是一个耗时的数值分析模型,下面将通过统计目标函数的计算次数来考察算法的优化效率。

考虑 3 种不同的初始设计向量 $\boldsymbol{X}^{(1)} = (50.0, 50.0)^{\mathrm{T}}$、$(100.0, 40.0)^{\mathrm{T}}$ 和 $(35.0, 60.0)^{\mathrm{T}}$,并且每一初始设计向量下采用 4 种不同的初始步长矢量,即 $\boldsymbol{\delta}^{(1)} = (5.0, 5.0)^{\mathrm{T}}$、$(10.0, 10.0)^{\mathrm{T}}$、$(30.0, 30.0)^{\mathrm{T}}$ 和 $(50.0, 50.0)^{\mathrm{T}}$,则共有 12 种不同的初始条件组合,对所有组合进行优化后的计算结果如表 6.5~表 5.7 所示。由表可知,在所有不同的初始条件下,算法都获得了几乎相同的最优设计向量、相应的约束可能度值以及多目标评价函数值。这进一步说明,该算法具有较为稳健的收敛性能,虽然初始条件差别较大,但算法都收敛到稳定的设计点。但是,不同的初始条件下,优化过程需要的目标函数计算次数有所不同,如在 $\boldsymbol{X}^{(1)} = (35.0, 60.0)^{\mathrm{T}}$ 和 $\boldsymbol{\delta}^{(1)} = (5.0, 5.0)^{\mathrm{T}}$ 的情况下需要 290 次计算,但是在 $\boldsymbol{X}^{(1)} = (100.0, 40.0)^{\mathrm{T}}$ 和 $\boldsymbol{\delta}^{(1)} = (10.0, 10.0)^{\mathrm{T}}$ 的情况下仅需要 81 次计算。所有初始条件下优化过程的收敛曲线如图 6.7~图 6.9 所示。由图可知,不同的初始条件下,优化过程的收敛速度不同,所需要的迭代步数也不同,但是最终都收敛至相同的多目标评价函数值 1.0。

表 6.5　初始设计向量为 $(50.0, 50.0)^{\mathrm{T}}$ 时不同初始步长矢量下的优化结果[4]

初始步长矢量/cm	最优设计向量/cm	迭代步数	约束可能度	多目标评价函数 f_d	计算次数
(5.0,5.0)	(120.00,40.52)	19	0.90,1.00	1.00	239
(10.0,10.0)	(120.00,40.52)	20	0.90,1.00	1.00	244
(30.0,30.0)	(120.00,40.51)	8	0.90,1.00	1.00	94
(50.0,50.0)	(120.00,40.52)	14	0.90,1.00	1.00	133

表 6.6　初始设计向量为 $(100.0, 40.0)^{\mathrm{T}}$ 时不同初始步长矢量下的优化结果[4]

初始步长矢量/cm	最优设计向量/cm	迭代步数	约束可能度	多目标评价函数 f_d	计算次数
(5.0,5.0)	(120.00,40.52)	19	0.90,1.00	1.00	248
(10.0,10.0)	(120.00,40.52)	9	0.90,1.00	1.00	81
(30.0,30.0)	(120.00,40.52)	9	0.90,1.00	1.00	81
(50.0,50.0)	(120.00,40.56)	12	0.90,1.00	1.00	87

表 6.7 初始设计向量为 $(35.0, 60.0)^T$ 时不同初始步长矢量下的优化结果[4]

初始步长矢量/cm	最优设计向量/cm	迭代步数	约束可能度	多目标评价函数 f_d	计算次数
(5.0,5.0)	(120.00,40.52)	22	0.90,1.00	1.00	290
(10.0,10.0)	(120.00,40.52)	17	0.90,1.00	1.00	175
(30.0,30.0)	(120.00,40.52)	12	0.90,1.00	1.00	114
(50.0,50.0)	(120.00,40.52)	13	0.90,1.00	1.00	101

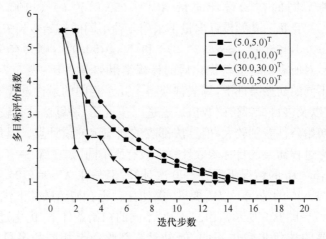

图 6.7 初始设计向量为 $(50.0, 50.0)^T$ 时不同初始步长矢量下的收敛曲线[4]

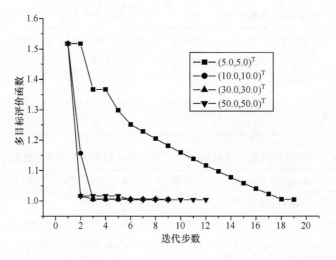

图 6.8 初始设计向量为 $(100.0, 40.0)^T$ 时不同初始步长矢量下的收敛曲线[4]

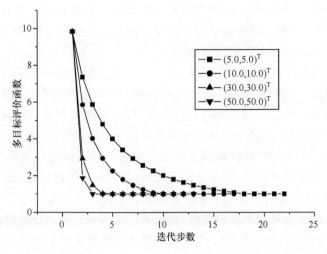

图 6.9　初始设计向量为$(35.0,60.0)^{\mathrm{T}}$ 时不同初始步长矢量下的收敛曲线[4]

　　另外,还利用第 5 章中提出的基于区间分析的非线性区间优化算法对测试函数进行了优化,采用 IP-GA 作为优化求解器,最大迭代步数设为 100,优化结果如表 6.8 所示。由表可知,获得的优化结果与本章算法求得的结果几乎完全一致,但是从效率角度上,基于区间分析的非线性区间优化算法需要 2500 次真实目标函数的计算,而本章算法在上述不同的初始条件下最多仅需要 290 次计算。相比前者,本章算法同时消除了基于真实模型的内层和外层优化,所以优化效率得到了更大限度上的提高。

表 6.8　基于区间分析的非线性区间优化算法计算结果[5]

最优设计向量/cm	约束可能度	f_d	计算次数
(120.00,40.52)	0.90,1.00	1.00	2500

6.3　对算法收敛性的讨论

　　以上对测试函数的分析中,在各种不同的初始条件下,算法都收敛到了几乎完全相同的设计点,这表明算法具有较为稳健的收敛性能,然而这并不能说明算法具有全局优化能力。如果通过转换模型得到的确定性优化问题是关于设计变量的多局部最优点问题,则不同的初始条件下,采用该算法可能得到不同的优化结果。另外,该算法只有在变量的不确定性水平较小的情况下才能保证较好的优化精度和收敛性能,如果不确定性水平较大,每一迭代步在近似不确定性优化问题的建立及使用近似方法计算 $\bar{X}$ 处区间时都会产生较大的误差,从而影响整个不确定性优化的计算精度。另外,初始设计向量 $X^{(1)}$ 需保证是转换后的确定性优化问题的可行解,实际应用中设计者对问题通常有一定程度的了解,所以一可行设计向量往往可以通过选择保守的设计方案较容易地确定。

如同其他很多工程优化算法一样,欲通过严格的数学推导证明该算法的局部收敛性或者给出一般性的收敛性条件似乎是困难的,但是该算法通常能保证收敛至一个较好的设计向量。因为在迭代过程中,只有下降可行点可以保留至下一迭代步,所以优化过程中的设计向量总可以保证越来越优,而这一点对工程设计问题是较为重要的。对于传统的针对确定性优化问题的序列线性规划算法,一般是可以保证收敛至局部最优点的,因为随着设计域的缩小,总可以保证线性近似模型精度的不断提高,从而使优化结果不断向局部最优点靠近。但是在本算法中,线性模型中同时具有设计变量和不确定变量,而且迭代过程中只有设计域得到更新,而不确定域始终保持不变,所以理论上线性近似模型的精度不可能无限提高,因为某一个程度后线性模型误差中由不确定域造成的近似误差将占主要部分,而此部分误差无法通过更新设计域来消除。所以该算法通常在开始阶段收敛速度较快,但随着迭代的进行,收敛速度将变得越来越慢,这种特性也已经在上述两个测试函数的大部分收敛曲线中得到了体现。有时对于较为复杂的问题,在迭代后期算法可能无法通过近似不确定性优化问题的更新和提高来跳出稳定点而达到收敛,因此该算法加入了 $\min\{\delta_i^{(s)}, i=1,2,\cdots,n\}<\varepsilon_2$ 这一收敛准则,避免在迭代后期造成不必要的计算浪费,这一点对实际工程问题同样是很有帮助的。

6.4　在车辆乘员约束系统设计中的应用

随着汽车的普及,安全性越来越受到人们的重视。汽车乘员约束系统是在汽车发生碰撞时,用来减少二次碰撞或者避免二次碰撞的安全装置,是汽车被动安全设计的重要环节[10]。图 6.10 为某微型车驾驶员侧碰约束系统的 MADYMO 仿真模型,它由车体、假人、安全带、座椅等子模型构成。采用的假人为 MADYMO 人体模型库中的 Hybrid III 型第 50 百分位男性假人[11]。假人的定位采用预模拟和视觉直观调整相结合的方法,基于混合法对安全带进行建模,安全带与车体连接的部位采用多体安全带,安全带与人体接触部位采用有限元安全带。

为了验证约束系统仿真模型的有效性和正确性,按照 GB 11551—2003《乘用车正面碰撞的乘员防护》所规定的试验方法和程序进行了实车碰撞试验。通过试验获得了车体减速度,假人的头部、胸部三向加速度,大腿轴向力等曲线,以及假人的各项损伤指标值。把试验获得的车体加速度曲线(图 6.11)及车体各部分侵入量作为该约束系统模型的输入,将计算后得到假人的各项指标及曲线与试验数据进行对比验证。验证按照从下至上的顺序进行,即先下肢再胸部再头部的顺序。

对比结果如图 6.12 所示,可以发现数值仿真结果与试验数据基本一致,从而验证了该约束系统仿真模型的有效性。

图 6.10　驾驶员侧碰约束系统模型[12,13]

图 6.11　车体加速度曲线[12,13]

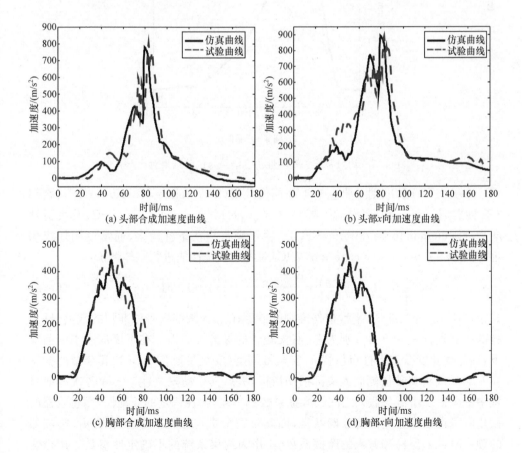

(a) 头部合成加速度曲线

(b) 头部 x 向加速度曲线

(c) 胸部合成加速度曲线

(d) 胸部 x 向加速度曲线

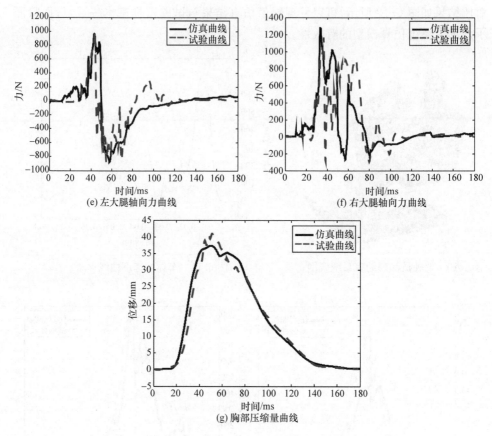

图 6.12　约束系统关键特性仿真结果与试验结果对比[12]

乘员伤害评价准则主要包括头部损伤准则（head injury criterion，HIC）、胸部3 毫秒准则（3ms）、胸部压缩量准则（thorax performance criteria，TPC）及大腿轴向力准则（femur force criteria，FFC）。由于乘员损伤指标较多，通常使用加权伤害准则（weighted injury criterion，WIC）对约束系统性能进行整体评价：

$$\text{WIC}=0.6\left(\frac{\text{HIC}_{36\text{ms}}}{1000}\right)+\frac{0.35}{2}\left(\frac{C_{3\text{ms}}}{60}+\frac{D}{75}\right)+0.05\left(\frac{F_{FL}+F_{FR}}{20.0}\right) \quad (6.12)$$

式中，$\text{HIC}_{36\text{ms}}$ 为头部 36 毫秒损伤准则的数值；$C_{3\text{ms}}$ 为胸部 3 毫秒准则的数值；D 为胸部压缩量；F_{FL} 和 F_{FR} 分别为左、右大腿骨的最大轴向力。在不增加成本的前提下，通过优化安全带上挂点位置 h、安全带刚度（安全带延伸率）e 和安全带的初始应变 s，来改善驾驶员侧假人头部损伤指标，提高其被动安全性。实际各次碰撞过程中安全带及座椅与假人之间的摩擦系数都不同，存在一定的波动性，而卷收器的锁止时刻也很难通过试验准确获得，因此将安全带与假人的摩擦系数 μ_1、卷收器的锁止时刻 t、座椅和假人的摩擦系数 μ_2 作为约束系统的不确定性参数。选择假

人各项损伤指标作为约束条件,加权伤害 WIC 值作为目标函数,最终建立约束系统的不确定优化模型[12]:

$$
\begin{cases}
\min_{\boldsymbol{X}} \mathrm{WIC}(\boldsymbol{X}, \boldsymbol{U}) \\
\text{s. t.} \quad \mathrm{HIC}_{36\mathrm{ms}} \leqslant 1000, \ D \leqslant 75\mathrm{mm}, \ C_{3\mathrm{ms}} \leqslant 60\mathrm{g}, \ F_{FL} \leqslant 10\mathrm{kN}, \ F_{FR} \leqslant 10\mathrm{kN} \\
\qquad 0.82\mathrm{m} \leqslant h \leqslant 0.92\mathrm{m}, \ 5\% \leqslant e \leqslant 15\%, \ -0.04 \leqslant s \leqslant 0 \\
\qquad \mu_1 \in [\mu_1^L, \mu_1^R] = [0.2, 0.4], \ \mu_2 \in [\mu_2^L, \mu_2^R] = [0.2, 0.4] \\
\qquad t \in [t^L, t^R] = [0.6\mathrm{ms}, 1.4\mathrm{ms}]
\end{cases}
$$

$$(6.13)$$

式中,$\boldsymbol{X} = (h, e, s)^{\mathrm{T}}$ 为设计向量;$\boldsymbol{U} = (\mu_1, t, \mu_2)^{\mathrm{T}}$ 为不确定向量。

利用上述区间优化算法,对所建立的约束系统设计模型进行求解。设计变量的优化结果及损伤指标优化前后对比如表 6.9 所示。由结果可知,头部 $\mathrm{HIC}_{36\mathrm{ms}}$ 损伤值由优化前的 1071.4 下降到了优化后的 [812.97, 954.31],优化后区间的最大值小于 1000,满足国家法规要求;胸部压缩量 D、胸部 3ms 损伤指标 $C_{3\mathrm{ms}}$、左右大腿轴向力 F_{FL} 和 F_{FR} 区间的最大值都远小于法规阈值;综合损伤指标 WIC 值也有所下降,由优化前的 0.8579 降到了优化后的 [0.7059, 0.7958]。通过优化设计,约束系统整体防护性能得到一定程度的提升,同时在不确定参数波动的情况下,驾驶员各项损伤指标的区间均在法规阈值以内,提高了乘员约束系统的可靠性。另外,整个区间优化过程经过 9 次迭代即收敛,MADYMO 仿真模型的调用次数也仅为 117 次,计算量满足工程设计需要。

表 6.9　约束系统优化前后结果对比[12,13]

设计变量及损伤指标	优化前	优化后
h/m	0.87	0.8876
$e/\%$	9	6.85
s	−0.002	−0.0058
$\mathrm{HIC}_{36\mathrm{ms}}$	1071.40	[812.97, 954.31]
D/mm	37.4	[36.5, 39.8]
$C_{3\mathrm{ms}}/\mathrm{g}$	41.920	[41.088, 46.463]
F_{FL}/kN	0.9675	[0.9180, 0.9970]
F_{FR}/kN	1.2783	[1.2554, 1.2588]
WIC	0.8579	[0.7059, 0.7958]

6.5　本章小结

本章将序列线性规划方法与区间序关系转换模型相结合,提出了一种高效的非线性区间优化算法,整个优化过程由一系列的近似不确定性优化问题组成,同时建立了迭代机制保证算法的收敛。在每一迭代步，通过一阶泰勒展开式建立的近似不确定性优化问题其实为一线性区间优化问题，其求解过程可通过传统的单层优化完成，计算过程得到大大简化。为提高计算效率，基于区间分析方法近似求解每一迭代步真实目标函数和约束在当前近似优化问题最优解处的边界，从而有效避免了基于真实模型的优化过程。通过两个测试函数的分析发现，该算法具有稳健的收敛性能和较高的优化效率。另外，比较了不同初始条件下利用最优边界算法和近似边界算法对测试函数进行优化的计算效果，结果显示在变量不确定性水平较小的情况下，近似边界算法具有与最优边界算法几乎相同的收敛性能和计算精度，可以代替最优边界算法对实际问题进行更高效的优化。最后，将该算法应用于某车辆乘员约束系统的设计，验证了其解决实际工程问题的能力。

参 考 文 献

［1］ Marcotte P，Dussault J P. A sequential linear programming algorithm for solving monotone variational inequalities. SIAM Journal on Control and Optimization，1989，27(6)：1260-1278.

［2］ Yang R J，Chuang C H. Optimal topology design using linear programming. Computers and Structures，1994，52(2)：265-275.

［3］ Lamberti L，Pappalettere C. Comparison of the numerical efficiency of different sequential linear programming based algorithms for structural optimization problems. Computers and Structures，2000，76(6)：713-728.

［4］ Li D，Jiang C，Han X，et al. An efficient optimization method for uncertain problems based on non-probabilistic interval model. International Journal of Computational Methods，2011，8(4)：837-850.

［5］ 姜潮. 基于区间的不确定优化理论与算法. 长沙：湖南大学博士学位论文，2008.

［6］ Qiu Z P. Comparison of static response of structures using convex models and interval analysis method. International Journal for Numerical Methods in Engineering，2003，56(12)：1735-1753.

［7］ Zhou Y T，Jiang C，Han X. Interval and subinterval analysis methods of the structural analysis and their error estimations. International Journal of Computational Methods，2006，3(2)：229-244.

［8］ Wang G G. Adaptive response surface method using inherited Latin hypercube design points. ASME Journal of Mechanical Design，2003，125(2)：210-220.

［9］ Jiang C，Han X，Liu G P. A sequential nonlinear interval number programming method for uncertain structures. Computer Methods in Applied Mechanics and Engineering，2008，197(49-50)：4250-4265.

［10］ 钟志华，张维刚，曹立波，等. 汽车碰撞安全技术. 北京：机械工业出版社，2003.

［11］ TNO. MADYMO version621 model manual. TNO Road-vehicles Research Institute，2004.

［12］ 宁慧铭，姜潮，刘杰，等. 基于区间方法的汽车乘员约束系统的不确定性优化. 汽车工程，2012，34(12)：1085-1089.

［13］ 韩旭. 基于数值模拟的设计理论与方法. 北京：科学出版社，2015.

第 7 章　基于近似模型技术的区间优化

当前的工程优化问题变得越来越复杂,往往涉及非常耗时的数值分析模型,使得传统的优化方法在效率上难以满足设计需要。目前,普遍采用的处理方法是构造简单的显式函数作为近似模型(approximation model)来代替原数值分析模型,并与非线性优化相结合以构造近似优化问题进行快速求解。通过近似模型,能极大限度地提高优化效率,使得很多复杂的实际工程问题的设计成为可能;另外很重要的是,近似模型还能使真实函数变得平滑,即一定程度上对真实函数进行降噪处理,从而在求解很多基于复杂数值分析模型(如材料、几何和边界非线性问题,数值分析模型的计算结果通常含较大数值噪声)的优化问题时能获得更好的优化效果。目前,近似优化方法已经成为工程优化领域的一个研究重点,国内外在此方面已有大量的文献和方法出现[1-9]。

本章将近似模型技术引入非线性区间优化,建立两种高效的不确定性优化算法。第一种为基于近似模型管理策略的非线性区间优化算法,整个优化过程由一系列近似不确定性优化问题迭代完成,迭代过程中通过模型管理工具对设计空间及近似模型进行更新,该算法适用于变量不确定性水平较小的问题;第二种为基于局部加密近似模型技术的非线性区间优化算法,该算法的优化过程仍然由一系列近似不确定性优化问题组成,但是迭代过程中并不更新近似空间,而是通过局部加密样本点的方法提高近似模型在关键区域的精度,从而不断提高优化精度,该算法的使用不受变量不确定性水平的限制。

7.1　基于近似模型管理策略的非线性区间优化算法

基于近似模型管理策略(approximation model management strategy)的优化近年来逐渐受到人们的关注,在该策略中通过近似模型来提高优化效率,采用信赖域方法(trust region method)对优化过程中的近似模型进行管理。在近似模型管理策略方面,目前也有一系列的研究成果出现,如从数学上证明了基于信赖域的近似优化能够保证收敛至 Karuch-Kuhn-Tucker 解[10,11],利用信赖域方法管理一类约束近似优化问题中的低复杂度近似模型[12],回顾和讨论了基于信赖域的模型管理策略在多学科优化问题中的发展和应用[13],讨论了三种基于不同非线性优化算法的近似模型管理策略并将之应用于实际航空件的设计[14],将近似模型管理策略应用于薄板成型中的压边力优化[15]等。上述研究表明,近似模型管理策略在保证近似优化问题的收敛性及优化精度方面卓有成效。但是,目前的近似模型管理策略主要针对确定性优化问题,要使之能有效地应用于区间优化,则需要根据区间优化的特点在考虑不确定性因素的前提下对之进行一定的改进和提高。

下面将首先介绍所采用的近似模型和试验设计方法(design of experiments,DOE),即二次多项式响应面(quadratic polynomial response surface)和拉丁超立方设计(Latin hypercube design,LHD);其次,分别基于区间序关系转换模型和区间可能度转换模型,构造基于近似模型管理策略的区间优化算法;再次,提供两个测试函数,对算法的计算精度、优化效率等性能指标进行测试;最后,将算法应用于两个实际的工程问题。

7.1.1　二次多项式响应面

二次多项式响应面[16]中,利用回归分析的统计方法和方差分析技术决定近似函数。考虑具有 n_d 个输入变量和 n_s 个设计样本的函数 $h(\boldsymbol{x})$,利用如下的二次多项式作为其近似函数:

$$\tilde{h}(\boldsymbol{x}) = c_0 + \sum_{i=1}^{n_d} c_i x_i + \sum_{i=1}^{n_d}\sum_{j=1}^{n_d} c_{ij} x_i x_j \tag{7.1}$$

在所有设计样本处有

$$h^{(k)} = c_0 + \sum_{i=1}^{n_d} c_i x_i^{(k)} + \sum_{i=1}^{n_d}\sum_{j=1}^{n_d} c_{ij} x_i^{(k)} x_j^{(k)}, \quad k=1,2,\cdots,n_s \tag{7.2}$$

式中,$h^{(k)}$ 为函数 $h(\boldsymbol{x})$ 在第 k 个样本处的观测值;$x_i^{(k)}$ 和 $x_j^{(k)}$ 分别为第 i 个和第 j 个输入变量在第 k 个样本处的值;c_0、c_i 和 c_{ij} 分别为常数项、一次项和二次项的系数。如果 $c_{ij}=c_{ji}$,则未知系数的个数为 $n_t=(n_d+1)(n_d+2)/2$,所以条件 $n_s \geqslant n_t$ 必须满足。式(7.2)可写为如下矩阵形式:

$$\boldsymbol{h} = \boldsymbol{Bc} \tag{7.3}$$

式中,$\boldsymbol{h}$ 为 n_s 维的样本点函数值矢量;$\boldsymbol{B}$ 为 $n_s \times n_t$ 维矩阵:

$$\boldsymbol{B} = \begin{bmatrix} 1 & x_1^{(1)} & x_2^{(1)} & \cdots & (x_{n_d}^{(1)})^2 \\ \vdots & \vdots & \vdots & & \vdots \\ 1 & x_1^{(n_s)} & x_2^{(n_s)} & \cdots & (x_{n_d}^{(n_s)})^2 \end{bmatrix} \tag{7.4}$$

可获得系数矢量 $\boldsymbol{c}$ 的最小二乘估计 $\bar{\boldsymbol{c}}$:

$$\bar{\boldsymbol{c}} = (\boldsymbol{B}^{\mathrm{T}}\boldsymbol{B})^{-1}\boldsymbol{B}^{\mathrm{T}}\boldsymbol{h} \tag{7.5}$$

将 $\bar{\boldsymbol{c}}$ 代入式(7.1),则最终获得函数 $h(x)$ 的近似函数 $\tilde{h}(\boldsymbol{x})$,即二次多项式响应面模型。

实际构造响应面模型时,在最优回归模型的选择上存在一定的矛盾:为更好地拟合实际函数,近似函数中应尽可能包含更多的基函数项,但使用过多的基函数项可能会导致过拟合,反而降低近似函数的预测精度。所以,在近似函数的构造中,只保留重要的基函数项而去掉不敏感项是有必要的。本章采用基于 F 检验的后消除方法[16](back elimination procedure)来决定最优的近似模型形式,方法流程如图 7.1 所示。首先采用包含所有基函数项的全模型,利用最小二乘法估计系数后进行系数的显著性检验,如果最小的 F 值小于给定值,则除去其对应的基函数项。将剩余的基函数项作为一全模型,重新进行最小二乘系数估计及系数显著性检验,整个过程反复进行,直到无法消除任何一个基函数项,最终获得最优的近似模型。在后消除方法中,由于系数之间存在相互关系,故当有多个项不显著时,不能同时去除,而只能一次去除一个最不显著的项。

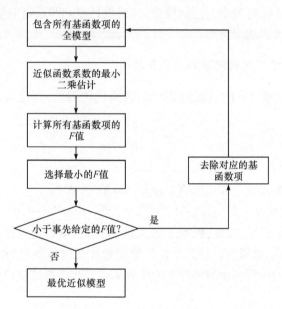

图 7.1　基于 F 检验的后消除最优近似模型决定方法流程图[17]

7.1.2　试验设计方法

试验设计用于获取构建近似模型所需的设计样本,其选择对于近似模型的精度及构建成本具有重要影响,本章选用 LHD 作为试验设计方法。LHD 应用较为灵活,可以任意控制样本集的大小,故可做到饱和采样;LHD 的样本点可以保证在采样空间均匀分布,另外,通过 LHD 还可以实现两代设计之间的样本点遗传从而大大节约计算成本。LHD 方法在采样空间中将每一个变量都等分成 s 个间隔(s 即变量的水平数),然后重复下面的两个步骤 s 次,即得到 s 个样本点:

(1) 在每个优化变量的 s 个等间隔中随机选取一个不重复的间隔。

(2) 在选取的各间隔内,按均匀分布随机产生一个采样点。

　　由于上述过程基于随机采样,所以存在无穷多种采样方案,为使得最后得到的样本点分布均匀,需利用优化方法从所有方案中选出一个最好的方案。本章采用Morris 和 Mitchell 提出的最优 LHD 方法[18],该方法采用模拟退火(simulation annealing)算法作为优化求解器来寻找最优设计方案。

7.1.3　算法构造(基于区间序关系转换模型)

　　所研究的非线性区间优化问题如式(4.1)所示,这里不确定向量 U 中的所有变量需要满足小不确定性水平的条件,所以本算法通常只适合于变量不确定性较小的问题。整个优化过程由一系列的近似不确定性优化问题迭代完成,利用信赖域方法管理整个优化过程中的近似模型,实现设计空间和设计向量的不断更新,从而保证优化结果的自适应提高。

1. 近似不确定性优化问题的建立和求解

　　在第 s 个迭代步,对于式(4.1)表示的区间优化问题,可建立如下近似不确定性优化问题:

$$\begin{cases} \min\limits_{X} \ \tilde{f}(X,U) \\ \text{s.t.} \ \tilde{g}_i(X,U) \leqslant b_i^I = [b_i^L, b_i^R], i=1,2,\cdots,l \\ \quad \max[X_l, X^{(s)} - \Delta^{(s)}] \leqslant X \leqslant \min[X_r, X^{(s)} + \Delta^{(s)}] \\ \quad U \in U^I = [U^L, U^R], U_i \in U_i^I = [U_i^L, U_i^R], i=1,2,\cdots,q \end{cases} \tag{7.6}$$

式中,$\Delta^{(s)}$ 表示第 s 迭代步的信赖域半径矢量,它与当前设计向量 $X^{(s)}$ 组成当前设计空间(又称当前信赖域),并且此半径矢量随着优化过程的进行而改变;$\tilde{f}(X,U)$ 和 $\tilde{g}_i(X,U)$ 分别表示目标函数和第 i 个约束通过二次多项式响应面方法构造的近似模型。

　　对于确定性优化问题,在建立目标函数和约束的近似模型时,只要在当前设计空间内选择样本,并且建立目标函数和约束关于设计变量的近似函数即可。但是对于式(4.1)所示的不确定性优化问题,在建立近似模型的过程中则必须同时考虑设计变量和不确定变量。所以,在构建 $\tilde{f}(X,U)$ 和 $\tilde{g}_i(X,U)$ 时需注意如下几点:

　　(1) 在当前设计空间和不确定域组成的混合空间内利用 LHD 采样,并基于真实模型的计算获得近似模型的构建样本。

　　(2) 构建近似模型时,将设计变量和不确定变量同时作为输入变量,故得到的 $\tilde{f}(X,U)$ 和 $\tilde{g}_i(X,U)$ 是同时关于设计变量和不确定变量的显式二次函数。

　　利用非线性区间优化的区间序关系转换模型,可以将上述近似不确定性优化问题转换为如式(4.3)所示的确定性优化问题:

$$\begin{cases} \min_{\boldsymbol{X}} \widetilde{f}_p(\boldsymbol{X}) = (1-\beta)(\widetilde{f}^c(\boldsymbol{X}) + \xi)/\phi + \beta(\widetilde{f}^w(\boldsymbol{X}) + \xi)/\psi \\ \qquad\qquad + \sigma \sum_{i=1}^{l} \varphi(P(\widetilde{g}_i^I(\boldsymbol{X}) \leqslant b_i^I) - \lambda_i) \\ \text{s. t. } \max[\boldsymbol{X}_l, \boldsymbol{X}^{(s)} - \boldsymbol{\Delta}^{(s)}] \leqslant \boldsymbol{X} \leqslant \min[\boldsymbol{X}_r, \boldsymbol{X}^{(s)} + \boldsymbol{\Delta}^{(s)}] \end{cases} \tag{7.7}$$

式中,$\widetilde{f}_p$ 为基于近似模型的罚函数,称为"近似罚函数",相应地,基于原真实模型的罚函数 f_p 称为"真实罚函数"。

采用第 3 章提出的基于 IP-GA 的两层嵌套优化算法求解式(7.7),即外层优化和内层优化都选用 IP-GA 作为优化求解器。所不同的是,在整个优化过程中,所有的计算都将基于近似模型而不是原真实模型。所以,虽然嵌套优化问题依然存在,但其效率已不再构成求解障碍,因为近似模型都为简单的二次显式函数,即使利用 IP-GA 进行嵌套求解,其优化效率仍然很高。

2. 近似模型精度测试及设计空间更新

求解当前近似不确定性优化问题后,需要进行信赖域测试以评价当前代的近似模型是否精确,从而评价当前得到的最优设计向量的优劣。为此,建立如下的可靠性指标 $\rho^{(s)}$ 以评价当前代的近似模型与实际模型的逼近程度:

$$\rho^{(s)} = \frac{f_p(\boldsymbol{X}^{(s)}) - f_p(\boldsymbol{X}^{(s)*})}{f_p(\boldsymbol{X}^{(s)}) - \widetilde{f}_p(\boldsymbol{X}^{(s)*})} \tag{7.8}$$

式中,$\boldsymbol{X}^{(s)*}$ 为求解式(7.7)后得到的最优解。可靠性指标 $\rho^{(s)}$ 实际上表示在 $\boldsymbol{X}^{(s)}$ 和 $\boldsymbol{X}^{(s)*}$ 两设计点之间的真实罚函数的实际变化与近似罚函数的预测变化之间的比值。比值越接近于 1,近似模型与实际模型越逼近。

这里,选用罚函数作为标准建立可靠性指标,是因为罚函数的构造中既包含目标函数的信息又包含所有约束的信息,所以此可靠性指标同时包含目标函数近似模型和约束近似模型的信息。如果要使 $\rho^{(s)}$ 接近 1,则目标函数和约束的近似模型必须同时精确才能实现。

根据 $\rho^{(s)}$ 的值,下一迭代步的信赖域半径 $\boldsymbol{\Delta}^{(s+1)}$ 可得到更新:

(1) 如果 $\rho^{(s)} \leqslant 0.0$,则表示当前近似模型的精度较差,信赖域半径 $\boldsymbol{\Delta}^{(s)}$ 需要被缩减以提高近似精度。

(2) 如果 $\rho^{(s)} \approx 1.0$,则表示近似模型精度较好。当 $\boldsymbol{X}^{(s)*}$ 位于当前信赖域的边界上时,则实际最优点很可能离当前设计点较远,为加速寻优速度信赖域半径 $\boldsymbol{\Delta}^{(s)}$ 应当被放大;如果 $\boldsymbol{X}^{(s)*}$ 位于当前信赖域之内,说明实际最优点很可能离当前设计点较近,故维持原信赖域半径不变。

(3) 如果 $\rho^{(s)} \geqslant 1.0$,则仍然表示近似模型精度欠佳,但得到了一个很好的下降方向。当 $\boldsymbol{X}^{(s)*}$ 位于当前信赖域的边界上时,信赖域半径 $\boldsymbol{\Delta}^{(s)}$ 应当被放大;如果 $\boldsymbol{X}^{(s)*}$ 位于信赖域之内,则可维持原信赖域半径不变。

(4) 如果 $0.0 < \rho^{(s)} < 1.0$，则信赖域半径是否放大、缩小或者维持不变需根据 $\rho^{(s)}$ 值离 0.0 或 1.0 的距离而定。

在迭代过程中，信赖域半径每次放大和缩小的系数取值可以采用很多种方案，本算法中具体采用的方案如下[17]：

$$
\begin{cases}
\boldsymbol{\Delta}^{(s+1)} = 0.5\boldsymbol{\Delta}^{(s)}, \boldsymbol{X}^{(s+1)} = \boldsymbol{X}^{(s)}, & \rho^{(s)} \leqslant 0.0 \\
\boldsymbol{\Delta}^{(s+1)} = 0.5\boldsymbol{\Delta}^{(s)}, \boldsymbol{X}^{(s+1)} = \boldsymbol{X}^{(s)*}, & 0.0 < \rho^{(s)} \leqslant 0.25 \\
\boldsymbol{\Delta}^{(s+1)} = \boldsymbol{\Delta}^{(s)}, \boldsymbol{X}^{(s+1)} = \boldsymbol{X}^{(s)*}, & 0.25 < \rho^{(s)} \leqslant 0.75 \\
\boldsymbol{\Delta}^{(s+1)} = 2.0\boldsymbol{\Delta}^{(s)}, \boldsymbol{X}^{(s+1)} = \boldsymbol{X}^{(s)*}, & \rho^{(s)} > 0.75, \boldsymbol{X}^{(s)*} \text{位于当前信赖域边界上} \\
\boldsymbol{\Delta}^{(s+1)} = \boldsymbol{\Delta}^{(s)}, \boldsymbol{X}^{(s+1)} = \boldsymbol{X}^{(s)*}, & \rho^{(s)} > 0.75, \boldsymbol{X}^{(s)*} \text{位于当前信赖域之内}
\end{cases}
\tag{7.9}
$$

3. 真实罚函数计算

在每一迭代步，通过式(7.8)计算可靠性指标 $\rho^{(s)}$ 时，需求解 $\boldsymbol{X}^{(s)}$ 和 $\boldsymbol{X}^{(s)*}$ 两设计点处的真实罚函数 $f_p(\boldsymbol{X}^{(s)})$ 和 $f_p(\boldsymbol{X}^{(s)*})$，以及 $\boldsymbol{X}^{(s)*}$ 处的近似罚函数 $\tilde{f}_p(\boldsymbol{X}^{(s)*})$。显然，在求解式(7.7)的过程中已经获得了 $\tilde{f}_p(\boldsymbol{X}^{(s)*})$，所以不需要额外进行求解。但是如果通过式(7.10)求解 $f_p(\boldsymbol{X}^{(s)})$ 则会遭遇困难：

$$
\begin{aligned}
f_p(\boldsymbol{X}^{(s)}) = {} & (1-\beta)(f^c(\boldsymbol{X}^{(s)}) + \xi)/\phi + \beta(f^w(\boldsymbol{X}^{(s)}) + \xi)/\psi \\
& + \sigma \sum_{i=1}^{l} \varphi(P(g_i^I(\boldsymbol{X}^{(s)}) \leqslant b_i^I) - \lambda_i)
\end{aligned}
\tag{7.10}
$$

因为在求解过程中，需要计算真实目标函数的区间 $f^I(\boldsymbol{X}^{(s)})$ 和真实约束的区间 $g_i^I(\boldsymbol{X}^{(s)})(i=1,2,\cdots,l)$，每一个区间都需要通过两次优化过程获得，而优化过程中需要大量调用真实模型(实际工程问题中为耗时的数值分析模型)进行计算，所以计算效率较低。如果每一迭代步都在可靠性指标的求解上花费较多的计算时间，那么整个不确定性优化过程的计算效率将受到很大影响。

图 7.2 给出了一种计算 $f_p(\boldsymbol{X}^{(s)})$ 的高效方法，具体计算过程如下：

(1) 在不确定域 $\Gamma = \{\boldsymbol{U} \mid U_i^L \leqslant U_i \leqslant U_i^R, i=1,2,\cdots,q\}$ 上进行 LHD 采样，在所有采样点调用真实模型进行计算，获得构建目标函数和约束近似模型的样本。在调用真实模型进行计算时，设计变量给定具体数值 $\boldsymbol{X}^{(s)}$。

(2) 利用二次多项式响应面方法构建目标函数的近似模型 $\tilde{f}(\boldsymbol{X}^{(s)}, \boldsymbol{U})$ 和约束的近似模型 $\tilde{g}_i(\boldsymbol{X}^{(s)}, \boldsymbol{U})(i=1,2,\cdots,l)$，它们仅为不确定变量的显式函数。

(3) 基于近似模型，构造优化问题计算目标函数和约束在 $\boldsymbol{X}^{(s)}$ 处的边界：

$$
f^L(\boldsymbol{X}^{(s)}) = \min_{\boldsymbol{U} \in \Gamma} \tilde{f}(\boldsymbol{X}^{(s)}, \boldsymbol{U}), \quad f^R(\boldsymbol{X}^{(s)}) = \max_{\boldsymbol{U} \in \Gamma} \tilde{f}(\boldsymbol{X}^{(s)}, \boldsymbol{U})
\tag{7.11}
$$

$$
g_i^L(\boldsymbol{X}^{(s)}) = \min_{\boldsymbol{U} \in \Gamma} \tilde{g}_i(\boldsymbol{X}^{(s)}, \boldsymbol{U}), \quad g_i^R(\boldsymbol{X}^{(s)}) = \max_{\boldsymbol{U} \in \Gamma} \tilde{g}_i(\boldsymbol{X}^{(s)}, \boldsymbol{U}), \quad i=1,2,\cdots,l
\tag{7.12}
$$

(4) 基于目标函数和约束在 $\boldsymbol{X}^{(s)}$ 处的边界，计算出 $f_p(\boldsymbol{X}^{(s)})$。

通过同样的过程可以获得 $f_p(\boldsymbol{X}^{(s)*})$，只不过在调用真实模型计算样本时，需要

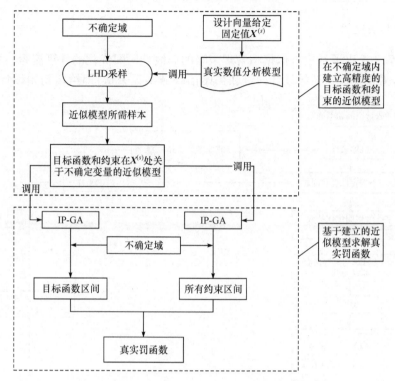

图 7.2　设计向量 $\boldsymbol{X}^{(s)}$ 处的真实罚函数求解流程图[17]

将设计向量的值设定为 $\boldsymbol{X}^{(s)*}$。上述 $f_p(\boldsymbol{X}^{(s)})$ 的计算过程与近似罚函数 $\tilde{f}_p(\boldsymbol{X}^{(s)*})$ 的计算过程具有一定的相似性,即都借助了近似模型。所不同的是,计算 $f_p(\boldsymbol{X}^{(s)})$ 时近似模型建立于不确定域(设计向量给定了一具体数值),而计算 $\tilde{f}_p(\boldsymbol{X}^{(s)*})$ 时近似模型建立于当前设计空间与不确定域组成的混合空间(近似模型是关于设计变量和不确定变量的函数)。在本算法所研究的非线性区间优化问题中,已经假定变量的不确定性水平即不确定域较小,如果仅仅在一个较小的不确定域上利用二次多项式来近似目标函数和约束,对于一般的工程问题,其近似模型的精度是可以得到很好的保证的。理论上,对于一个无限小的不确定域,可以在其之上构造无限精确的近似模型。而对于实际工程中的不确定性问题,系统中的不确定变量往往围绕其名义值做小幅度的扰动,如加工中的制造误差、测量中的测量误差等,其扰动半径较名义值都相对较小。在这种情况下,图 7.2 中建立的目标函数和约束的近似模型 $\tilde{f}(\boldsymbol{X}^{(s)},\boldsymbol{U})$ 和 $\tilde{g}_i(\boldsymbol{X}^{(s)},\boldsymbol{U})(i=1,2,\cdots,l)$ 通常具有非常高的精度,而基于这些"精确"的近似模型得到的罚函数 $f_p(\boldsymbol{X}^{(s)})$ 同样具有很好的精度。所以严格意义上,通过上述方法求得的罚函数 $f_p(\boldsymbol{X}^{(s)})$ 和 $f_p(\boldsymbol{X}^{(s)*})$ 其实也是近似的,只不过针对本算法所研究的问题(即小不确定性问题),可以保证它们具有很高的计算精度,为区别通过式(7.7)得到的"近似罚函数",它仍然称为"真实罚函数"。

4. 算法流程

图 7.3 给出了基于近似模型管理策略的非线性区间优化的计算流程。算法开始之前,需要给定一初始设计向量和初始信赖域半径矢量,即给定初始设计空间;

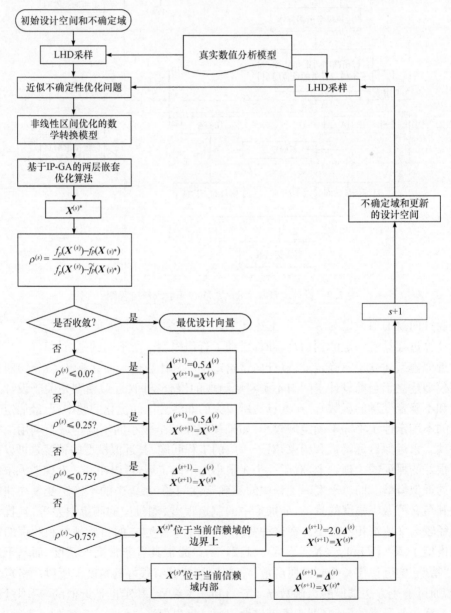

图 7.3　基于近似模型管理策略的非线性区间优化算法流程图[17]

每一迭代步,在当前设计空间和不确定域组成的混合空间上建立不确定目标函数和约束的近似模型,从而得到一近似不确定性优化问题;基于区间序关系转换模型得到一近似的确定性优化问题,并利用基于 IP-GA 的两层嵌套优化算法进行求解;计算可靠性指标,评价当前代中近似模型的精度,并更新设计空间和设计点;整个优化过程反复进行,直到收敛。本算法中,采用最大迭代步数为收敛准则。

在算法的迭代过程中,设计空间通过设计点和信赖域半径矢量的改变而不断得到更新。通过更新设计点,可以使更好的设计得以保存,并且使设计空间逐渐往最优解附近移动;通过更新信赖域半径矢量,可以保证近似模型的精度。另外,每一迭代步构建近似不确定性优化问题时,近似模型是同时关于设计变量和不确定变量的函数,然而在优化过程中其实并没有更新不确定域,这里仍然利用了研究问题中变量不确定性水平较小的前提。因为如果不确定域在一个较小的范围内,只要近似模型中使不确定变量在多项式中的阶次达到 2,完全可以保证其在不确定域上的近似精度,所以只要更新设计空间即可。从上述分析中可知,本算法中有两处用到了变量小不确定性水平的前提,一处是计算真实罚函数时,另一处是迭代过程中仅更新设计空间而保持不确定域不变,在这一点上该算法与第 6 章中提出的基于序列线性规划的非线性区间优化算法有类似之处。理论上,只有问题的不确定性被控制在某一水平之内,该算法才能获得理想的优化效果,并且随着不确定性水平的增大,算法的优化性能会随之降低。欲从数学上给出严格的具有一般性的评价指标来衡量变量不确定性水平对优化精度及收敛性能的影响程度似乎是困难的,但后续的测试函数中,将针对具体问题分析不确定性水平对于算法优化性能的影响。

另外,在算法的工作过程中,每一迭代步中,计算时间主要花费在两部分。首先是建立近似不确定性优化问题时样本的计算,其次是计算真实罚函数时样本的计算。另外,利用基于 IP-GA 的嵌套优化算法对近似不确定性优化问题进行求解时,也需要花费少量的时间。但是如前所述,实际工程问题中这部分时间往往可以忽略,所以后续算例中,对计算效率进行评价时,只考虑所有样本的数量,即数值分析模型的计算次数。

7.1.4　算法构造(基于区间可能度转换模型)

7.1.3 节中的算法基于近似模型管理策略与区间序关系转换模型,本节将基于此近似模型管理策略和区间可能度转换模型,构造相应的高效区间优化算法。整个求解思路和优化流程与 7.1.3 节中提出的算法类似,但存在以下几点不同。

首先,在每一迭代步,应使用区间可能度转换模型,将式(7.6)表示的近似不确定性优化问题转换为如式(3.41)所示的确定性优化问题[19]:

$$
\begin{cases}
\max\limits_{\boldsymbol{X}} \ \widetilde{f}_p(\boldsymbol{X}) = P(\widetilde{f}^I(\boldsymbol{X}) \leqslant V^I) - \sigma \sum\limits_{i=1}^{l} \varphi(P(\widetilde{g}_i^I(\boldsymbol{X}) \leqslant b_i^I) - \lambda_i), \\
\text{s. t. } \max[\boldsymbol{X}_l, \boldsymbol{X}^{(s)} - \boldsymbol{\varDelta}^{(s)}] \leqslant \boldsymbol{X} \leqslant \min[\boldsymbol{X}_r, \boldsymbol{X}^{(s)} + \boldsymbol{\varDelta}^{(s)}]
\end{cases}
\tag{7.13}
$$

式(7.13)仍然利用基于 IP-GA 的两层嵌套优化算法进行求解。

其次,通过如图 7.3 所示的迭代优化将获得一最优设计 $\boldsymbol{X}^*$,如果 $P(f^I(\boldsymbol{X}^*) \leqslant V^I) = 1.0$,则可以进一步引入设计鲁棒性准则,重新展开一次类似的迭代优化过程。此过程中,在每一迭代步,需将式(7.6)表示的近似不确定性优化问题转换为如式(3.42)所示的确定性优化问题,即最大化不确定目标函数的鲁棒性:

$$\begin{cases} \min_{\boldsymbol{X}} \ \tilde{f}_p(\boldsymbol{X}) = \tilde{f}^w(\boldsymbol{X}) + \sigma\Big[\sum_{i=1}^{l} \varphi(P(\tilde{g}_i^I(\boldsymbol{X}) \leqslant b_i^I) - \lambda_i) + (P(\tilde{f}^I(\boldsymbol{X}) \leqslant V^I) - 1)^2\Big], \\ \text{s. t.} \ \max[\boldsymbol{X}_l, \boldsymbol{X}^{(s)} - \boldsymbol{\Delta}^{(s)}] \leqslant \boldsymbol{X} \leqslant \min[\boldsymbol{X}_r, \boldsymbol{X}^{(s)} + \boldsymbol{\Delta}^{(s)}] \end{cases}$$

$$\tag{7.14}$$

仍然利用基于 IP-GA 的两层嵌套优化方法求解式(7.14)。

所以说,基于区间可能度转换模型和近似模型管理策略的不确定性优化中,可能需要展开两次相对独立的迭代优化。每一次迭代优化过程中,从近似不确定性优化问题转换而来的确定性优化问题有不同的表述形式。

7.1.5　算法测试

本节提供两个测试函数,对算法的优化精度、收敛性能及效率等指标进行测试。其中,测试函数 1 采用 7.1.3 节中的基于区间序关系转换模型的算法进行求解,测试函数 2 采用 7.1.4 节中的基于区间可能度转换模型的算法进行求解。

1. 测试函数 1

考虑第 6 章中的悬臂梁结构,仍然优化两横截面几何尺寸使梁自由端在横截面面积约束及最大应力约束下的垂直挠度最小。优化问题的构造及所涉及的结构、材料、载荷等参数不变,不确定变量仍然为图 6.6 中的 U_1 和 U_2 两种几何尺寸。与第 6 章中问题不同的是,这里改变了应力约束的最大允许值及设计空间的大小。建立的不确定性优化问题如下[17]:

$$\begin{cases} \min_{\boldsymbol{X}} \ f(\boldsymbol{X},\boldsymbol{U}) = \dfrac{F_1 L^3}{48EI_z} = \dfrac{5000}{\dfrac{1}{12}U_1 \ (X_1 - 2U_2)^3 + \dfrac{1}{6}X_2 U_2^3 + 2X_2 U_2 \ \left(\dfrac{X_1 - U_2}{2}\right)^2} \\[2mm] \text{s. t.} \ g_1(\boldsymbol{X},\boldsymbol{U}) = 2X_2 U_2 + U_1(X_1 - 2U_2) \leqslant 300\text{cm}^2 \\[2mm] \qquad g_2(\boldsymbol{X},\boldsymbol{U}) = \dfrac{180000X_1}{U_1 \ (X_1 - 2U_2)^3 + 2X_2 U_2 [4U_2^2 + 3X_1 \ (X_1 - 2U_2)]} \\[2mm] \qquad \qquad + \dfrac{15000X_2}{(X_1 - 2U_2)U_1^3 + 2U_2 X_2^3} \leqslant 8\text{kN/cm}^2 \\[2mm] \ 10.0\text{cm} \leqslant X_1 \leqslant 80.0\text{cm}, 10.0\text{cm} \leqslant X_2 \leqslant 50.0\text{cm} \\[1mm] \ U_1 \in [U_1^L, U_1^R] = [0.9\text{cm}, 1.1\text{cm}], U_2 \in [U_2^L, U_2^R] = [1.8\text{cm}, 2.2\text{cm}] \end{cases}$$

$$\tag{7.15}$$

式中,变量的不确定性水平都为 10%。

优化过程中,相关的参数设置如下:ξ 为 0.0,正则化因子 ϕ 和 ψ 分别为 0.015 和 0.0029,权系数 β 为 0.5,罚因子 σ 为 1000,两个不确定约束的可能度水平都设为 0.8,求解近似不确定性优化问题时内、外层 IP-GA 的最大迭代步数都设为 100。另外,整个不确定性优化过程的最大迭代步数目设定为 8。每一迭代步,利用 LHD(4 个输入变量)选择 17 个样本点,构建近似不确定性优化问题;利用 LHD(2 个输入变量)选择 7 个样本点,计算单个设计向量处的真实罚函数值。

1) 迭代过程以及算法收敛性能分析

将考虑三种不同的初始条件。首先,研究第一种初始条件,即初始设计向量 $X^{(1)}=(30.0,20.0)^{\mathrm{T}}$,初始信赖域半径矢量 $\Delta^{(1)}=(17.5,10.0)^{\mathrm{T}}$。为清晰地描述算法的工作过程,下面给出前 3 个迭代步的计算细节。

(1) 迭代步 1。

设计向量为 $X^{(1)}=(30.0,20.0)^{\mathrm{T}}$,信赖域半径矢量为 $\Delta^{(1)}=(17.5,10.0)^{\mathrm{T}}$。当前信赖域(当前设计空间)为 $12.5\leqslant X_1\leqslant 47.5,10.0\leqslant X_2\leqslant 30.0$,则目标函数近似模型和约束近似模型为

$$\tilde{f}(X,U)=1.27-0.71X_1-0.22X_2+0.34X_1X_2+0.13X_2U_2-0.49X_2^2$$
$$-0.92U_1^2-0.87U_2^2$$

$$\tilde{g}_1(X,U)=106.0+17.5X_1+40.0X_2+2.6U_1+7.6U_2+1.75X_1U_1$$
$$+4.0X_2U_2-0.04U_1U_2$$

$$\tilde{g}_2(X,U)=64.0-27.2X_1-28.7X_2-2.9U_2+12.7X_1X_2-26.1U_1^2-25.5U_2^2$$

在上述近似模型中,X_1、X_2、U_1 和 U_2 都为 $[-1.0,1.0]$ 内的值,所以使用这些近似模型时,需先将实际变量值映射到此区间。

求解近似不确定性优化问题得

$$X^{(1)*}=(40.6,29.9)^{\mathrm{T}}, \quad \tilde{f}_p(X^{(1)*})=457.5$$

可靠性指标为

$$\rho^{(1)}=\frac{653.9-645.0}{653.9-457.5}=0.045$$

$0<\rho^{(1)}<0.25$,缩减信赖域半径,$X^{(1)*}$ 保留至下一迭代步。

(2) 迭代步 2。

设计向量为 $X^{(2)}=(40.6,29.9)^{\mathrm{T}}$,信赖域半径矢量为 $\Delta^{(2)}=(8.75,5.0)^{\mathrm{T}}$。当前信赖域为 $31.8\leqslant X_1\leqslant 49.3,24.9\leqslant X_2\leqslant 34.9$,则目标函数近似模型和约束近似模型为

$$\tilde{f}(X,U)=0.11-0.05X_1-0.02X_2-0.0008U_1-0.009U_2+0.009X_1X_2$$
$$+0.003X_1U_2+0.002X_2U_2+0.01X_1^2-0.006U_1^2-0.004U_2^2$$

$$\tilde{g}_1(\boldsymbol{X},\boldsymbol{U})=156.1+8.75X_1+20.0X_2+3.66U_1+11.6U_2+0.88X_1U_1$$
$$+2.0X_2U_2-0.04U_1U_2$$

$$\tilde{g}_2(\boldsymbol{X},\boldsymbol{U})=16.7-3.4X_1-3.4X_2-0.1U_1-1.4U_2+0.6X_1X_2+0.2X_1U_2$$
$$+0.3X_2U_2+0.9X_1^2+0.8X_2^2+0.2U_2^2$$

求解近似不确定性优化问题得

$$\boldsymbol{X}^{(2)*}=(49.3,34.9)^{\mathrm{T}},\quad \tilde{f}_p(\boldsymbol{X}^{(2)*})=644.0$$

可靠性指标为

$$\rho^{(2)}=\frac{645.0-642.8}{645.0-644.0}=2.2$$

$\rho^{(2)}>1.0$ 并且 $\boldsymbol{X}^{(2)*}$ 位于当前信赖域边界上,放大信赖域半径,$\boldsymbol{X}^{(2)*}$ 保留至下一迭代步。

(3) 迭代步 3。

设计向量为 $\boldsymbol{X}^{(3)}=(49.3,34.9)^{\mathrm{T}}$,信赖域半径矢量为 $\boldsymbol{\Delta}^{(3)}=(17.5,10.0)^{\mathrm{T}}$。当前信赖域为 $31.8\leqslant X_1\leqslant 66.8,24.9\leqslant X_2\leqslant 44.9$,则目标函数近似模型和约束近似模型为

$$\tilde{f}(\boldsymbol{X},\boldsymbol{U})=0.07-0.05X_1-0.02X_2-0.005U_2+0.02X_1X_2+0.002X_1U_2$$
$$+0.003X_2U_2+0.02X_1^2-0.01U_1^2-0.01U_2^2$$

$$\tilde{g}_1(\boldsymbol{X},\boldsymbol{U})=184.8+17.5X_1+40.0X_2+4.53U_1+13.6U_2+1.75X_1U_1$$
$$+4.0X_2U_2-0.04U_1U_2$$

$$\tilde{g}_2(\boldsymbol{X},\boldsymbol{U})=11.5-4.1X_1-4.4X_2-1.0U_2+1.2X_1X_2+0.3X_1U_2+0.3X_2U_2$$
$$+1.9X_1^2+1.7X_2^2$$

求解近似不确定性优化问题得

$$\boldsymbol{X}^{(3)*}=(65.8,41.1)^{\mathrm{T}},\quad \tilde{f}_p(\boldsymbol{X}^{(3)*})=6.5$$

可靠性指标为

$$\rho^{(3)}=\frac{642.8-1.32}{642.8-6.5}=1.0$$

$\rho^{(3)}\geqslant 1.0$ 并且 $\boldsymbol{X}^{(3)*}$ 位于当前信赖域内部,保持信赖域半径,$\boldsymbol{X}^{(3)*}$ 保留至下一迭代步。

按照上述过程完成其他 5 个迭代步的计算,整个优化过程的计算结果如表 7.1 所示。另外,还完成了一次如图 3.6 所示的基于 IP-GA 的两层嵌套优化(内、外 IP-GA 的最大迭代步数仍然设为 100),优化过程中直接调用目标函数和约束的真实函数进行计算,并且以此计算结果作为"精确解"来衡量本章算法的精度,此结果也被列于表 7.1 中。考虑到在非线性区间优化中要构造一个可求其解析最

优解的优化问题非常困难,所以在本章中还将多次利用此类"精确解"来评价相关算法的精度,但需要说明的是,此处"精确"的含义是"数值"层面而非"解析"层面。由表 7.1 可知,随着迭代的进行,设计向量 $\boldsymbol{X}^{(s)}$ 逐渐向精确最优解靠近,当达到第 6 代时,即完全等于精确值 $(80.0,50.0)^{\mathrm{T}}$。此时,不确定目标函数的中点和半径分别为 0.015 和 0.0014,约束可能度分别为 0.94 和 1.00,相应的罚函数值为 0.73。在开始几个迭代步,设计向量对应的罚函数值要远大于后几个迭代步,这是因为初始几个迭代步中,信赖域内的设计向量无法满足约束可能度水平的要求而遭到"惩罚",故数值较大;而后几个迭代步中,通过信赖域的移动已经找到满足约束可能度水平的设计向量,未遭到"惩罚"而数值较小。另外,也有可能在开始迭代阶段,近似模型较为粗糙,基于这些近似模型获得的设计向量实际上违反了约束可能度水平的要求而遭到"惩罚"。

表 7.1　第一种初始条件下的优化结果[17]

迭代步	$\boldsymbol{X}^{(s)}$/cm	$f_p(\boldsymbol{X}^{(s)})$	目标函数中点值/cm	目标函数半径值/cm	约束可能度
1	(30.0,20.0)	653.9	0.29	0.024	1.00,0.00
2	(40.6,29.9)	645.0	0.10	0.0091	1.00,0.00
3	(49.3,34.9)	642.8	0.059	0.0053	1.00,0.00
4	(65.8,41.1)	1.32	0.027	0.0025	1.00,0.80
5	(69.5,49.8)	0.74	0.015	0.0014	0.97,1.00
6	(80.0,50.0)	0.73	0.015	0.0014	0.94,1.00
7	(80.0,50.0)	0.73	0.015	0.0014	0.94,1.00
8	(80.0,50.0)	0.73	0.015	0.0014	0.94,1.00

注:8 个迭代步后获得的最优设计向量为 $(80.0,50.0)$;精确最优设计向量为 $(80.0,50.0)$;2 个设计变量的优化结果与精确值的偏差为 $(0,0)$。

其次,考虑另外两种初始条件,第一种为 $\boldsymbol{X}^{(1)}=(45.0,30.0)^{\mathrm{T}}$ 和 $\boldsymbol{\Delta}^{(1)}=(35.0,20.0)^{\mathrm{T}}$,第二种为 $\boldsymbol{X}^{(1)}=(60.0,40.0)^{\mathrm{T}}$ 和 $\boldsymbol{\Delta}^{(1)}=(4.4,2.5)^{\mathrm{T}}$,表 7.2 和表 7.3 分别给出了两种初始条件下的优化结果。由表可知,在两种不同的初始条件下,随着迭代的进行,设计向量 $\boldsymbol{X}^{(s)}$ 仍然不断地向精确值靠近,并在第 6 代时,都达到了精确值。另外,上述三种初始条件下优化过程的收敛曲线如图 7.4 所示。由图可知,该算法具有较快的收敛速度,在第 5 代时,三种初始条件下的设计向量已经取得了较好的优化结果,从第 6 代开始便获得了一稳定而精确的最优解。另外,后两种初始条件下的收敛速度在开始几个迭代步比第一种初始条件下的相对更快,这是因为第一种初始条件下的初始设计向量较其他两种距实际最优解更远。

表 7.2　第二种初始条件下的优化结果[17]

迭代步	$X^{(s)}$/cm	$f_p(X^{(s)})$	目标函数中点值/cm	目标函数半径值/cm	约束可能度
1	(45.0,30.0)	644.0	0.082	0.0073	1.00,0.00
2	(63.1,48.8)	1.23	0.025	0.0023	1.00,1.00
3	(79.9,44.8)	0.80	0.016	0.0015	1.00,1.00
4	(79.9,44.8)	0.80	0.016	0.0015	1.00,1.00
5	(80.0,49.8)	0.73	0.015	0.0014	0.96,1.00
6	(80.0,50.0)	0.73	0.015	0.0014	0.94,1.00
7	(80.0,50.0)	0.73	0.015	0.0014	0.94,1.00
8	(80.0,50.0)	0.73	0.015	0.0014	0.94,1.00

注:8 个迭代步后获得的最优设计向量为(80.0,50.0);精确最优设计向量为(80.0,50.0);2 个设计变量的优化结果与精确值的偏差为(0,0)。

表 7.3　第三种初始条件下的优化结果[17]

迭代步	$X^{(s)}$/cm	$f_p(X^{(s)})$	目标函数中点值/cm	目标函数半径值/cm	约束可能度
1	(60.0,40.0)	345.1	0.034	0.0031	1.00,0.21
2	(64.4,42.5)	1.34	0.027	0.0025	1.00,0.93
3	(63.7,44.1)	1.33	0.027	0.0025	1.00,1.00
4	(72.5,49.1)	0.91	0.019	0.0017	1.00,1.00
5	(78.4,49.8)	0.76	0.016	0.0015	0.99,1.00
6	(80.0,50.0)	0.73	0.014	0.0014	0.94,1.00
7	(80.0,50.0)	0.73	0.015	0.0014	0.94,1.00
8	(80.0,50.0)	0.73	0.015	0.0014	0.94,1.00

注:8 个迭代步后获得的最优设计向量为(80.0,50.0);精确最优设计向量为(80.0,50.0);2 个设计变量的优化结果与精确值的偏差为(0,0)。

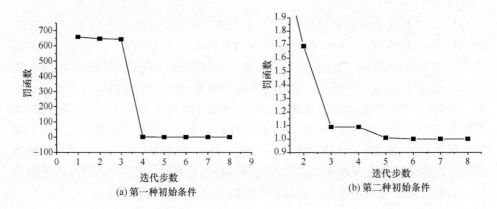

(a) 第一种初始条件　　　　　　　　　(b) 第二种初始条件

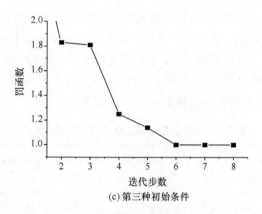

图 7.4　三种不同初始条件下的收敛曲线[17]

上述情况其实代表了三种典型的初始条件：它们的初始设计向量分别位于原设计空间的左部、中间和右部；它们的初始信赖域半径分别为原设计空间半径的 $1/4$、1 和 $1/64$。在此三种典型的初始条件下，算法都获得了精确的最优解和较高的收敛速度，这在一定程度上说明本算法具有较为稳健和可靠的收敛性能。

2）优化效率分析

在此测试函数中，仍然假设目标函数是一个耗时的数值分析模型，下面将通过统计目标函数的计算次数来考察算法的优化效率。在利用基于真实函数的 IP-GA 嵌套优化算法（内、外层 IP-GA 最大迭代步数都为 100）求解"精确解"时，调用两次内层 IP-GA 求解一次目标函数区间需 $100 \times 5 \times 2 = 1000$ 次计算，整个优化过程需 $1000 \times 500 = 5 \times 10^5$ 次计算。另外，利用本章提出的算法，每一迭代步（第一个迭代步除外）只需要 17 次计算以构造目标函数的近似模型，以及 7 次计算用于求解 $X^{(s)*}$ 处的真实罚函数，所以每个迭代步只需 24 次计算。但是，第一个迭代步需要 31 次计算，因为需多计算一次初始设计向量处的真实罚函数值。故利用本算法共需 199 次计算，其优化效率远远高于前者。当然，在直接求解算法中也可采用基于梯度的传统优化方法作为内层优化求解器以提高整个不确定性优化的效率，但即使如此，其计算成本与 199 次相比也会存在数量级上的差距，另外还必须承担如前所述的因为内层优化局部最优而造成实际约束违反的风险。

3）变量不确定性水平的影响

研究另外四种变量的不确定性水平，即 20%、30%、40% 和 50%。优化过程中初始条件设为 $X^{(1)} = (30.0, 20.0)^T$ 和 $\Delta^{(1)} = (17.5, 10.0)^T$，其他相关参数不变。表 7.4 给出了四种变量不确定性水平下的优化结果及相应的精确最优值。图 7.5 给出了优化过程的收敛曲线。由表可知，当变量不确定性水平为 20% 时，设计变量的优化结果与精确值的偏差分别为 1.3% 和 1.7%，优化精度较好。随着变量不

确定性水平的提高,优化结果与相应的精确值的偏差越来越大,当不确定性水平为
50%时,其最大值达到了43.8%。图7.6给出了变量不确定性水平与优化结果最
大偏差之间的关系。可以发现,当变量不确定性水平较小时(40%之内),优化结果
偏差的增长速度较慢且数值上较小,但随着不确定性水平逐渐加大并达到一定程
度,该算法的优化结果偏差会出现加速增长的现象。

表7.4　四种变量不确定性水平下的优化结果[17]

变量不确定性水平/%	设计向量优化结果/cm	罚函数 f_p	目标函数中点值/cm	目标函数半径值/cm	精确最优设计向量/cm	优化结果与精确值的偏差
20	(79.0,48.3)	1.02	0.016	0.0029	(80.0,47.5)	1.3%,1.7%
30	(76.8,46.5)	1.67	0.019	0.0052	(79.3,45.0)	3.3%,3.3%
40	(74.9,45.8)	12.4	0.021	0.0074	(80.0,45.4)	6.4%,0.9%
50	(56.6,27.7)	646.9	0.067	0.027	(80.0,49.3)	29.3%,43.8%

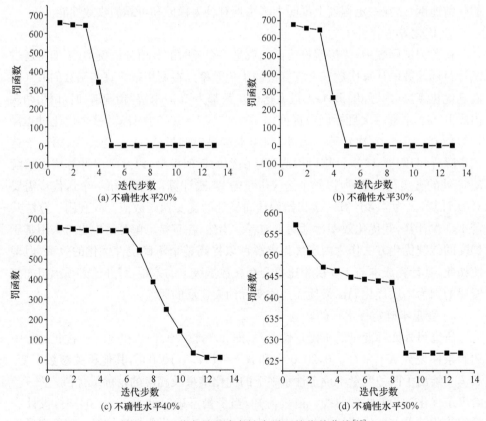

(a) 不确性水平20%　　　　(b) 不确性水平30%

(c) 不确性水平40%　　　　(d) 不确性水平50%

图7.5　四种变量不确定性水平下的收敛曲线[17]

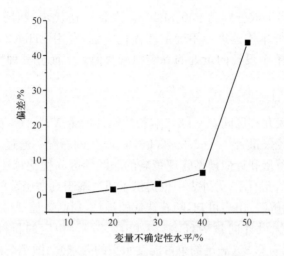

图 7.6　变量不确定性水平与优化结果最大偏差的关系[17]

由上述结果可知,只有在变量不确定性水平较小的情况下,本算法才具有较好的优化精度,这主要由两个原因造成。首先,近似不确定性优化问题中的近似模型建立在当前设计空间和不确定域组成的混合空间,而在迭代过程中不确定域并不被更新,所以对于较大的变量不确定性水平,即使设计空间被缩减至很小,近似模型也会存在较大误差,整个优化过程的计算精度将受到影响。其次,在每一迭代步计算真实罚函数时,需要在不确定域上建立近似模型。对于较大的变量不确定性水平,此近似模型精度也会随之降低,从而造成可靠性指标的计算精度下降并进一步影响设计空间的更新,故导致较低的优化精度。所以说,对于本章提出的基于近似模型管理策略的非线性区间优化算法,保证求解问题具有相对较小的变量不确定性水平是非常必要的。

2. 测试函数 2

分析如下的测试函数[19]:

$$\begin{cases} \max\limits_{\boldsymbol{X}} f(\boldsymbol{X},\boldsymbol{U}) = U_1(X_1+2)^2 + U_2^3(X_2+1) + X_3^2 \\ \text{s. t.}\quad g(\boldsymbol{X},\boldsymbol{U}) = U_1^2(X_1+X_3) + U_2(X_2-4)^2 \leqslant b^I \\ \quad 2 \leqslant X_1 \leqslant 14, 2 \leqslant X_2 \leqslant 14, 2 \leqslant X_3 \leqslant 14 \\ \quad U_1 \in [U_1^L, U_1^R] = [0.9, 1.1], U_2 \in [U_2^L, U_2^R] = [0.9, 1.1] \end{cases} \tag{7.16}$$

式中,变量 U_1 和 U_2 的不确定性水平都仅为 10%。

目标函数的性能区间为 $V^I = [45, 68]$,根据区间可能度转换模型,需最大化目标函数的可能度,即 $\max\limits_{\boldsymbol{X}} P(f^I(\boldsymbol{X}) \geqslant V^I)$。优化过程中,相关的参数设置如下:约束可能度水平为 0.8,罚因子 σ 为 1000,求解近似不确定性优化问题时内、外层

IP-GA的最大迭代步数分别为 100 和 200。在每一迭代步,利用 LHD(5 个输入变量)选择 30 个样本构建近似不确定性优化问题,利用 LHD(2 个输入变量)选择 8 个样本计算单个设计向量处的真实罚函数值。下面分三种情况对上述测试函数进行分析。

1) 第一种情况

考虑约束最大允许区间 $b^I=[8,9]$,初始设计向量 $\boldsymbol{X}^{(1)}=(8.00,8.00,8.00)^{\mathrm{T}}$ 及初始信赖域半径矢量 $\boldsymbol{\Delta}^{(1)}=(6.00,6.00,6.00)^{\mathrm{T}}$ 的情况。通过上述提出的基于区间可能度转换模型和近似模型管理策略的非线性区间优化算法进行求解,获得的优化结果如表 7.5 所示,另外表中也提供了通过基于真实函数的 IP-GA 嵌套优化而获得的"精确解"。由表可知,随着迭代的进行,罚函数值变得越来越大,10 个迭代步后获得最优设计向量为 $(5.44,4.08,2.07)^{\mathrm{T}}$,相应的目标函数可能度为 0.84,约束可能度为 0.80(满足约束可能度水平的要求)。图 7.7 给出了相应的收敛曲线,可以发现整个优化过程具有较快的收敛速度,在第 8 代时,算法即收敛到了一稳定值。另外,获得的最优设计向量与精确结果的偏差为 0.2%,0.5%,1.0%,说明优化结果具有较高的计算精度。

表 7.5　第一种情况下的优化结果[19]

迭代步数	$\boldsymbol{X}^{(s)}$	$f_p(\boldsymbol{X}^{(s)})$
1	(8.00,8.00,8.00)	−639.00
2	(3.49,3.88,2.36)	0.00
3	(3.87,4.21,3.29)	0.24
4	(4.79,3.80,2.39)	0.51
5	(4.79,3.80,2.39)	0.51
6	(4.89,4.55,2.24)	0.58
7	(4.94,4.39,2.20)	0.59
8	(5.44,4.08,2.05)	0.84
9	(5.44,4.08,2.05)	0.84
10	(5.44,4.08,2.07)	0.84

注:10 个迭代步后获得的最优设计向量为(5.44,4.08,2.07),不确定目标函数的可能度为 0.84,不确定约束的可能度为 0.80,精确最优设计向量为(5.45,4.06,2.05);设计向量的优化结果与精确值的偏差为 0.2%,0.5%,1.0%。

在此测试函数中,仍然假设目标函数是一个耗时的数值分析模型,其计算次数代表了算法的优化效率。在利用基于真实函数的 IP-GA 嵌套优化算法求解精确解时,共调用了 1.0×10^6 次目标函数的计算。而使用本章提出的算法,第一个迭代步需 46 次计算,其他每个迭代步需 38 次计算,整个优化过程仅调用了 388 次目标函数计算。

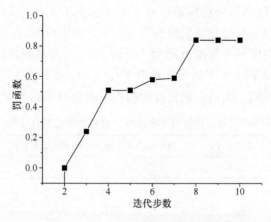

图 7.7　第一种情况下的收敛曲线[19]

2) 第二种情况

考虑约束最大允许区间 $b^I = [8, 11]$ 的情况,初始条件保持不变。对不确定目标函数的可能度进行优化,结果如表 7.6 所示。由表可知,在获得的最优设计向量处,约束可能为 0.81,满足约束可能度水平的要求,而目标函数的可能度达到了最大值 1.0。优化过程的收敛曲线如图 7.8 所示。由图可知,在第 9 迭代步时,罚函数即已达到最大值。

表 7.6　第二种情况下优化目标函数可能度时的优化结果[19]

最优设计向量	目标函数半径值	罚函数 f_p	目标函数可能度	约束可能度
(6.20, 4.04, 2.00)	8.24	1.0	1.0	0.81

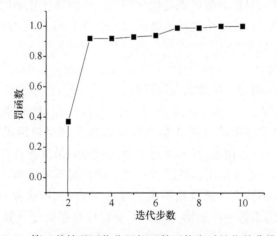

图 7.8　第二种情况下优化目标函数可能度时的收敛曲线[19]

　　因为在最优设计向量处目标函数的可能度达到了 1.0,所以可继续进行一次考虑设计鲁棒性的优化,优化结果如表 7.7 所示。由表可知,在获得的最优设计向量处,目标函数和约束的可能度分别为 1.0 和 0.8,均满足要求;不确定目标函数的半径为 7.84,小于表 7.6 中的目标函数半径 8.24,说明经过进一步的迭代优化之后,设计鲁棒性得到了提高。优化过程的收敛曲线如图 7.9 所示。

表 7.7　第二种情况下考虑设计鲁棒性时的优化结果[19]

最优设计向量	罚函数 f_p	目标函数半径值	目标函数可能度	约束可能度
(5.89,3.92,2.35)	7.84	7.84	1.0	0.80

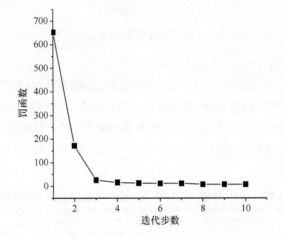

图 7.9　第二种情况下考虑设计鲁棒性时的收敛曲线[19]

　　整个优化过程由目标函数可能度优化和设计鲁棒性优化两次前后相连的计算部分组成,每一部分包含 10 个迭代步并需要 388 次目标函数的计算,所以整个优化过程的计算次数为 776。

　　3) 第三种情况

　　如第一种情况,给定约束最大允许区间 $b^I = [8,9]$,但是两个变量的不确定性水平增加到 30%,即 $U_1 \in [0.7,1.3]$ 和 $U_2 \in [0.7,1.3]$,初始条件保持不变。采用本算法及基于真实函数的 IP-GA 嵌套优化算法分别对目标函数可能度进行优化,结果如表 7.8 所示。由表可知,通过本算法获得的最优设计变量与精确值的偏差分别为 2.9%、1.6% 和 8.5%,明显大于第一种情况下的偏差。而第一种情况和第三种情况的唯一不同之处是变量不确定性水平的大小,前者为 10%,而后者为 30%。所以,计算结果再一次显示了变量不确定性水平对本算法优化精度的影响,如要通过本算法获得可靠的优化结果,则问题的不确定性水平需控制在某一较小的范围之内。图 7.10 给出了第三种情况下的收敛曲线。由图可知,在仅仅 2 代之后算法便几乎达到了一稳定的罚函数值,而无法进一步搜寻更好的设计向量,这种算法收敛性能的下降也正是由相对较大的变量不确定性水平所造成的。

表 7.8　第三种情况下的优化结果[19]

最优设计向量	罚函数 f_p	目标函数可能度	约束可能度	精确最优设计向量	优化结果与精确值的偏差
(3.57,4.19,2.14)	0.10	0.10	0.83	(3.47,4.26,2.34)	2.9%,1.6%,8.5%

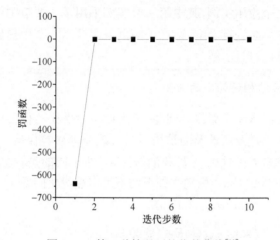

图 7.10　第三种情况下的收敛曲线[19]

7.1.6　对算法收敛性的讨论

对上述两个测试函数分析后可以发现,在所有的收敛曲线中,一般在前期阶段算法具有较快的收敛速度,但在一定数目的迭代步后通常会停留在一个稳定的设计点。产生这一现象的主要原因是,在前阶段的迭代步中,可以通过更新设计空间不断提高近似模型的精度,从而可以不断寻找到更好的设计向量。然而,在一定数目的迭代步之后,优化过程中对于近似模型精度的提高将会变得越来越困难,因为在算法中只有设计空间得到更新,不确定域却始终保持不变。而近似不确定性优化问题中的近似模型是同时关于设计变量和不确定变量的显式函数,所以一定阶段后即使无限缩小设计空间也无法进一步提高近似模型的精度,因为此时由不确定域造成的近似误差将占据主要部分,但这一部分误差无法仅仅通过更新设计空间而被消除。所以,利用本算法进行优化时,当设计空间缩小到一定程度时,设计向量一般开始处于一稳定值,进一步寻优会变得较为困难。在这一点上,该算法与第 6 章中的基于序列线性规划的非线性区间优化算法也有类似之处。

另外,在测试函数中,采用了不同的初始条件而得到了相同的优化结果,这说明算法在变量不确定性水平较小的情况下具有稳健的收敛性能。然而,这同样并不能说明本算法具有全局优化性能,相反,它是一局部优化算法。如果转换后的确定性优化问题是一多局部最优点问题,那么在不同的初始条件下通过本算法可能会得到不同的最优设计向量。另外,在使用本算法时,并不要求初始设计点为转换后确定性优化问题的可行解。

7.1.7　工程应用

本节提供了两个应用实例,其中第一个实例采用 7.1.3 节中提出的基于区间序关系转换模型的算法进行求解,第二个实例采用 7.1.4 节中提出的基于区间可能度转换模型的算法进行求解。

1. 在汽车车架结构设计中的应用

考虑第 5 章中的汽车车架设计问题,即优化 4 根横梁的位置以获得 y 向上的最大刚度。问题的构造及所涉及的结构、材料、载荷等参数保持不变,并且不确定变量仍然为车架材料的弹性模量 E 和泊松比 ν。所不同的是,此处车架最大等效应力的允许值变为 200MPa。可建立如下的不确定性优化问题[17]:

$$\begin{cases} \min\limits_{l} \ d_{\max}(l, E, \nu) \\ \text{s. t. } \ \sigma_{\max}(l, E, \nu) \leqslant 200\text{MPa} \\ \qquad 200\text{mm} \leqslant l_i \leqslant 800\text{mm}, i=1,2,3,4 \\ \qquad E \in [E^L, E^R], \nu \in [\nu^L, \nu^R] \end{cases} \tag{7.17}$$

建立车架的有限元模型以计算目标函数和约束,采用结合二维实体单元和板单元的四节点壳单元[20]划分网格,单元数为 1563。优化过程中,相关的参数设置如下:ξ 为 0.0,正则化因子 ϕ 和 ψ 分别为 1.16 和 0.13,权系数 β 为 0.5,罚因子 σ 为 1000,不确定约束的可能度水平设为 0.8,求解近似不确定性优化问题时内、外层 IP-GA 的最大迭代步数都设为 200,整个不确定性优化算法中迭代步数设为 10。在每一迭代步,选择 30 个样本构建近似不确定性优化问题,选择 7 个样本计算单个设计点处的真实罚函数值。

考虑两种变量不确定性水平:一种为 10%,则弹性模量和泊松比的区间分别为 $E \in [1.8 \times 10^5 \text{MPa}, 2.2 \times 10^5 \text{MPa}]$ 和 $\nu \in [0.27, 0.33]$;另一种为 20%,则两变量的区间分别为 $E \in [1.6 \times 10^5 \text{MPa}, 2.4 \times 10^5 \text{MPa}]$ 和 $\nu \in [0.24, 0.36]$。两种情况下采用相同的初始条件,即 $\boldsymbol{X}^{(1)} = (500, 500, 500, 500)^T$ 和 $\boldsymbol{\Delta}^{(1)} = (300, 300, 300, 300)^T$,优化结果如表 7.9 所示。由表可知,当变量不确定性水平为 10% 时,在获得的最优设计向量处车架的最大 y 向位移由不确定材料属性造成的可能区间为 $[1.43\text{mm}, 1.77\text{mm}]$;而变量不确定性水平为 20% 时,车架的最大 y 向位移

区间为[1.04mm,1.60mm]，在数值上较前者有所减小。在两种变量不确定性水平下，最优设计向量处的约束可能度都达到了1.0，即最大等效应力在不确定材料属性下可能的波动都绝对不大于200MPa的允许值。图7.11给出了两种情况下优化过程的收敛曲线。由图可知，虽然使用了有限元模型而非显式函数，算法依然表现出与上述测试函数类似的收敛效果，即在迭代的前阶段收敛较快，而在后阶段停留在一稳定的值。另外，在整个优化过程中，两种变量不确定情况下的有限元计算次数都为377。

表 7.9　两种变量不确定性水平下的优化结果[17]

变量不确定性水平/%	最优设计向量 l/mm	罚函数 f_p	目标函数区间/mm	约束区间/MPa	约束可能度	有限元计算次数
10	(486,455,424,373)	1.38	[1.43,1.77]	[192,200]	1.0	377
20	(534,663,715,373)	1.69	[1.04,1.60]	[181,185]	1.0	377

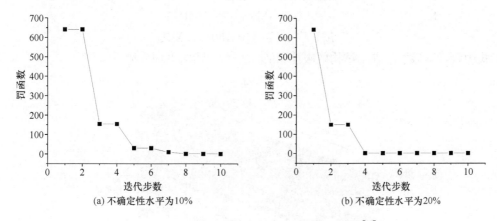

图 7.11　两种变量不确定性水平下的收敛曲线[17]

2. 在车身薄壁梁结构耐撞性设计中的应用

当前，国内外对于汽车的安全性提出了越来越高的要求，使得汽车结构的安全性设计成为一重要的研究领域。根据汽车碰撞安全性设计对汽车结构耐撞性的基本要求，实际工程中有多个指标可用来评价结构的耐撞性能，如结构的吸能、平均碰撞力及最大碰撞力等。在设计过程中，应使乘员室以外的车身结构尽可能地发生变形，以最大限度地吸收碰撞能量；另外，应尽量减小碰撞力，降低该值可使加速度下降，从而使乘员受到伤害的可能性减小。通过点焊焊接而成的薄壁梁是车身承载和吸能的一类主要结构，对其进行耐撞性优化研究对于汽车安全性的提高具有重要作用。

　　以图 7.12 所示的闭口帽型薄壁梁结构为例,对车身薄壁梁结构的耐撞性进行优化。梁由一帽型梁板和一腹板通过梁边缘均匀分布的焊点连接而成,并以 10m/s 的初速度撞击刚性墙。采用文献[21]的处理方法,以结构的吸能为设计目标,以轴向的平均碰撞力为约束。文献[22]的研究表明,焊点间距 d、板料厚度 t 和梁板弯折处圆角半径 R 是影响闭口帽型梁结构耐撞性能的重要参数,所以本算例中选择此三个参数作为设计变量。材料为普通低碳钢,其弹塑性材料参数如表 7.10 所示。因为制造和测量误差,材料的屈服应力 σ_s 和切向模量 E_t 为不确定参数,其不确定性水平都为 5%。故可建立如下的不确定性优化问题[19]:

$$\begin{cases} \max\limits_{t,R,d} f_e(t,R,d,\sigma_s,E_t) \\ \text{s. t. } g_f(t,R,d,\sigma_s,E_t) \leqslant [65\text{kN},70\text{kN}] \\ 0.5\text{mm} \leqslant t \leqslant 2.5\text{mm} \\ 1\text{mm} \leqslant R \leqslant 8\text{mm} \\ 10\text{mm} \leqslant d \leqslant 60\text{mm} \\ \sigma_s \in [294.5\text{MPa},325.5\text{MPa}] \\ E_t \in [724.85\text{MPa},801.15\text{MPa}] \end{cases} \qquad (7.18)$$

式中,目标函数 f_e 表示结构的吸能;约束 g_f 表示轴向平均碰撞力。

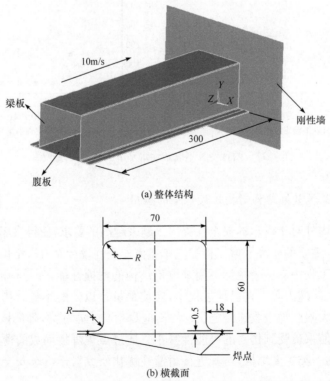

(a) 整体结构

(b) 横截面

图 7.12　闭口帽型梁结构与刚性墙的碰撞系统(单位:mm)[19]

表 7.10　闭口帽型梁结构的弹塑性材料参数[19]

弹性模量 E/MPa	泊松比 ν	密度 ρ/(kg/mm³)	屈服应力 σ_s/MPa	切向模量 E_t/MPa
2.0×10^5	0.27	7.85×10^{-6}	310	763

建立碰撞系统的有限元模型,选用 Belytschko-Tsay 壳单元[23]划分网格,单元总数为 4200;采用双线性随动硬化的弹塑性材料模型;梁尾部加上 250kg 的集中质量,以提供足够的碰撞能;分析时间为 20ms。整个有限元模型的建立和分析都在商业软件 ANSYS/LS-DYNA 上完成,图 7.13 给出了梁的网格划分,以及利用有限元分析获得的梁可能的变形情况。

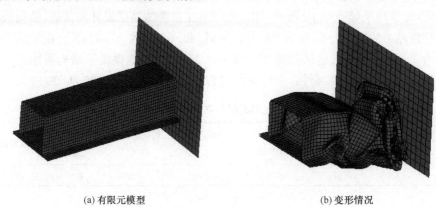

(a) 有限元模型　　　　　　　　　　　(b) 变形情况

图 7.13　梁结构碰撞系统的有限元模型及可能的变形情况[19]

优化过程中,相关的参数设置如下:约束的可能度水平为 0.8,罚因子 σ 为 1000,求解近似不确定性优化问题时内、外层 IP-GA 的最大迭代步数分别为 100 和 200。在每一迭代步,选择 30 个样本构建近似不确定性优化问题,选择 8 个样本计算单设计点处的真实罚函数。初始条件设置为 $\boldsymbol{X}^{(1)}=(1.5,4.5,35.0)^\mathrm{T}$ 和 $\boldsymbol{\Delta}^{(1)}=(1.0,3.5,25.0)^\mathrm{T}$。

首先,目标函数的性能区间设为 $V^I=[8\text{kJ},10\text{kJ}]$,最大化不确定目标函数区间不小于此性能区间的可能度,优化结果如表 7.11 所示。由表可知,在获得的最优设计向量处,结构吸能由不确定塑性材料属性造成的区间为 $[9.15\text{kJ},9.8\text{kJ}]$,相应的不确定目标函数的可能度为 0.74;平均碰撞力的区间为 $[54.6\text{kN},70.1\text{kN}]$,相应的可能度为 0.83,满足了约束可能度水平的要求。另外,整个优化过程中的有限元计算次数为 388。

表 7.11　性能区间 $V^I = $ 8kJ,10kJ 时的优化结果[19]

最优设计向量 (t,R,d)/mm	罚函数 f_p	目标函数区间/kJ	约束区间/kN	目标函数可能度	约束可能度
(2.10,2.45,35.41)	0.74	[9.15,9.8]	[54.6,70.1]	0.74	0.83

其次,降低对目标函数的性能要求,其性能区间给定为 $V^I = [7\text{kJ},8\text{kJ}]$,并最大化不确定目标函数区间不小于此性能区间的可能度。三个迭代步后,即获得设计向量 $(1.7\text{mm},3.6\text{mm},28.75\text{mm})^{\mathrm{T}}$,相应的目标函数和约束的可能度都为 1.0。因为目标函数的可能度达到了最大值 1.0,所以可继续进行一次考虑设计鲁棒性的优化,计算结果如表 7.12 所示。由表可知,在获得的最优设计向量处,结构吸能和平均碰撞力的区间分别为 $[8.46\text{kJ},8.80\text{kJ}]$ 和 $[57.1\text{kN},61.67\text{kN}]$,相应的可能度都为 1.0。而结构吸能区间的半径仅为 0.17kJ,较好地保证了结构吸能对于不确定塑性材料属性的鲁棒性。整个优化过程中的有限元计算次数为 510。

表 7.12　性能区间 $V^I = $ 7kJ,8kJ 时考虑设计鲁棒性的优化结果[19]

最优设计向量 (t,R,d)/mm	罚函数 f_p	目标函数区间/kJ	目标函数半径值/kJ	约束区间/kN	目标函数可能度	约束可能度
(2.00,4.50,33.20)	0.17	[8.46,8.80]	0.17	[57.1,61.67]	1.00	1.00

7.2　基于局部加密近似模型技术的非线性区间优化算法

在 7.1 节中提出的基于近似模型管理策略的非线性区间优化算法中,迭代过程中通过信赖域方法不断更新近似空间,从而保证优化结果向最优解靠近。然而,近似空间的改变,需要在每一迭代步重新选择和计算样本,上一迭代步中已经计算好的样本并未保留下来,这在一定程度上增加了计算成本。另外,在目前的近似模型使用中,大多通过正交设计、LHD 等试验设计方法进行采样,这些采样方法都保证采样点在近似空间内能够得到均匀分布。然而对于一些复杂的特别是高维的设计问题,均匀分布的试验设计方法需要较多的样本才能保证近似函数的精度,并且样本数量将随着维数的增加而加速增长,这将使得近似模型的构建成本较高。而且,有时过多的样本会造成近似模型建立过程中的矩阵奇异或不适定性,一定程度上反而降低近似模型的精度。

为此,本章基于非线性区间优化的特点,进一步建立一种相应的局部加密近似模型技术,以高效求解转换后的两层嵌套优化问题。该算法的基本思路是,以迭代过程中的中间计算结果为依据来加密样本,不断提高目标函数和约束近似模型在局部关键区域的精度而非整个近似空间上的精度,从而通过近似不确定性优化问题的迭代求解来不断提高优化结果。迭代过程中,将保留前期迭代步中的样本,一定程度上避免了计算浪费。

本节以下内容主要包括:简要介绍算法中所采用的近似模型,即径向基函数(radial basis functions,RBF)方法;基于区间序关系转换模型,构造基于局部加密近似模型技术的非线性区间优化算法;对两个测试函数进行分析,并将算法应用于一实际的工程问题。

7.2.1　径向基函数模型

径向函数是以待测点与样本点之间的欧氏距离为自变量的一类函数。以径向函数为基函数,通过线性叠加构造出来的模型即径向基函数模型[24]。径向基函数具有很强的非线性近似能力,文献[25]针对 14 个代表不同类型问题的算例利用包括径向基函数在内的 4 种近似方法进行系统性的对比研究后发现,在同时考虑模型精度和鲁棒性的情况下,径向基函数相对最为可靠。

利用样本点 $x^i(i=1,2,\cdots,n)$ 处的响应值,通过基函数的线性叠加来计算待测点 x 处响应值的径向基模型的基本形式[24]:

$$\widetilde{f}(x) = \sum_{i=1}^{n_s} w_i \Phi(r^i) \tag{7.19}$$

式中,n_s 为样本点数目,$w_i(i=1,2,\cdots,n_s)$ 为权系数,$r^i = \parallel x - x^i \parallel$ 为待测点 x 与样本点 x^i 之间的欧氏距离,$\Phi(r)$ 为径向函数(距离 r 的单调函数)。本章选用如下 Gauss 函数作为其径向函数:

$$\Phi(r) = \exp\left(-\frac{r^2}{c^2}\right) \tag{7.20}$$

式中,c 是大于零的常数。根据插值条件 $\widetilde{f}(x^i) = f(x^i)(i=1,2,\cdots,n_s)$ 可得方程组:

$$f = \Phi w \tag{7.21}$$

式中,f 为 n_s 维的样本点响应值矢量,w 为 n_s 维的权系数矢量,$\Phi = \Phi_{ij} = \Phi(\parallel x^i - x^j \parallel)(i,j=1,2,\cdots,n_s)$ 为 $n_s \times n_s$ 维的矩阵。如果 Φ 的逆矩阵存在,则可获得权系数矢量 w:

$$w = \Phi^{-1} f \tag{7.22}$$

将获得的权系数代入式(7.19),则最终得到径向基函数近似模型。

7.2.2　算法构造

1. 近似不确定性优化问题的建立和求解

研究问题如式(4.1)所示,这里并无变量小不确定性水平的前提,即该算法适用于任意变量不确定性水平的问题。首先定义一近似空间 Ω'：

$$\Omega' = \{(\boldsymbol{X}, \boldsymbol{U}) \mid X_{i,l} \leqslant X_i \leqslant X_{i,r}, U_j^L \leqslant U_j \leqslant U_j^R, i=1,2,\cdots,n, j=1,2,\cdots,q\}$$
$$(7.23)$$

可见，近似空间 Ω' 是由原设计空间和不确定域组成的，它的维数为 $(n+q)$，此空间内的坐标点可由 $(\boldsymbol{X}, \boldsymbol{U})$ 表示。

整个算法的优化过程仍然由一系列的近似不确定性优化问题迭代完成，在第 s 个迭代步，可建立式(4.1)的近似不确定性优化问题：

$$\begin{cases} \min_{\boldsymbol{X}} \widetilde{f}(\boldsymbol{X}, \boldsymbol{U}) \\ \text{s.t.} \ \widetilde{g}_i(\boldsymbol{X}, \boldsymbol{U}) \leqslant b_i^I = [b_i^L, b_i^R], i=1,2,\cdots,l \\ \quad \boldsymbol{X}_l \leqslant \boldsymbol{X} \leqslant \boldsymbol{X}_r \\ \quad \boldsymbol{U} \in \boldsymbol{U}^I = [\boldsymbol{U}^L, \boldsymbol{U}^R], U_i \in U_i^I = [U_i^L, U_i^R], i=1,2,\cdots,q \end{cases} \quad (7.24)$$

与式(7.6)不同的是，式(7.24)中目标函数和约束的近似模型 $\widetilde{f}(\boldsymbol{X}, \boldsymbol{U})$ 和 $\widetilde{g}_i(\boldsymbol{X}, \boldsymbol{U})$ $(i=1,2,\cdots,l)$ 建立在近似空间 Ω'，而 Ω' 在迭代过程中始终保持不变。所有的近似模型通过径向基函数构建，并且是同时关于设计变量和不确定变量的近似函数。

基于区间序关系转换模型，式(7.24)可转换为如下的确定性优化问题：

$$\begin{cases} \min_{\boldsymbol{X}} \widetilde{f}_p(\boldsymbol{X}) = \widetilde{f}_d(\boldsymbol{X}) + \sigma \sum_{i=1}^{l} \varphi(P(\widetilde{g}_i^I(\boldsymbol{X}) \leqslant b_i^I) - \lambda_i) \\ \qquad\quad = (1-\beta)(\widetilde{f}^c(\boldsymbol{X}) + \xi)/\phi + \beta(\widetilde{f}^w(\boldsymbol{X}) + \xi)/\psi \\ \qquad\qquad + \sigma \sum_{i=1}^{l} \varphi(P(\widetilde{g}_i^I(\boldsymbol{X}) \leqslant b_i^I) - \lambda_i), \\ \text{s.t.} \ \boldsymbol{X}_l \leqslant \boldsymbol{X} \leqslant \boldsymbol{X}_r \end{cases} \quad (7.25)$$

式中，$\widetilde{f}_d$ 为近似多目标评价函数。

采用第 3 章提出的基于 IP-GA 的两层嵌套优化算法求解式(7.25)，所不同的是整个优化过程都基于简单的近似模型，而非原先的真实模型，所以虽然嵌套优化问题仍然存在，但其计算成本较低。

2. 算法流程

算法的迭代过程如下[26]：

(1) 在近似空间 Ω' 上利用 LHD 进行采样，在所有采样点调用真实模型进行计算，可获得目标函数和约束的初始样本。给定允许误差 $\varepsilon_1 > 0$ 和 $\varepsilon_2 > 0$，置 $s=1$。

(2) 利用目标函数和约束的各自样本，建立其径向基函数近似模型，从而构建出如式(7.24)所示的近似不确定性优化问题。利用区间序关系转换模型及基于 IP-GA 的两层嵌套优化算法，可获得此近似不确定性优化问题的解 $\boldsymbol{X}^{(s)}$。

(3) 在求解近似不确定性优化问题的过程中可获得 $\boldsymbol{X}^{(s)}$ 处近似目标函数的区间 $[\widetilde{f}^L(\boldsymbol{X}^{(s)}), \widetilde{f}^R(\boldsymbol{X}^{(s)})]$，以及分别对应于区间上界和下界的不确定向量的值 $\boldsymbol{U}_f^R$

和 U_f^L,其关系式可表述如下:

$$\tilde{f}^L(\boldsymbol{X}^{(s)})=\tilde{f}(\boldsymbol{X}^{(s)},\boldsymbol{U}_f^L),\quad \tilde{f}^R(\boldsymbol{X}^{(s)})=\tilde{f}(\boldsymbol{X}^{(s)},\boldsymbol{U}_f^R) \tag{7.26}$$

为此,可获得近似空间 Ω' 内的两坐标点 $(\boldsymbol{X}^{(s)},\boldsymbol{U}_f^L)$ 和 $(\boldsymbol{X}^{(s)},\boldsymbol{U}_f^R)$,近似目标函数 $\tilde{f}$ 在此两点分别获得下界和上界。同理,在求解近似不确定性优化问题的过程中也可获得 $\boldsymbol{X}^{(s)}$ 处近似约束的区间 $[\tilde{g}_i^L(\boldsymbol{X}^{(s)}),\tilde{g}_i^R(\boldsymbol{X}^{(s)})]$ $(i=1,2,\cdots,l)$,以及分别对应于区间上界和下界的不确定矢量的值 $\boldsymbol{U}_{g_i}^R$ 和 $\boldsymbol{U}_{g_i}^L$ $(i=1,2,\cdots,l)$,其关系式可表述如下:

$$\tilde{g}_i^L(\boldsymbol{X}^{(s)})=\tilde{g}_i(\boldsymbol{X}^{(s)},\boldsymbol{U}_{g_i}^L),\quad \tilde{g}_i^R(\boldsymbol{X}^{(s)})=\tilde{g}_i(\boldsymbol{X}^{(s)},\boldsymbol{U}_{g_i}^R),\quad i=1,2,\cdots,l \tag{7.27}$$

为此,可获得空间 Ω' 内的两坐标点 $(\boldsymbol{X}^{(s)},\boldsymbol{U}_{g_i}^L)$ 和 $(\boldsymbol{X}^{(s)},\boldsymbol{U}_{g_i}^R)$,在此两点第 i 个近似约束 $\tilde{g}_i$ 分别获得下界和上界。

(4) 计算真实目标函数 f 在两边界坐标点 $(\boldsymbol{X}^{(s)},\boldsymbol{U}_f^L)$ 和 $(\boldsymbol{X}^{(s)},\boldsymbol{U}_f^R)$ 的值,分别记为 $f^L(\boldsymbol{X}^{(s)})=f(\boldsymbol{X}^{(s)},\boldsymbol{U}_f^L)$ 和 $f^R(\boldsymbol{X}^{(s)})=f(\boldsymbol{X}^{(s)},\boldsymbol{U}_f^R)$;计算所有真实约束在相应边界坐标点的值:

$$g_i^L(\boldsymbol{X}^{(s)})=g_i(\boldsymbol{X}^{(s)},\boldsymbol{U}_{g_i}^L),\quad g_i^R(\boldsymbol{X}^{(s)})=g_i(\boldsymbol{X}^{(s)},\boldsymbol{U}_{g_i}^R),\quad i=1,2,\cdots,l \tag{7.28}$$

(5) 计算误差 $e_{\max}$:

$$e_{\max}=\max\left\{\left|\frac{f^L-\tilde{f}^L}{f^L}\right|+\left|\frac{f^R-\tilde{f}^R}{f^R}\right|,\left|\frac{g_i^L-\tilde{g}_i^L}{g_i^L}\right|+\left|\frac{g_i^R-\tilde{g}_i^R}{g_i^R}\right|,i=1,2,\cdots,l\right\} \tag{7.29}$$

如果 $e_{\max}<\varepsilon_1$,则 $\boldsymbol{X}^{(s)}$ 为最优设计向量,迭代终止;否则,转下一步。

(6) 计算坐标点 $(\boldsymbol{X}^{(s)},\boldsymbol{U}_f^L)$ 与当前目标函数所有样本点的欧氏距离,并得到其中的最小距离 $d_{\min}$,如果 $d_{\min}>\varepsilon_2$,则将 $(\boldsymbol{X}^{(s)},\boldsymbol{U}_f^L)$ 作为新样本加入目标函数样本集;计算 $(\boldsymbol{X}^{(s)},\boldsymbol{U}_f^R)$ 与当前目标函数所有样本点的欧氏距离,得到最小距离 $d_{\min}$,如果 $d_{\min}>\varepsilon_2$,则将 $(\boldsymbol{X}^{(s)},\boldsymbol{U}_f^R)$ 加入目标函数样本集。按照上述方法,判断对应于每一个约束的两个边界坐标点是否应被加入此约束的当前样本集,从而可以对每一个约束的样本集进行更新。如果目标函数和约束针对所有边界点的最小距离都不大于 ε_2,即目标函数和所有约束的样本集无法进一步更新,则停止迭代过程,并将 $\boldsymbol{X}^{(s)}$ 作为最优设计向量;否则,转至步骤(2)。

图 7.14 给出了算法的优化流程。在上述算法的构造中,为表述方便,同样是假设目标函数和所有约束都是通过耗时的数值分析模型获得的。实际问题中,往往只有其中一项或少数几项需基于数值分析模型获得,而其他的一般为显式函数,所以使用该算法时只需要对这些基于数值分析模型的项建立近似模型并且进行局部加密,其他项基于原函数进行计算即可。

在步骤(1)中,利用 LHD 选择初始样本点时,并不需要追求过多的样本而获得很高的近似模型精度。因为,对于非线性区间优化这一类问题,构建近似模型时需同时考虑设计变量和不确定变量,故维数往往较高,如果试图通过基于均匀采样

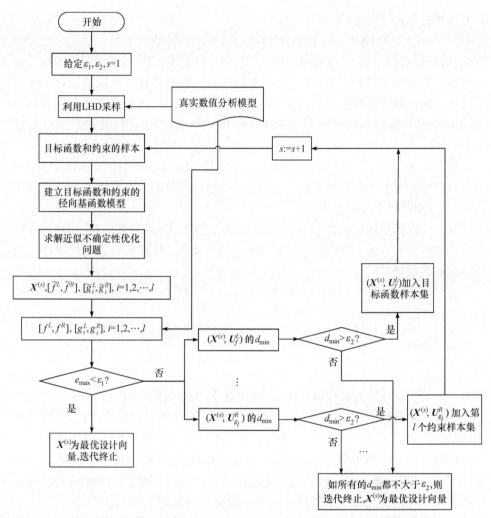

图 7.14　基于局部加密近似模型技术的非线性区间优化算法流程图[26]

的 LHD 获取高精度的近似模型,则需要大量的样本,会导致过高的计算成本。而对于本章所提出的算法,初始样本的选取只需要反映原函数最基本的变化趋势即可,优化结果的改进和提高可以通过后续的局部加密过程来完成。

在步骤(5)中,使用了 $e_{max}<\varepsilon_1$ 这一收敛判断标准。这一准则成立,说明在近似空间中,目标函数和约束的所有近似模型在相应的取上界和下界的坐标点(设计向量和不确定向量组成)附近的关键区域都具有很好的近似精度,从而也可保证通过这些近似模型获得的优化结果已具有很好的精度,因为在非线性区间优化的计算过程中其实只有这些边界点对转换后确定性优化模型的计算起到了主导作用,所以在这种情况下无需进一步加密。

步骤(6)为样本点加密过程。在非线性区间优化中,通过转换模型将不确定性优化问题转换为确定性优化问题,而确定性优化问题的计算都基于目标函数和约束的区间,故真正对于优化过程起主要作用的是目标函数和约束在设计向量处的上界和下界。所以当建立目标函数和约束的近似模型时,如果根据当前迭代步设计向量的优化结果,在近似空间中对相应的目标函数和约束取上界和下界的两局部关键区域进行样本加密,则能提高近似模型在此区域的精度,从而逐步提高优化结果的精度。另外,在样本点的加密过程中还提供了一允许误差 ε_2,以判断加密点是否应放入当前的目标函数或约束的样本集。一旦加密点与当前样本集中的某个或某些样本欧氏距离非常小,则继续加入此样本对近似模型在此区域的精度提高意义不大,而且过近的样本点会造成近似模型矩阵的奇异,反而降低近似模型的精度,所以利用 ε_2 排除此加密点是非常必要的。另外,对于目标函数和约束的所有样本集,如果无法继续加入任何一个加密点,则表明所有的近似模型在边界对应处的局部关键区域已具有很好的精度,所以可以作为另一个迭代终止的判断准则。

使用该算法时,目标函数和约束的初始采样点可以相同,也可以根据自身函数的复杂程度选用不同数量的初始采样点。然而,即使是选用相同的初始采样点,多次迭代之后,它们的样本集中的坐标点也会有所不同,因为在每一迭代步,目标函数和任一约束加入的加密样本点是不同的(不确定变量的值不同),而且数量也会因为允许误差 ε_2 的存在而有所不同。

另外,在该算法的工作过程中,所有计算时间花费在三个部分:第一部分为步骤(1)中初始样本的计算;第二部分为步骤(2)中的近似不确定性优化问题的求解,如前所述,因为求解过程基于简单的近似模型,所以其计算时间相比单次真实数值分析模型的计算往往可以忽略;第三部分为步骤(4)中调用真实模型计算目标函数和约束在相应的边界坐标点处的值,此计算完成后,步骤(6)中的加密点处的响应值已经获得而不需要重新计算。

7.2.3　算法测试

本节提供两个测试函数。为更直观地描述算法的迭代过程及工作状态,第一个测试函数中,仅具有一个设计变量和一个不确定变量,而且不含不确定约束。第二个测试函数较为复杂,具有多个设计变量、不确定变量及不确定约束。

1. 测试函数 1

分析如下测试函数[27]:

$$\begin{cases} \min_X f(X,U) = -24\sin\sqrt{\left(\dfrac{X-40}{2}\right)^2 + (U-5)^2} \bigg/ \sqrt{\left(\dfrac{X-40}{2}\right)^2 + (U-5)^2} + 46 \\ \text{s. t. } 24 \leqslant X \leqslant 43 \\ \qquad U \in [3.5, 16.5] \end{cases}$$

$$\tag{7.30}$$

式中,变量 U 的不确定性水平较大,为 65.0%。

优化过程中,相关的参数设置如下:ξ 为 0.0,正则化因子 ϕ 和 ψ 分别为 5.0 和 5.0,权系数 β 为 0.4,允许误差 ε_1 和 ε_2 分别设为 0.003 和 0.15,求解近似不确定性优化问题时内、外层 IP-GA 的最大迭代步数都设为 100。另外,假设目标函数是一个耗时的数值分析模型,下面仍将通过统计目标函数的计算次数来考察算法的优化效率。

首先,完成一次基于真实函数的 IP-GA 两层嵌套优化(内、外层 IP-GA 的最大迭代步数都设为 100)。获得的最优设计变量 $X=39.99$,相应的目标函数区间为 [22.00,51.21],针对此区间下界和上界的不确定变量 U 的值分别为 5.00 和 9.50。同样,上述结果将作为"精确解"用以评价本算法所得优化结果的精度。

采用 4 种数量分别为 5、10、20 和 30 的不同初始样本,并分别使用基于局部加密近似模型技术的非线性区间优化算法进行优化,计算结果如表 7.13 所示。由表可知,当初始样本的数量为 10、20 和 30 时,通过该算法获得的优化结果包括最优设计变量、目标函数区间及多目标评价函数等,几乎与精确值完全相同。三种情况下所需的迭代步数不同,随着初始样本数量的增加,所需迭代步数呈下降趋势。当初始样本数量为 30 时,迭代步数仅为 2,这表示对于该简单的测试函数,初始样本数量为 30 已经可以保证近似模型在整个近似空间上具有较好的精度,所以并不需要很多的局部加密点。虽然第 4 种情况下使用了最大的初始样本数量,但是其最终所需的计算次数反而少于初始样本数量为 10 和 20 的两种情况,所以有时一味地减少初始样本的数量,其实并不能减少整个优化过程的计算时间。另外,当初始样本数量取 5 时,算法在 8 个迭代步后便已收敛,获得的最优设计变量与精确值有较大差距,但是多目标评价函数值与精确值较为接近。这表明,在此初始样本数量下,算法无法找到精确的最优解。这是因为过少的初始样本使得初始近似模型无法描述真实模型在整个近似空间上的基本变化趋势,使得算法在迭代过程中容易陷入一个较好的局部设计点而无法进一步对更好的设计点进行寻优。

表 7.13 不同数量初始样本下的优化结果(测试函数 1)[27]

初始样本数量	最优设计变量	目标函数区间 $[f^L,f^R]$	下界和上界对应的不确定变量	多目标评价函数 f_d	迭代步数	计算次数
5	24.00	[43.03,48.19]	4.96,12.41	5.67	8	21
10	39.99	[22.00,51.20]	4.99,9.57	5.56	13	36
20	40.03	[22.01,51.21]	4.95,9.50	5.56	8	36
30	39.92	[22.01,51.21]	5.03,9.49	5.56	2	34

为了更好地描述算法的工作过程,表 7.14 给出了初始样本数量为 20 的情况下每个迭代步的计算结果。由表可知,在开始的一些迭代步中,由于近似模型精度

较低,当前设计变量处的近似区间 $[\tilde{f}^L,\tilde{f}^R]$ 与基于真实函数的区间 $[f^L,f^R]$ 数值差距较大;在最后两个迭代步,$[\tilde{f}^L,\tilde{f}^R]$ 与 $[f^L,f^R]$ 开始变得很小,这说明经过几次加密过程后,近似模型在近似空间内对应于最优设计变量的两个边界点处的局部区域已具有很好的近似精度。图 7.15 给出了与表 7.14 对应的每一迭代步目标函数的近似模型在近似空间上的三维曲面,以及近似函数与真实函数在当前设计变量下关于不确定变量的二维曲线。由图可知,随着迭代的进行,当前设计变量下的目标函数近似曲线与真实函数曲线在两个边界点关键区域内逐渐靠近,在第 8 步时,图中圆圈表示的两关键区域(当前设计变量下目标函数取上界和下界处)内两曲线几乎重合。第 8 步中,长方形框表示的区域内近似模型与实际模型的差距较大,然而这并不影响算法的优化精度,因为在转换后的确定性优化问题中,只有两圆圈表示的上、下界参与了计算。这也正体现了局部加密近似方法的特点,即尽量保证对优化结果起关键影响作用的局部区域的近似精度,而适当放宽其他区域的精度,从而很大程度上降低近似模型的构建成本,提高非线性区间优化的效率。

表 7.14　初始样本数量为 20 的情况下整个迭代过程的计算结果[27]

迭代步	最优设计变量	U_f^L,U_f^R	$[\tilde{f}^L,\tilde{f}^R]$	$[f^L,f^R]$
1	39.14	3.50,16.50	[20.63,50.28]	[30.63,47.82]
2	38.06	4.62,9.59	[26.49,50.20]	[26.12,51.12]
3	43.00	5.61,11.46	[21.33,49.25]	[31.19,44.78]
4	42.65	5.00,16.50	[29.08,47.69]	[28.42,47.73]
5	42.89	4.94,9.61	[29.49,48.74]	[29.53,50.93]
6	40.86	4.97,9.85	[23.23,50.94]	[22.74,50.86]
7	40.33	4.91,9.61	[22.13,51.07]	[22.14,51.18]
8	40.03	4.95,9.50	[22.04,51.21]	[22.01,51.21]

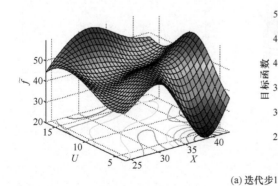
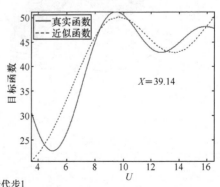

(a) 迭代步1

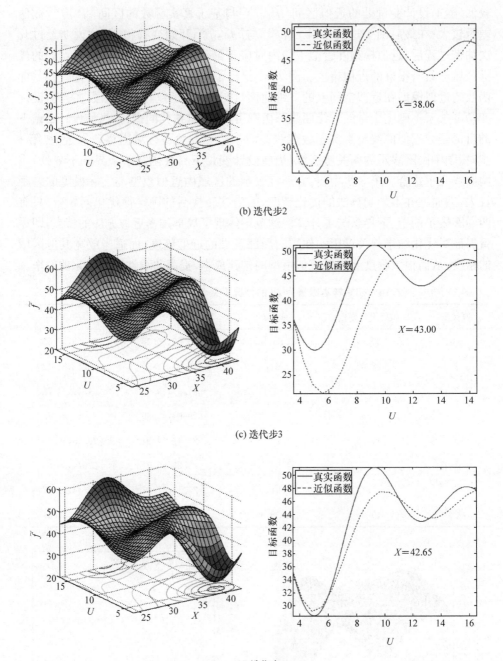

(b) 迭代步2

(c) 迭代步3

(d) 迭代步4

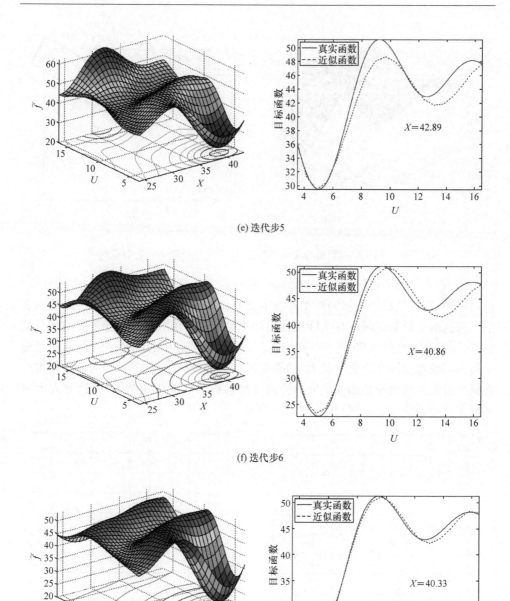

(e) 迭代步5

(f) 迭代步6

(g) 迭代步7

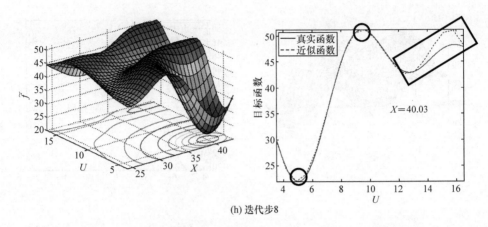

(h) 迭代步8

图 7.15　初始样本数量为 20 的情况下整个迭代过程中的近似模型[26]

　　图 7.16 给出了目标函数的初始样本和迭代完成后样本在近似空间上的分布。由图可知,迭代过程中新加的样本点基本分布在右图中的两个局部区域内(圆圈表示),而这两个局部区域正是实际最优设计变量下目标函数取上界和下界的两个坐标点,即 $(X,U)=(39.99,5.00)$ 和 $(39.99,9.50)$ 的所在位置。另外,也可发现两个局部区域内的样本点密度较大,如果采用均匀分布的采样方法,则需使得样本点在整个近似空间内都达到如此大的密度才能取得相同的优化结果,而这将大大增加样本点的数量,从而导致较低的优化效率。

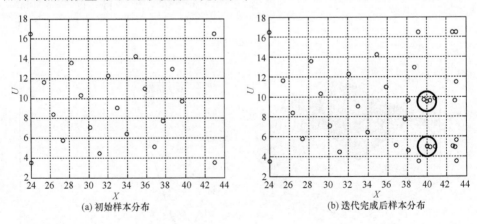

(a) 初始样本分布　　　　　　　　　　　　　(b) 迭代完成后样本分布

图 7.16　初始样本和迭代完成后样本在近似空间上的分布[27]

2. 测试函数 2

分析如下的测试函数[27]:

$$\begin{cases} \min_{X} f(X,U)=U_1(X_1-2)^2+U_2(X_2-1)^2+U_3X_3 \\ \text{s. t. } U_1X_1^2-U_2^2X_2+U_3X_3\geqslant[6.5,7.0] \\ \qquad U_1X_1+U_2X_2+U_3^2X_3^2+1\geqslant[10.0,15.0] \\ \qquad -2\leqslant X_1\leqslant6,-4\leqslant X_2\leqslant7,-3\leqslant X_3\leqslant8 \\ \qquad U_1\in[0.6,1.8],U_2\in[0.5,1.5],U_3\in[0.6,2.0] \end{cases} \qquad (7.31)$$

式中,U_1、U_2 和 U_3 的不确定性水平较大,分别为 50.0%、50.0%和 53.8%。

优化过程中,相关的参数设置如下:ξ 为 4.0,正则化因子 ϕ 和 ψ 分别为 1.4 和 2.0,权系数 β 为 0.5,罚因子 σ 为 100000,两个不确定约束的可能度水平都设为 0.8,允许误差 ε_1 和 ε_2 分别设为 0.05 和 0.15,求解近似不确定性优化问题时内、外层 IP-GA 的最大迭代步数都设为 300。优化过程中对目标函数和所有约束都建立近似模型并进行局部加密,同时仍然假设目标函数是一个耗时的数值分析模型,并通过统计目标函数的计算次数来评价算法的优化效率。

首先,仍然完成一次基于真实函数的 IP-GA 两层嵌套优化,获得"精确最优设计向量"为 $X=(4.01,0.87,-3.00)^T$,最优设计向量处目标函数的区间为 $[-3.49,5.49]$,相应的罚函数值为 $f_p=3.91$。

采用 4 种数量为 30、40、50 和 60 的不同初始样本分别进行优化,计算结果如表 7.15 所示。由表可知,随着初始样本数量的增加,算法所需的迭代步数逐渐减少,但是所需的目标函数的计算次数呈增加趋势。4 种不同初始样本的情况下,在获得的最优设计向量处,真实约束的可能度都满足了可能度水平 0.8 的要求(大于或等于约束可能度水平)。另外,4 种情况下所获得的最优设计向量与精确解 $X=(4.01,0.87,-3.00)^T$ 稍有差别,特别是第二个设计变量的值,但是其相应的罚函数值与精确最优设计向量下的罚函数 $f_p=3.91$ 非常接近,这表明 4 种情况下通过本算法虽然没有达到非常精确的优化结果,但是都获得了相对较好的设计向量。

表 7.15　不同数量初始样本下的优化结果(测试函数 2)[27]

初始样本数量	最优设计向量	目标函数区间$[f^L,f^R]$	约束1区间$[g_1^L,g_1^R]$	约束2区间$[g_2^L,g_2^R]$	约束可能度	罚函数 f_p	迭代步数	计算次数
30	(4.01,0.57,−3.00)	[−3.47,5.71]	[2.35,26.43]	[7.50,44.96]	0.82,0.87	3.98	21	72
40	(4.07,0.76,−2.78)	[−2.94,5.65]	[2.64,24.75]	[6.61,40.49]	0.81,0.83	3.99	20	80
50	(4.01,0.63,−3.00)	[−3.49,5.51]	[2.20,24.72]	[6.96,43.93]	0.80,0.85	3.92	19	88
60	(4.02,0.48,−3.00)	[−3.35,5.95]	[2.61,22.78]	[6.89,43.46]	0.80,0.85	4.03	16	92

对于上述 4 种不同的初始样本数量,优化过程中所需的目标函数计算次数分别为 72、80、88 和 92。为验证该算法的优越性,还完成了 4 次不同数量下的基于均匀分布样本的近似优化(均匀分布的样本数量分别为 72、80、88 和 92),具体优化过程为:利用 LHD 进行均匀采样,并基于真实模型的计算建立目标函数和约束的样本及径向基函数近似模型,从而建立一近似不确定性优化问题;基于区间序关系转换模型将其转换为确定性优化问题,并利用基于 IP-GA 的两层嵌套优化算法进行求解。表 7.16 给出了上述 4 种不同数量均匀分布样本下的近似优化结果。由表可知,在最优设计向量处,近似目标函数和约束的区间与真实目标函数和约束的区间,以及近似罚函数与真实罚函数在数值上差距较大,这表明所建立的近似模型在整个近似空间内并不具有很好的精度。另外,4 种均匀分布样本的情况下,最优设计向量处的真实罚函数值分别为 7.98、7.75、7.83 和 7.74,而表 7.15 中相应的真实罚函数值分别为 3.98、3.99、3.92 和 4.03,这表明在相同样本计算次数的情况下,利用局部加密近似模型技术能够获得比基于均匀分布样本的近似模型技术好得多的优化结果,这也表明了本算法的有效性。从上述分析可以发现,要在一个六维的近似空间内通过仅仅几十个均匀分布的样本是很难建立在整个近似空间上都较为精确的近似模型的,从而也很难基于此近似模型来获得可靠的优化结果。但是,通过基于局部加密的近似模型技术,能够在相同计算次数的情况下,通过加密点仅仅提高近似模型在某些关键区域的精度,从而可以通过近似优化获得较理想的计算结果。

表 7.16　不同数量的均匀分布样本下的近似优化结果[26]

均匀分布样本数量	最优设计向量	近似目标函数和约束边界 $[\tilde{f}^L,\tilde{f}^R][\tilde{g}_i^L,\tilde{g}_i^R]$, $i=1,2$	真实目标函数和约束边界 $[f^L,f^R][g_i^L,g_i^R]$, $i=1,2$	约束可能度	近似罚函数 $\tilde{f}_p$	真实罚函数 f_p
72	(2.69,0.42,8.00)	[−6.02,24.98] [0.86,30.50] [6.94,231.80]	[5.23,17.37] [8.20,28.94] [25.87,262.47]	1.00,1.00	9.69	7.98
80	(2.53,0.68,8.00)	[−9.96,24.81] [1.83,27.92] [7.66,246.91]	[5.02,16.66] [7.11,27.33] [25.90,262.57]	1.00,1.00	9.43	7.75
88	(2.48,0.44,8.00)	[−8.57,24.76] [1.49,27.81] [5.11,236.17]	[5.10,16.89] [7.50,26.97] [25.75,262.13]	1.00,1.00	9.48	7.83
92	(2.50,0.69,8.00)	[−7.25,23.95] [2.05,27.67] [7.65,248.98]	[5.00,16.60] [7.01,27.12] [25.89,262.54]	1.00,1.00	9.31	7.74

7.2.4　在车身薄壁梁结构耐撞性设计中的应用

考虑 7.1.7 节中的车身薄壁梁结构的耐撞性设计问题,即优化图 7.12 所示的闭口帽型梁结构使其与刚性墙的碰撞过程中吸能最大,并且满足平均碰撞力的约束。优化问题的构造及所涉及的结构、材料、不确定性、有限元建模等方面的参数都与 7.1.7 节中的问题相同。建立的不确定性优化问题如下[27]:

$$
\begin{cases}
\max_{t,R,d} f_e(t,R,d,\sigma_s,E_t) \\
\text{s.t. } g_f(t,R,d,\sigma_s,E_t) \leqslant [65\text{kN},70\text{kN}] \\
0.5\text{mm} \leqslant t \leqslant 2.5\text{mm} \\
1\text{mm} \leqslant R \leqslant 8\text{mm} \\
10\text{mm} \leqslant d \leqslant 60\text{mm} \\
\sigma_s \in [294.5\text{MPa},325.5\text{MPa}] \\
E_t \in [724.85\text{MPa},801.15\text{MPa}]
\end{cases}
\tag{7.32}
$$

式中,两变量的不确定性水平都为 5%。

优化过程中,相关的参数设置如下:ξ 为 0.0,正则化因子 ϕ 和 ψ 分别为 1.9 和 2.4,权系数 β 为 0.5,罚因子 σ 为 100000,不确定约束的可能度水平设为 0.8,允许误差 ε_1 和 ε_2 分别设为 0.5 和 0.15,求解近似不确定性优化问题时内、外层 IP-GA 的最大迭代步数都设为 300。

初始样本的数量为 50,优化结果如表 7.17 所示。由表可知,23 个迭代步后算法收敛,获得的最优设计向量为 $(2.00\text{mm},2.75\text{mm},34.98\text{mm})^\text{T}$,相应的罚函数值为 2.42。在此最优设计向量下,结构吸能由不确定塑性材料属性造成的可能区间为 [8.30kJ,9.28kJ],平均碰撞力的可能区间为 [51.10kN,69.74kN]。计算初始样本时,目标函数和约束在某一采样点的值可通过同一次有限元计算获得,但在迭代过程中目标函数和约束需进行不同的有限元计算获得各自加密点处的响应值,整个优化过程中共需 96 次有限元计算。

表 7.17　闭口帽型梁结构在不确定材料属性下的耐撞性优化结果[27]

最优设计向量 (t,R,d)/mm	目标函数区间/kJ	约束区间/kN	约束可能度	罚函数 f_p	迭代步数	有限元计算次数
(2.00,2.75,34.98)	[8.30,9.28]	[51.10,69.74]	0.88	2.42	23	96

7.3　本 章 小 结

本章基于近似模型技术,提出了两类高效的非线性区间优化算法。基于近似模型管理策略的非线性区间优化算法中,利用信赖域方法对迭代过程中的近似模型进行管理,通过设计空间和设计向量的不断更新达到优化结果的自适应提高。通过数值算例的分析可以发现:该算法具有稳健的收敛性能;在迭代前期阶段算法具有较快的收敛速度,而迭代后期往往停留于一稳定点;当变量不确定性水平较小时,该算法具有较高的计算精度,但随着变量不确定性水平的增大,算法精度将下降。基于局部加密近似模型技术的非线性区间优化算法中,每一迭代步根据当前近似不确定性优化问题的求解结果对目标函数和约束的当前样本进行加密,使得近似模型在近似空间中对应于响应边界的两个关键区域的局部精度得到提高。该算法始终保持近似空间不变,优化过程中能够保留前期迭代过程中的所有样本,避免了因设计空间更新而需重新采样所造成的计算浪费;另外,更为重要的是,该算法只追求近似模型在局部关键区域而非整体空间上的精度,所以相比于常规的基于均匀分布样本的近似优化方法,能大大减少所需样本的数量,提高优化效率的同时还能一定程度上避免由于过多样本而造成的近似模型矩阵的奇异。需要指出的是,研究过程中通过一些数值算例的分析可以发现,该算法在收敛稳定性、优化精度及初始样本数量的确定等方面还存在一些不足,需要在今后的研究中进一步完善。

参 考 文 献

[1] Renaud J E, Gabriele G A. Improved coordination in nonhierarchic system optimization. AIAA Journal, 1993, 31(12):2367-2373.

[2] Huang H, Xia R W. Two-level multipoint constraint approximation concept for structural optimization. International Journal of Structural Optimization, 1995, 9(1):38-45.

[3] 隋允康, 李善坡. 改进的响应面方法在二维连续体形状优化中的应用. 工程力学, 2006, 23(10):1-6.

[4] Roux W J, Stander N, Haftka R T. Response surface approximations for structural optimization. International Journal for Numerical Methods in Engineering, 1998, 42(3):517-534.

[5] Li G, Wang H, Aryasomyajula S R, et al. Two-level optimization of airframe structures using response surface approximation. Structural and Multidisciplinary Optimization, 2000, 20(2):116-124.

[6] Queipo N V, Haftka R T, Shyy W, et al. Surrogate-based analysis and optimization. Process in Aerospace Science, 2005, 41(1):1-28.

[7] Wang G G, Shan S. Review of metamodeling techniques in support of engineering design optimization. ASME Journal of Mechanical Design, 2007, 129(4):370-380.

[8] Lee H W, Lee G A, Yoon D J, et al. Optimization of design parameters using a response surface method in a cold cross-wedge rolling. Journal of Materials Processing Technology, 2008, 201(1-3):112-117.

[9] Viana F A C,Simpson T W,Balabanov V,et al. Metamodeling in multidisciplinary design optimization：How far have we really come?. AIAA Journal,2014,52(4):670-690.

[10] Rodriguez J F ,Renaud J E . Convergence of trust region augmented Lagrangian methods using variable fidelity approximation data. Structural Optimization,1998,15(3-4):141-156.

[11] Rodriguez J F,Perez V M,Padmanabhan D,et al. Sequential approximate optimization using variable fidelity response surface approximations. Structural and Multidisciplinary Optimization,2001,22(1):24-34.

[12] Rodriguez J F,Renaud J E,Watson L T . Trust region augmented Lagrangian methods for sequential response surface approximation and optimization. ASME Journal of Mechanical Design,1998,120:58-66.

[13] Rodriguez J F,Renaud J E ,Wujek B A,et al. Trust region model management in multidisciplinary design optimization. Journal of Computational and Applied Mathematics, 2000, 124(1-2):139-154.

[14] Alexandrov N M,Lewis R M,Gumbert C R,et al. Optimization with variable-fidelity models applied to wing design. NASA/CR-1999-209826,ECASE Report No. 99-49,1999.

[15] 孙成智. 基于变压边力的薄板冲压成形理论与实验研究. 上海:上海交通大学博士学位论文,2004.

[16] 孙荣桓,伊亨云,刘琼荪. 数理统计. 重庆:重庆大学出版社,2000.

[17] Jiang C,Han X,Liu G P. A sequential nonlinear interval number programming method for uncertain structures. Computer Methods in Applied Mechanics and Engineering, 2008, 197(49-50):4250-4265.

[18] Morris M D,Mitchell T J. Exploratory designs for computational experiments. Journal of Statistical Planning and Inference,1995,43(3):381-402.

[19] Jiang C,Han X. A new uncertain optimization method based on intervals and an approximation management model. CMES-Computer Modeling in Engineering and Sciences, 2007, 22(2):97-118.

[20] Liu G R,Quek S S. The Finite Element Method:A Practical Course. England:Elsevier Science Ltd. ,2003.

[21] Kurtaran H,Eskandarian A,Marzougui D,et al. Crashworthiness design optimization using successive response surface approximations. Computational Mechanics,2002,29(4-5):409-421.

[22] 王海亮. 基于耐撞性数值仿真的汽车车身结构优化设计研究. 上海:上海交通大学博士学位论文,2002.

[23] Belytschko T,Lin J I,Tsay C S. Explicit algorithms for the nonlinear dynamics of shells. Computer Methods in Applied Mechanics and Engineering,1984,42(2):225-251.

[24] 穆雪峰,姚卫星,余雄庆,等. 多学科设计优化中常用代理模型的研究. 计算力学学报, 2005,22(5):608-612.

[25] Jin R, Chen W, Simpson T W. Comparative studies of metamodeling techniques under multiple modeling criteria. Structural and Multidisciplinary Optimization, 2001, 23(1):1-13.

[26] 姜潮. 基于区间的不确定优化理论与算法. 长沙:湖南大学博士学位论文, 2008.

[27] Zhao Z H, Han X, Jiang C, et al. A nonlinear interval-based optimization method with local-densifying approximation technique. Structural and Multidisciplinary Optimization, 2010, 42(4):559-573.

第8章 区间多学科设计优化

在复杂工程系统设计中,很多时候涉及多学科设计优化(multidisciplinary design optimization,MDO)。"多学科"是指在一个设计问题中涉及多个工程学科,其中每个学科均可以基于相关理论或仿真工具得到各自的分析结果,并且学科分析模型之间存在复杂耦合关系。MDO通过探索和利用学科之间相互作用的耦合机制来解决这类复杂问题,近年来已经成为优化设计领域的一个重要研究方向,目前该领域已发展出一系列理论和方法[1-5]。这些方法大致可以分为两类:单级优化方法[6-8]和多级优化方法[9-11]。前者主要针对设计变量和学科数量较少的情况,将系统作为一个整体进行优化设计;后者则是对各单学科分别进行优化,然后在系统级对得到的优化结果进行一致性设计。常用的单级优化方法有单学科可行法(individual discipline feasible,IDF)[6]、同时优化方法(all-at-once,AAO)[7]、多学科可行法(multidisciplinary feasible,MDF)[8]等。多级优化方法则主要包括并行子空间优化(concurrent subspace optimization,CSSO)[9]、协作优化(collaborative optimization,CO)[10]、二级系统一体化合成优化(bi-level integrated system synthesis,BLISS)[11]等。上述传统的MDO方法主要针对确定性问题,即优化模型中所有的参数都可给定精确值。但是,在实际工程问题中,广泛存在与材料特性、载荷、工艺等有关的不确定性因素,这些因素的综合作用可能导致系统功能的较大波动甚至失效。现有研究表明[12],采用常规的MDO方法处理不确定性问题,有可能给出不可靠的优化结果,故需要开发考虑参数不确定性的MDO模型及求解算法。

本章将区间模型引入MDO问题,建立一种区间MDO方法,为不确定性多学科系统的设计优化提供了一种分析工具。本章主要内容包括:给出了区间MDO问题的数学表述形式;基于IDF策略对多学科分析进行了解耦;基于区间序关系转换模型将解耦后的区间优化问题转换为常规的确定性优化问题;通过数值算例分析及实际工程应用验证了本章方法的有效性。

8.1 区间多学科设计优化模型

首先以一个三学科系统为例对常规确定性MDO问题进行说明,涉及更多学科的一般情况同理可知。如图8.1所示,假设多学科系统的输入为 n 维确定性设计向量 $\boldsymbol{X}$,其取值范围为 Ω^n;输出为目标函数 f 和约束 $g_j(j=1,2,\cdots,l)$。每个实线方框表示一单学科分析过程,为便于说明,每个学科仅对应一个约束,故 $l=3$;$g_j \leqslant 0$ 则表示设计结果满足学科 j 的约束要求,包含更多约束的一般情况同理可得。f_j 表示基于学科 j 分析得到的目标函数,可作为系统目标函数 f 的组成部分,即 $f=f(\boldsymbol{X}, f_1, f_2, f_3)$。与常规多约束优化问题的不同之处在于:多学科分析中存在状态向量 $\boldsymbol{y}_{ji}$,其是第 j 个约束的输出,又是第 i 个约束的输入;换言之,对某一学科的分析需要同时考虑来自其他学科的影响,各学科在状态向量 $\boldsymbol{y}_{ji}$ 的作用下彼此耦合,故 $\boldsymbol{y}_{ji}$ 也可称为耦合向量。f_j、g_j 和 $\boldsymbol{y}_{ji}$ 可根据学科 j 的相关理论或分析工具得到,如表 8.1 所示。

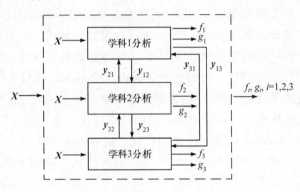

图 8.1　确定性 MDO 问题[13]

表 8.1　MDO 的状态变量、目标函数和约束[13]

状态变量	目标函数	约束
$\boldsymbol{y}_{12}=\boldsymbol{y}_{12}(\boldsymbol{X}, \boldsymbol{y}_{21}, \boldsymbol{y}_{31}), \boldsymbol{y}_{13}=\boldsymbol{y}_{13}(\boldsymbol{X}, \boldsymbol{y}_{21}, \boldsymbol{y}_{31})$	$f_1=f_1(\boldsymbol{X}, \boldsymbol{y}_{21}, \boldsymbol{y}_{31})$	$g_1=g_1(\boldsymbol{X}, \boldsymbol{y}_{21}, \boldsymbol{y}_{31})$
$\boldsymbol{y}_{21}=\boldsymbol{y}_{21}(\boldsymbol{X}, \boldsymbol{y}_{12}, \boldsymbol{y}_{32}), \boldsymbol{y}_{23}=\boldsymbol{y}_{23}(\boldsymbol{X}, \boldsymbol{y}_{12}, \boldsymbol{y}_{32})$	$f_2=f_2(\boldsymbol{X}, \boldsymbol{y}_{12}, \boldsymbol{y}_{32})$	$g_2=g_2(\boldsymbol{X}, \boldsymbol{y}_{12}, \boldsymbol{y}_{32})$
$\boldsymbol{y}_{31}=\boldsymbol{y}_{31}(\boldsymbol{X}, \boldsymbol{y}_{13}, \boldsymbol{y}_{23}), \boldsymbol{y}_{32}=\boldsymbol{y}_{32}(\boldsymbol{X}, \boldsymbol{y}_{13}, \boldsymbol{y}_{23})$	$f_3=f_3(\boldsymbol{X}, \boldsymbol{y}_{13}, \boldsymbol{y}_{23})$	$g_3=g_3(\boldsymbol{X}, \boldsymbol{y}_{13}, \boldsymbol{y}_{23})$

如此,常规的确定性 MDO 问题[6]通常可表述为

$$\begin{cases} \min_{\boldsymbol{X}} \ f(\boldsymbol{X}, f_j) \\ \text{s. t.} \ \ g_j(\boldsymbol{X}, \boldsymbol{y}_{ij}) \leqslant 0, i, j=1,2,\cdots,l, i \neq j \\ \boldsymbol{X} \in \Omega^n \end{cases} \tag{8.1}$$

因 f_j 是关于 $\boldsymbol{X}$ 和 $\boldsymbol{y}_{ij}$ 的函数,故式(8.1)中目标函数也可写为 $f(\boldsymbol{X}, \boldsymbol{y}_{ij})$。

实际多学科问题中通常存在诸多不确定性,为满足多学科系统可靠性设计要求,在 MDO 分析过程中需要充分考虑不确定性因素对系统性能的影响。如采用区间模型处理所有的不确定性参数,则式(8.1)可写成如下区间 MDO 问题:

$$\begin{cases} \min_{\boldsymbol{X}} \ f(\boldsymbol{X},\boldsymbol{U},\boldsymbol{y}_{ij}) \\ \text{s. t.} \ \ g_j(\boldsymbol{X},\boldsymbol{U},\boldsymbol{y}_{ij}) \leqslant b_j^I = [b_j^I, b_j^R], i,j=1,2,\cdots,l, i \neq j, \boldsymbol{X} \in \Omega^n \\ \qquad \boldsymbol{y}_{ji} = \boldsymbol{y}_{ji}(\boldsymbol{X},\boldsymbol{U}^c,\boldsymbol{y}_{ij}), i,j=1,2,\cdots,l, i \neq j \\ \qquad \boldsymbol{U} \in \boldsymbol{U}^I = [\boldsymbol{U}^L,\boldsymbol{U}^R], U_i \in U_i^I = [U_i^L, U_i^R], i=1,2,\cdots,q \end{cases} \quad (8.2)$$

式中,$\boldsymbol{U}$ 表示 q 维不确定向量,用区间向量 $\boldsymbol{U}^I$ 描述;b_j^I 为第 j 个不确定约束的允许区间,实际问题中也可以为实数。需要指出的是,因 $\boldsymbol{U}$ 的存在,耦合向量 $\boldsymbol{y}_{ji}$ 理论上均具有不确定性,为降低问题的复杂度,这里采用中点值 $\boldsymbol{U}^c$ 计算 $\boldsymbol{y}_{ji}$。

如图 8.2 所示,区间 MDO 问题和常规的区间优化类似,通常涉及两层嵌套优化:外层对设计变量进行寻优,内层用于计算不确定目标函数和约束的区间。不同的是,其内层约束的区间分析涉及多学科问题,学科间通过状态变量彼此耦合。例如,学科 1 分析输出的 $\boldsymbol{y}_{12}$ 是学科 2 分析的必要输入;同样,学科 1 分析又与学科 2 分析输出的 $\boldsymbol{y}_{21}$ 相关。如此,多学科分析需要反复协调各单学科的分析结果才能实现诸多状态变量的一致性,而实际问题中的学科分析通常基于耗时的仿真模型,反复调用仿真模型通常导致极为低下的效率问题。为此,区间 MDO 问题的求解相比常规的区间优化在计算效率上更具挑战性。

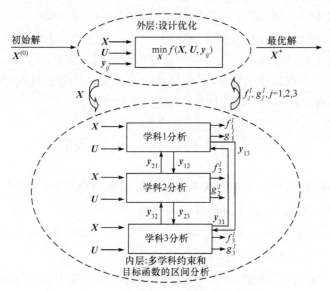

图 8.2　三学科系统的区间 MDO 问题示意图[13]

8.2　多学科分析解耦

多学科分析的核心问题在于:处理学科之间的耦合关系,即实现各学科状态变量的一致性设计。目前在确定性 MDO 方面,已发展出一系列重要的求解策略,如

单学科可行法(IDF)[6]、同时优化方法(AAO)[7]、协作优化(CO)[10]、二级系统一体化合成优化(BLISS)[11]等。其中,IDF 是应用最为广泛的几类 MDO 算法之一。IDF 采用新增设计变量及一致性约束以实现多学科解耦,使得各学科分析可以彼此独立进行,具有过程简单、易于实施的优点,尤其便于调用现有的仿真模型。为此,本章引入 IDF 策略对区间 MDO 问题中的多学科问题进行处理,即对各状态变量设置相应的设计变量,并且增加一致性约束,以消除这些状态变量与新增设计变量之间的差异。例如,对学科 1 分析得到的 y_{12} 设置相应的设计向量 v_{12},并新增确定性约束 $\dfrac{\| v_{ji} - y_{ji} \|}{\| v_{ji} \|} \leqslant \varepsilon_{ji}$ 以保证 v_{12} 和 y_{12} 之间的一致性;其中,ε_{ji} 为最小误差限。

如此,式(8.2)可转换为一常规的区间优化问题:

$$
\begin{cases}
\min\limits_{\boldsymbol{X}, \boldsymbol{v}_{ij}} f(\boldsymbol{X}, \boldsymbol{v}_{ij}, \boldsymbol{U}) \\
\text{s. t. } g_j(\boldsymbol{X}, \boldsymbol{U}, \boldsymbol{v}_{ij}) \leqslant b_j^I = [b_j^L, b_j^R], i,j=1,2,\cdots,l, i \neq j, \boldsymbol{X} \in \Omega^n \\
\quad h_{ji}^v = \dfrac{\| \boldsymbol{v}_{ji} - \boldsymbol{y}_{ji} \|}{\| \boldsymbol{v}_{ji} \|} \leqslant \varepsilon_{ji}, i,j=1,2,\cdots,l, i \neq j \\
\quad \boldsymbol{y}_{ji} = \boldsymbol{y}_{ji}(\boldsymbol{X}, \boldsymbol{U}^c, \boldsymbol{v}_{ij}), i,j=1,2,\cdots,l, i \neq j \\
\quad \boldsymbol{U} \in \boldsymbol{U}^I = [\boldsymbol{U}^L, \boldsymbol{U}^R], U_i \in U_i^I = [U_i^L, U_i^R], i=1,2,\cdots,q
\end{cases}
\tag{8.3}
$$

式中,$\boldsymbol{v}_{ji}$ 为新增的设计向量;h_{ji}^v 为一致性约束;$\| \cdot \|$ 表示向量的模。

通过上述分析,式(8.2)中的多学科问题得以解耦。然而,式(8.3)中的目标函数和约束仍包含不确定性向量 $\boldsymbol{U}$,下面将基于第 3 章中构建的区间序关系转换模型[13],进一步将其转换为一确定性优化问题进行求解。

8.3　转换为确定性优化问题

式(8.3)中,针对任一给定的 $\boldsymbol{X}$ 和 $\boldsymbol{v}_{ij}$,目标函数的取值为一区间 $f^I(\boldsymbol{X}, \boldsymbol{v}_{ij}) = [f^L(\boldsymbol{X}, \boldsymbol{v}_{ij}), f^R(\boldsymbol{X}, \boldsymbol{v}_{ij})]$,其上下边界可表示为

$$
f^L(\boldsymbol{X}, \boldsymbol{v}_{ij}) = \min\limits_{\boldsymbol{U}} f(\boldsymbol{X}, \boldsymbol{v}_{ij}, \boldsymbol{U}), \quad f^R(\boldsymbol{X}, \boldsymbol{v}_{ij}) = \max\limits_{\boldsymbol{U}} f(\boldsymbol{X}, \boldsymbol{v}_{ij}, \boldsymbol{U})
$$

$$
\boldsymbol{U} \in \Gamma = \{ \boldsymbol{U} \mid U_i^L \leqslant U_i \leqslant U_i^R, i=1,2,\cdots,q \}
\tag{8.4}
$$

利用区间序关系"$\leqslant_{cw}$",则式(8.3)中的目标函数可以转换为如下的确定性多目标优化问题:

$$
\min\limits_{\boldsymbol{X}, \boldsymbol{v}_{ij}} (f^c(\boldsymbol{X}, \boldsymbol{v}_{ij}), f^w(\boldsymbol{X}, \boldsymbol{v}_{ij}))
\tag{8.5}
$$

采用线性加权法[14],式(8.5)可进一步转换为单目标优化问题:

$$
\min\limits_{\boldsymbol{X}, \boldsymbol{v}_{ij}} f_d(\boldsymbol{X}, \boldsymbol{v}_{ij}) = (1-\beta) f^c(\boldsymbol{X}, \boldsymbol{v}_{ij}) + \beta f^w(\boldsymbol{X}, \boldsymbol{v}_{ij})
\tag{8.6}
$$

需要指出的是,为更方便分析和计算,这里并未引入式(3.35)中的三个参数 ξ, ϕ 和

ψ,在后续章节中处理多目标优化问题时也采用这样的简化方式。

另外,基于第 3 章中的区间可能度模型,式(8.3)中的不确定性约束可以转换为如下的确定性约束:

$$P(g_j^I(\boldsymbol{X},\boldsymbol{v}_{ij})\leqslant b_j^I)\geqslant\lambda_j, i,j=1,2,\cdots,l, i\neq j \tag{8.7}$$

式中,约束的区间 $g_j^I(\boldsymbol{X},\boldsymbol{v}_{ij})$ 的下边界和上边界可表示为

$$g_j^L(\boldsymbol{X},\boldsymbol{v}_{ij})=\min_{\boldsymbol{U}}g_j(\boldsymbol{X},\boldsymbol{U},\boldsymbol{v}_{ij}), \quad g_j^R(\boldsymbol{X},\boldsymbol{v}_{ij})=\max_{\boldsymbol{U}}g_j(\boldsymbol{X},\boldsymbol{U},\boldsymbol{v}_{ij})$$

$$\boldsymbol{U}\in\Gamma=\{\boldsymbol{U}\,|\,U_i^L\leqslant U_i\leqslant U_i^R, i=1,2,\cdots,q\} \tag{8.8}$$

通过上述分析,式(8.3)可以最终转换为一确定性单目标优化问题:

$$\begin{cases} \min_{\boldsymbol{X},\boldsymbol{v}_{ij}} f_d(\boldsymbol{X},\boldsymbol{v}_{ij})=(1-\beta)f^c(\boldsymbol{X},\boldsymbol{v}_{ij})+\beta f^w(\boldsymbol{X},\boldsymbol{v}_{ij}) \\ \text{s.t. } P(g_j^I(\boldsymbol{X},\boldsymbol{v}_{ij})\leqslant b_j^I)\geqslant\lambda_j \\ h_{ji}^v=\dfrac{\|\boldsymbol{v}_{ji}-\boldsymbol{y}_{ji}\|}{\|\boldsymbol{v}_{ji}\|}\leqslant\varepsilon_{ji} \\ \boldsymbol{y}_{ji}=\boldsymbol{y}_{ji}(\boldsymbol{X},\boldsymbol{U}^c,\boldsymbol{v}_{ij}) \\ i,j=1,2,\cdots,l, i\neq j, \boldsymbol{X}\in\Omega^n \end{cases} \tag{8.9}$$

式(8.9)仍然是一个双层嵌套优化问题,下面两个算例分析中,外层将采用 IP-GA 算法[15]对设计变量进行寻优,内层采用序列二次规划方法(sequential quadratic program,SQP)[16]求解目标函数和约束的区间。

8.4 数值算例与工程应用

8.4.1 数值算例

本节中考虑的数值算例由文献[17]中的算例修改而来,存在三个设计变量 $\boldsymbol{X}=(X_1,X_2,X_3)$,三个区间参数 $\boldsymbol{U}=(U_1,U_2,U_3)$。该算例包含两个学科,通过状态变量 y_{12}、y_{21} 彼此耦合;学科 1、学科 2 分析可分别得到约束功能函数 g_1、g_2 和目标函数 $f_1=0.5(X_3+U_3)^2+X_1^2$,$f_2=0.5(X_3+U_3)^2+X_2^2$;f_1、f_2 共同组成系统目标函数 f。其区间 MDO 问题建立如下:

$$\begin{cases} \min_{\boldsymbol{X}} f=f_1+f_2=(X_3+U_3)^2+X_1^2+X_2^2 \\ \text{s.t. } g_1=-2X_1-X_3+U_1-U_3-2y_{21}\leqslant 0 \\ g_2=3X_2+5X_3-U_2+5U_3-4y_{12}\leqslant 0 \\ y_{12}=X_1+X_3+U_3^c+y_{21}, y_{21}=X_2+X_3+U_3^c-y_{12} \\ U_1\in[4.55,5.45], U_2\in[0.55,1.45], U_3\in[-0.45,0.45] \\ 0\leqslant X_i\leqslant 5.0, i=1,2,3 \end{cases} \tag{8.10}$$

采用 IDF 策略对式(8.10)中的多学科分析进行解耦,可得到如下的常规区间优化问题:

$$\begin{cases} \min\limits_{\boldsymbol{X}, \boldsymbol{v}_{ij}} f = (X_3 + U_3)^2 + X_1^2 + X_2^2 \\[2mm] \text{s. t. } g_1 = -2X_1 - X_3 + U_1 - U_3 - 2v_{21} \leqslant 0 \\[2mm] \qquad g_2 = 3X_2 + 5X_3 - U_2 + 5U_3 - 4v_{12} \leqslant 0 \\[2mm] \qquad \dfrac{|v_{12} - y_{12}|}{|v_{12}|} \leqslant \varepsilon_{12}, \dfrac{|v_{21} - y_{21}|}{|v_{21}|} \leqslant \varepsilon_{21} \\[4mm] \qquad y_{12} = X_1 + X_3 + U_3^c + v_{21}, y_{21} = X_2 + X_3 + U_3^c - v_{12} \\[2mm] \qquad U_1 \in [4.55, 5.45], U_2 \in [0.55, 1.45], U_3 \in [-0.45, 0.45] \\[2mm] \qquad 0 \leqslant X_i \leqslant 5.0, i = 1, 2, 3 \end{cases} \tag{8.11}$$

采用区间序关系转换模型,可进一步将式(8.11)转换为如下的确定性优化问题:

$$\begin{cases} \min\limits_{\boldsymbol{X}, \boldsymbol{v}_{ij}} f_d = (1 - \beta) f^c + \beta f^w \\[2mm] \text{s. t. } P(g_1 = -2X_1 - X_3 + U_1 - U_3 - 2v_{21} \leqslant 0) \geqslant \lambda_1 \\[2mm] \qquad P(g_2 = 3X_2 + 5X_3 - U_2 + 5U_3 - 4v_{12} \leqslant 0) \geqslant \lambda_2 \\[2mm] \qquad \dfrac{|v_{12} - y_{12}|}{|v_{12}|} \leqslant \varepsilon_{12}, \dfrac{|v_{21} - y_{21}|}{|v_{21}|} \leqslant \varepsilon_{21} \\[4mm] \qquad y_{12} = X_1 + X_3 + U_3^c + v_{21}, y_{21} = X_2 + X_3 + U_3^c - v_{12} \\[2mm] \qquad 0 \leqslant X_i \leqslant 5.0, i = 1, 2, 3 \end{cases} \tag{8.12}$$

优化过程中的参数设置为:$\beta = 0.5, \lambda_1 = \lambda_2 = 0.96, \varepsilon_{12} = \varepsilon_{21} = 0.05$。选用 $(X_1^{(0)}, X_2^{(0)}, X_3^{(0)}, v_{12}^{(0)}, v_{21}^{(0)}) = (1.00, 1.00, 1.00, 1.00, 1.00)$ 作为初始点,优化结果 如表 8.2 所示。由结果可知,由于区间向量 $\boldsymbol{U}$ 的存在,目标函数在最优解处的值 为一区间$[10.38, 13.44]$;约束 1 和约束 2 在最优解处的函数值也是区间,分别为 $[0.00, 1.80]$和$[-0.19, 5.21]$,其区间可能度分别为 1.000 和 0.965,均满足给 定区间可能度水平 $\lambda_1 = \lambda_2 = 0.96$ 的要求。本章的方法通过新增设计变量及一致 性约束对多学科进行解耦,新增设计变量的最优解为$(v_{12}, v_{21}) = (3.76, -0.38)$,而 相应的状态变量的解为$(y_{12}, y_{21}) = (3.80, -0.38)$,两者非常接近并均满足给定的一 致性约束,这在一定程度上表明本章方法所引入的 IDF 多学科解耦策略的有效性。

表 8.2　数值算例的区间 MDO 计算结果

参数	优化结果
设计变量(X_1, X_2, X_3)	$(2.48, 1.68, 1.70)$
新增设计变量(v_{12}, v_{21})	$(3.76, -0.38)$
状态变量(y_{12}, y_{21})	$(3.80, -0.38)$
目标函数区间 f^I	$[10.38, 13.44]$
约束 1 区间 g_1^I	$[0.00, 1.80]$
约束 2 区间 g_2^I	$[-0.19, 5.21]$
约束可能度(P_1, P_2)	$(1.000, 0.965)$

8.4.2　在航拍相机设计中的应用

无人机航拍系统[18]是以无人机作为空中搭载平台,以航拍相机获取地面影像信息的应用技术。航拍相机作为航拍系统中最为重要的电子设备,要求在复杂环境下保持稳定性和可靠性。在航拍相机中,高清摄像、信号处理和数据传输等电子功能模块高度集成;振动环境、温度交变环境和器件功耗波动等极限工况彼此耦合。因此,航拍相机的结构设计通常涉及多学科分析,并且设计结果对设备的整体性能具有重要影响。图 8.3 为一超高清航拍相机,其主要部件包括镜头、主板、滤镜、壳体。该相机在作业过程中需要同时面临两种复杂工况:高温环境和振动环境。通过对高温环境进行温度应力分析可知,由于航拍相机由多种不同材料组成,在环境温度改变和电子器件自发热的综合作用下,航拍相机内部将产生明显温差和热变形;对振动环境进行力学分析发现,相机结构在不同频率振动激励下会产生不同的应力应变响应。当高温环境和振动环境并存时,相机内部的热变形将会对动力学特性产生显著影响,从而成为其必要输入;而因振动激励产生的应力应变响应又会改变温度应力响应,如相机主板上的变形会造成中央处理器(CPU)的功耗波动,进而影响相机内部的温度响应。

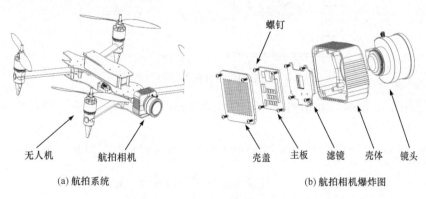

图 8.3　某超高清航拍相机[13]

(a) 航拍系统　　　　　　　　　　(b) 航拍相机爆炸图

图 8.4 给出了上述两个学科分析之间的耦合关系。其中,设计向量 $X=(t,l)$ 的分量 t,l 分别表示相机壳体壁厚和壳体边长,设计目标 Mass 为最小化相机质量。参数 P^S 表示主板上图像传感器的功耗,参数 E 表示主板材料的弹性模量。D^{CPU}、P^{CPU} 是耦合变量,D^{CPU} 表示学科 1 分析得到的主板上 CPU 处的热变形,P^{CPU} 表示学科 2 分析得到的 CPU 实际功耗。存在两个约束条件:45℃环境下,CPU 的温度 T^{CPU} 应小于给定温度 $T_0^{CPU}=66.0℃$;在频率范围为 $[30Hz,200Hz]$ 的正弦振动激励下,主板上变形 D^{MB} 应小于给定值 $D_0^{MB}=0.10mm$。参数 $U=(P^S,E)$ 为区

间向量。综上所述,可建立区间 MDO 问题如下:

$$
\begin{cases}
\min_{t,l}\ \mathrm{Mass}=-0.9914t^2-3.761t+0.01086l^2-0.6826l+0.6346tl+20.55 \\
\text{s. t.}\ \ g_1=T^{\mathrm{CPU}}\leqslant T_0^{\mathrm{CPU}},g_2=D^{\mathrm{MB}}\leqslant D_0^{\mathrm{MB}} \\
\qquad T^{\mathrm{CPU}}=T^{\mathrm{CPU}}(t,l,P^{\mathrm{S}},P^{\mathrm{CPU}}),D^{\mathrm{MB}}=D^{\mathrm{MB}}(t,l,E,D^{\mathrm{CPU}}) \\
\qquad P^{\mathrm{CPU}}=P^{\mathrm{CPU}}(t,l,E,D^{\mathrm{CPU}}),D^{\mathrm{CPU}}=D^{\mathrm{CPU}}(t,l,P^{\mathrm{S}},P^{\mathrm{CPU}}) \\
\qquad T_0^{\mathrm{CPU}}=66.0℃,D_0^{\mathrm{MB}}=1.00\mathrm{mm},P^{\mathrm{S}}\in[1.6\mathrm{W},2.4\mathrm{W}] \\
\qquad E\in[10000\mathrm{MPa},12000\mathrm{MPa}] \\
\qquad 1.00\mathrm{mm}\leqslant t\leqslant 3.00\mathrm{mm},30.00\mathrm{mm}\leqslant l\leqslant 40.00\mathrm{mm}
\end{cases}
\tag{8.13}
$$

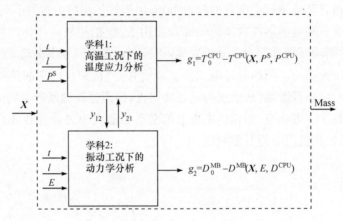

图 8.4　航拍相机设计的多学科分析[19]

采用 IDF 策略对航拍相机涉及的多学科分析进行解耦,并进行确定性转化,式(8.13)可转换为

$$
\begin{cases}
\min_{t,l,v_{12},v_{21}}\ \mathrm{Mass}=-0.9914t^2-3.761t+0.01086l^2-0.6826l+0.6346tl+20.55 \\
\text{s. t.}\ \ P(g_1=T^{\mathrm{CPU}}\leqslant T_0^{\mathrm{CPU}})\geqslant\lambda_1,P(g_2=D^{\mathrm{MB}}\leqslant D_0^{\mathrm{MB}})\geqslant\lambda_2 \\
\qquad \dfrac{|v_{12}-D^{\mathrm{CPU}}|}{|v_{12}|}\leqslant\varepsilon_{12},\dfrac{|v_{21}-P^{\mathrm{CPU}}|}{|v_{21}|}\leqslant\varepsilon_{21} \\
\qquad T^{\mathrm{CPU}}=T^{\mathrm{CPU}}(t,l,P^{\mathrm{S}},v_{21}),D^{\mathrm{MB}}=D^{\mathrm{MB}}(t,l,E,v_{12}) \\
\qquad P^{\mathrm{CPU}}=P^{\mathrm{CPU}}(t,l,E,v_{12}),D^{\mathrm{CPU}}=D^{\mathrm{CPU}}(t,l,P^{\mathrm{S}},v_{21}) \\
\qquad T_0^{\mathrm{CPU}}=66.0℃,D_0^{\mathrm{MB}}=1.00\mathrm{mm} \\
\qquad 1.00\mathrm{mm}\leqslant t\leqslant 3.00\mathrm{mm},30.00\mathrm{mm}\leqslant l\leqslant 40.00\mathrm{mm}
\end{cases}
\tag{8.14}
$$

式中, v_{12}、v_{21} 为新增设计变量,分别对应耦合变量 D^{CPU}、P^{CPU}。

对航拍相机结构建立如图 8.5 所示的有限元模型,该模型中包含 7 个部件,共 204160 个八节点六面体单元。通过设置不同的边界条件和载荷,可以得到高温工况下的温度应力仿真模型和振动工况下的动力学仿真模型,如图 8.6 所示。为提升后续优化的效率,对两个有限元仿真模型分别采样 65 次,构建约束函数 T^{CPU}、D^{MB} 和耦合变量函数 D^{CPU}、P^{CPU} 的二次多项式响应面模型,如表 8.3 所示。为验证响应面精度,在设计空间内随机选取六个点,表 8.4 给出了响应面和实际有限元模型在六个点处的结果比较,可以发现,建立的响应面模型具有较好的分析精度。

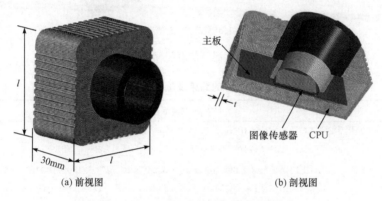

(a) 前视图   (b) 剖视图

图 8.5 航拍相机结构及有限元模型[19]

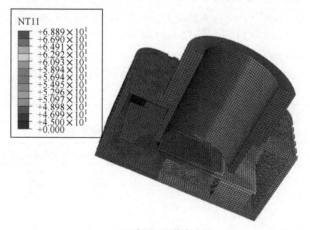

(a) 高温工况仿真分析

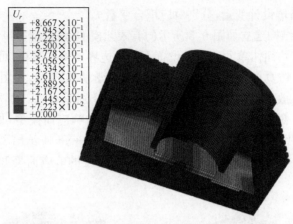

(b) 振动工况仿真分析

图 8.6　两类工况下的有限元仿真分析[19]

表 8.3　航拍相机问题中的约束及耦合变量的响应面模型[19]

函数	响应面模型
T^{CPU}	$T^{\text{CPU}} = 2.109(P^{\text{S}})^2 - 2.563P^{\text{S}}v_{21} - 0.4142P^{\text{S}} + 2.559l^2 + 0.0745tl$ $-18.58t + 0.003174l^2 - 0.4111l + 4.028(v_{21})^2 + 17.98v_{21} + 81.17$
D^{MB}	$D^{\text{MB}} = -1.52510^{-7}E^2 + 3.802\times10^{-4}Ev_{12} + 3.366\times10^{-3}E + 5.150\times10^{-3}t^2$ $-7.875\times10^{-4}tl + 1.233\times10^{-2}t + 1.563\times10^{-2}l^2 - 1.125l - 2.041$ $\times10^{-2}(v_{12})^2 - 8.381v_{12} + 3.364$
D^{CPU}	$D^{\text{CPU}} = 4.378\times10^{-2}(P^{\text{S}})^2 + 4.688\times10^{-5}P^{\text{S}}v_{21} - 0.1446P^{\text{S}} - 2.137\times10^{-2}t^2$ $-1.055\times10^{-4}tl + 7.399\times10^{-2}t - 9.340\times10^{-5}l^2 + 1.560\times10^{-2}l$ $+1.072\times10^{-2}(v_{21})^2 + 4.915\times10^{-2}v_{21} - 0.1738$
P^{CPU}	$P^{\text{CPU}} = 9.292\times10^{-8}E^2 - 3.388\times10^{-4}Ev_{12} - 2.056\times10^{-3}E - 6.833\times10^{-4}$ $t^2 - 5.950\times10^{-4}tl + 1.690\times10^{-2}t - 5.425\times10^{-3}l^2 + 3.989l + 3.401$ $\times10^{-3}(v_{12})^2 + 7.266v_{12} + 3.971$

表 8.4　航拍相机问题中的响应面模型精度验证[19]

测试点 $(t, l, v_{12}, v_{21}, P^{\text{S}}, E)$	响应面模型与有限元模型的相对误差/%			
	T^{CPU}	D^{MB}	D^{CPU}	P^{CPU}
$(2.63, 39.06, 0.28, 0.29, 2.05, 11302)$	4.35	1.17	0.27	3.66
$(1.56, 35.47, 0.77, 0.29, 1.86, 10021)$	2.00	3.54	0.58	9.70
$(2.91, 34.85, 0.68, 0.13, 1.97, 11902)$	4.58	4.93	1.72	4.05
$(2.58, 39.60, 0.59, 0.11, 2.14, 11023)$	4.41	3.23	2.08	4.33
$(2.36, 37.58, 0.65, 0.18, 2.06, 10458)$	1.46	3.26	4.05	2.08
$(2.41, 30.32, 0.37, 0.12, 1.84, 12398)$	4.31	3.44	3.26	2.34

为表明区间多学科设计优化的必要性,在该航拍相机的设计过程中考虑了两种情况。情况 1,采用本章方法进行区间 MDO 设计,相关参数设置为 $\beta = 0.5$,$\lambda_1 = \lambda_2 = 1.0, \varepsilon_{12} = \varepsilon_{21} = 0.01$;情况 2,不考虑参数的不确定性,而直接采用其区间中点替代,式(8.13)退化为一常规确定性 MDO 问题,可采用 IDF 方法[6]直接对其进行求解。选取 $(t^{(0)}, l^{(0)}) = (2.5\mathrm{mm}, 35\mathrm{mm})$ 为初始点,所有计算结果如表 8.5 所示。由结果可知,在第一种情况下,即通过区间 MDO 可以得到一稳定的优化解 $(t, l) = (2.43\mathrm{mm}, 33.05\mathrm{mm})$,相应的相机质量为 Mass $= 45.86\mathrm{g}$;由于图像传感器功耗和主板材料弹性模量引入的不确定性,CPU 温度值和主板变形量均为区间,即 $T^{\mathrm{CPU}} \in [60.31℃, 65.62℃]$ 和 $D^{\mathrm{MB}} \in [0.77\mathrm{mm}, 0.94\mathrm{mm}]$,其约束区间可能度为 $(P_1, P_2) = (1.00, 1.00)$,均满足给定可能度水平 $\lambda_1 = \lambda_2 = 1.0$ 的要求。而第二种情况下,得到了与第一种情况较大差异的优化解 $(t, l) = (1.72\mathrm{mm}, 33.05\mathrm{mm})$,相机的最小质量为 Mass $= 36.55\mathrm{g}$。因为忽略了参数不确定性的影响,第二种情况得到了更轻的相机质量。然而,在该设计结果下考虑参数的区间波动,通过不确定性分析可以得到 CPU 温度值和主板变形量的区间分别为 $T^{\mathrm{CPU}} \in [63.57℃, 68.95℃]$ 和 $D^{\mathrm{MB}} \in [0.75\mathrm{mm}, 0.99\mathrm{mm}]$,如果用区间可能度计算可得到 $(P_1, P_2) = (0.46, 1.00)$,可以发现约束 1 的可靠性明显无法满足设计要求。上述分析表明,进行区间 MDO 分析后,可以得到比常规确定性 MDO 更为可靠的优化结果。

表 8.5　航拍相机问题的 MDO 计算结果

参数	优化结果	
	区间 MDO	确定性 MDO
设计变量 $(t, l)/\mathrm{mm}$	(2.43, 33.05)	(1.72, 33.05)
CPU 处的变形 $D^{\mathrm{CPU}}/\mathrm{mm}$	0.54	0.51
CPU 的功耗 $P^{\mathrm{CPU}}/\mathrm{W}$	0.20	0.20
目标函数 Mass/g	45.86	36.55
CPU 的温度 $g_1 = T^{\mathrm{CPU}}/℃$	[60.31, 65.62]	65.92
主板的变形 $g_2 = D^{\mathrm{MB}}/\mathrm{mm}$	[0.77, 0.94]	0.99
约束可能度 (P_1, P_2)	(1.00, 1.00)	—

8.5　本章小结

本章提出了一种新的区间 MDO 模型及求解方法,为复杂产品或系统的可靠性设计提供了一种分析工具。该方法首先采用 IDF 策略实现多学科解耦,在此基础上基于区间序关系转换模型将区间 MDO 问题转换为常规的确定性优化问题进行求解;数值算例及实际工程应用分析进一步验证了本章方法的有效性。在上述方法的构建过程中,采用了 IDF 策略进行多学科解耦,未来也可以考虑引入AAO、CO、BLISS 等其他多学科分析策略,从而建立相应的区间 MDO 方法。另外,通过多学科解耦及区间序关系模型转换得到的是一个双层嵌套优化问题,未来针对该问题构建相应的高效求解算法也是需要进一步研究的课题。

参 考 文 献

[1] Balling R J, Sobieszczanski-Sobieski J. An algorithm for solving the system-level problem in multilevel optimization. National Aeronautics and Space Administration, 1995, 9(3):168-177.

[2] Simpson T, Toropov V, Vladimir B, et al. Design and analysis of computer experiments in multidisciplinary design optimization: A review of how far we have come-or not. Proceedings of 12th AIAA/ISSMO Multidisciplinary Analysis and Optimization Conference, MAO, 2008.

[3] Tedford N P, Martins J R R A. Benchmarking multidisciplinary design optimization algorithms. Optimization and Engineering, 2010, 11(1):159-183.

[4] Martins J R R A, Lambe A B. Multidisciplinary design optimization: A survey of architectures. AIAA Journal, 2013, 51(9):2049-2075.

[5] Hajela P. Nongradient methods in multidisciplinary design optimization-status and potential. Journal of Aircraft, 1999, 36(1):255-265.

[6] Cramer E J, Dennis J J E, Frank P D, et al. Problem formulation for multidisciplinary optimization. SIAM Journal on Optimization, 1994, 4(4):754-776.

[7] Garza D L A, Darmofal D L. An all-at-once approach for multidisciplinary design optimization//Proceedings of AIAA Applied Aerodynamics Meeting, 1998.

[8] Allison J, Kokkolaras M, Papalambros P. On the impact of coupling strength on complex system optimization for single-level formulations. ASME 2005 International Design Engineering Technical Conferences and Computers and Information in Engineering Conference, 2005:265-275.

[9] Wujek B, Renaud J E, Batill S. A concurrent engineering approach for multidisciplinary design in a distributed computing environment. Multidisciplinary Design Optimization: State of the Art. SIAM series: Proceedings in Applied Mathematics, 1997, 80:189-208.

[10] Braun R D, Kroo I M. Development and application of the collaborative optimization architecture in a multidisciplinary design environment. NASA Langley Technical Report Server, 1995:98-116.

[11] Sobieszczanski-Sobieski J, Altus T D, Phillips M, et al. Bilevel integrated system synthesis for concurrent and distributed processing. AIAA Journal, 2003, 41(10):164-172.

[12] Batill S M, Renaud J E, Gu X. Modeling and simulation uncertainty in multidisciplinary design optimization. The 8th AIAA/USAF/NASA/ISSMO Symposium on Multidisciplinary Analysis and Optimization, Long Beach, CA, 2000.

[13] Huang Z L, Zhou Y S, Jiang C, et al. Reliability-based multidisciplinary design optimization using inremental shifting vector strategy and its application in electronic product design.

Acta Mechanica Sinica,2018,34(2):285-302.

[14] 胡毓达. 实用多目标最优化. 上海:上海科学技术出版社,1990.

[15] Xu Y G,Li G R,Wu Z P. A novel hybrid genetic algorithm using local optimizer based on heuristic pattern move. Applied Artificial Intelligence,2001,15(7):601-631.

[16] Nocedal J,Wright S J. Numerical Optimization. New York:Springer,1999.

[17] Du X,Guo J,Beeram H. Sequential optimization and reliability assessment for multidisciplinary systems design. Structural and Multidisciplinary Optimization,2008,35(2):117-130.

[18] Sandau R. Digital airborne camera:Introduction and technology. Springer Science and Business Media,2009.

[19] 黄志亮. 基于可靠性的设计优化及在电子产品结构设计中的应用. 长沙:湖南大学博士学位论文,2017.

第9章 一种新的区间可能度模型及区间优化

在区间优化的求解过程中可以发现,区间数之间的比较模型发挥了重要作用[1]。例如,在区间序关系转换模型中,使用区间序关系及区间可能度两类比较模型分别处理不确定性目标函数和约束,最终将不确定性优化问题转换为常规的确定性优化问题。如第3章中所述,区间比较模型大致可以分为两类:一类为区间序关系(order relation of interval number),用于定性地判断一区间是否大于(或优于)另一区间,这类模型也可称为基于偏好的区间关系比较方法(preference-based interval comparison relation,P-ICR);另一类为区间可能度(possibility degree of interval number),用于定量描述一区间大于(或优于)另一区间的具体程度,这类模型也可称为基于具体数值的区间关系比较方法(value-based interval comparison relation,V-ICR)。本书前面章节中使用的区间可能度模型取值为[0,1],对于存在交集的两个区间,可以很好地表征其相互关系,然而对于不存在交集或者说完全分离的两个区间,则仅仅只能判别出某区间绝对大于或优于另一区间(一律置为1),或者某区间绝对小于或劣于另一区间(一律置为0),而无法在数值上精确区分出两个区间的相离程度。

为此,本章在现有研究的基础上,发展出一种新的区间可能度模型,不仅可以对重叠区间进行精确比较,还可以对完全分离的区间进行定量比较,从而为区间优化问题的求解提供更为有效的分析工具。本章主要内容包括:回顾区间比较模型的研究现状,对目前已有的三种主要区间可能度模型进行介绍和分析;在此基础上发展出一种基于可靠性的区间可能度(reliability-based possibility degree of interval,RPDI)模型;将该区间可能度模型应用于区间优化问题,并建立相应的求解方法;最后是算例分析和应用。

9.1 三种现有区间可能度方法及其不足

Moore[2,3]较早对基于偏好的区间关系比较方法进行了研究,将用于实数分析的"<"和"⊂"操作扩展至区间数,从而建立了两类针对区间的偏序关系。Ishibuchi和Tanaka[4]对上述模型进行改进,提出了两种新的比较方法,其中一种是基于对区间上、下边界的偏好,另一种是基于对区间中点和半径的偏好。随后,针对Ishibuchi和Tanaka给出的两类区间比较模型,Chanas和Kuchta[5,6]给出了一种统一的表述形式。上述区间比较方法都属于P-ICR型模型,仅仅能够回答两个区

间中"哪一个区间更好"的问题,而难以回答某一区间比另一区间"具体好多少"的问题,即无法实现区间的定量化比较。而 V-ICR 型方法可以实现区间之间的定量比较,在区间优化问题的求解尤其是不确定性约束的处理中具有重要作用。现有 V-ICR 型模型的构建中,通常是通过引入概率模型来实现的,即假设两个区间为服从均匀分布的随机数,故一个区间优于另一个区间的程度可以定义为该区间所对应的随机数大于另一随机数的概率。Nakahara 等[7]较早地将概率方法应用于区间数的比较,建立了相应的区间比较模型,在此基础上该领域后续又发展出了一系列相关的区间比较模型[8-15]。另外,Sevastjanov[16]基于证据理论,提出了一种区间比较模型,可以给出比较结果的概率区间。Sevastjanov 和 Rog[17]发展出了一种双目标区间比较方法。Jiang 等[18]基于概率方法构建了一种改进的区间可能度模型并应用于非线性区间优化,该模型与 Kundu[11]模型并不矛盾,且表达式更为简便。除概率方法,目前也发展出了多种基于其他分析方法的 V-ICR 型区间比较模型[19-26]。

在现有的 V-ICR 型模型中,可以归纳出三种较为典型的区间可能度构造方法。以区间 A^I 和 B^I 为例,三种区间可能度模型可表述如下[23,24,27]:

$$P(A^I \leqslant B^I) = \min\left\{\max\left\{\frac{B^R - A^L}{2A^w + 2B^w}, 0\right\}, 1\right\} \tag{9.1}$$

$$P(A^I \leqslant B^I) = \frac{\max\{0, 2A^w + 2B^w - \max\{A^R - B^L, 0\}\}}{2A^w + 2B^w} \tag{9.2}$$

$$P(A^I \leqslant B^I) = \frac{\min\{2A^w + 2B^w, \max\{B^R - A^L, 0\}\}}{2A^w + 2B^w} \tag{9.3}$$

式中,$P(A^I \leqslant B^I)$ 表示 A^I 小于等于 B^I(或 B^I 大于等于 A^I)的可能度。上述三种形式的区间可能度已经被证明是等价的[27]。另外,Sun 和 Yao[22]提出的区间可能度模型以及本书第 3 章提出的改进区间可能度模型[18]本质上也与上述三种模型等价。通过分析,可以归纳出上述区间可能度 $P(A^I \leqslant B^I)$ 具有如下性质:

(1) $0 \leqslant P(A^I \leqslant B^I) \leqslant 1$;

(2) 如果 $A^R \leqslant B^L$,则 $P(A^I \leqslant B^I) = 1$,表示 A^I 绝对小于等于 B^I,在实数轴上 A^I 完全位于 B^I 的左侧;

(3) 如果 $A^L \geqslant B^R$,则 $P(A^I \leqslant B^I) = 0$,表示 A^I 绝对大于等于 B^I,在实数轴上 A^I 完全位于 B^I 的右侧;

(4) (互补性) 如果 $P(A^I \leqslant B^I) = q$,则 $P(A^I \geqslant B^I) = 1 - q, q \in [0,1]$;

(5) 只有当 $A^L + A^R = B^L + B^R$ 时,$P(A^I \leqslant B^I) = \frac{1}{2}$;

(6) (传递性) 对于三个区间 A^I、B^I 和 C^I,如果 $P(A^I \leqslant B^I) \geqslant q$ 且 $P(B^I \leqslant C^I) \geqslant q$,则 $P(A^I \leqslant C^I) \geqslant q, q \in [0,1]$。

对于区间 A^I 和 B^I,固定 A^c、A^w 和 B^w,变化 B^c,则 $P(A^I \leqslant B^I)$ 的变化如图 9.1 所示。图中纵轴表示区间可能度,区间 B^I 沿横轴移动,$P(A^I \leqslant B^I)$ 的值(虚线)呈现三种变化状态,分别为"等于常数 0"、"从 0 到 1 单调递增"、"等于常数 1",并在 $B^R = A^L$ 和 $B^L = A^R$ 时出现拐点。在状态 2 中,两个区间部分或完全重叠,随着 B^I 逐步向 A^I 的右侧移动,区间 A^I 小于区间 B^I 的可能性明显增大,$P(A^I \leqslant B^I)$ 的值也相应地呈现逐渐增大的趋势。

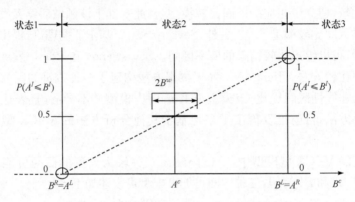

图 9.1　区间可能度仅随 B^c 变化的情况[28]

上述区间可能度模型具有表述简单、易于使用的优点,而且也已成功应用于区间优化等问题。然而,其也存在明显不足,限制了其在实际工程问题中的更广泛应用。首先,通过图 9.1 不难发现,该区间可能度只能在区间部分或完全重叠的情况下才充分发挥作用,而当区间完全分离时(状态 1 和状态 3),几乎丧失比较功能。对于完全分离的两个区间,无论其相对位置如何,都只能通过上述可能度模型获得固定值 0 或 1。然而,在实际工程问题中区间参数的不同相对位置,往往表示结构或系统具有不同的安全性或可靠性水平。为进一步说明该问题,下面将上述可能度模型应用于结构的强度可靠性分析,其中 A^I 和 B^I 分别表示结构的应力和强度,应力小于强度即表示结构可靠。考虑如下 6 种不同情况[28]:

情况 1,$A^I = [150\text{MPa}, 170\text{MPa}]$,$B^I = [200\text{MPa}, 220\text{MPa}]$

情况 2,$A^I = [120\text{MPa}, 140\text{MPa}]$,$B^I = [200\text{MPa}, 220\text{MPa}]$

情况 3,$A^I = [195\text{MPa}, 215\text{MPa}]$,$B^I = [200\text{MPa}, 220\text{MPa}]$

情况 4,$A^I = [185\text{MPa}, 205\text{MPa}]$,$B^I = [200\text{MPa}, 220\text{MPa}]$　　　(9.4)

情况 5,$A^I = [260\text{MPa}, 280\text{MPa}]$,$B^I = [200\text{MPa}, 220\text{MPa}]$

情况 6,$A^I = [230\text{MPa}, 250\text{MPa}]$,$B^I = [200\text{MPa}, 220\text{MPa}]$

情况 1 和情况 2 中区间的相对位置如图 9.2 所示,两种情况中的应力区间 A^I 完全位于强度区间 B^I 的左侧,而且情况 2 中两个区间之间的距离要明显大于情况 1 中两个区间的距离。因此,情况 2 中的应力超过强度的可能性较小,其安全性要高于情况 1。同样,情况 4 和情况 6 的可靠性要分别高于情况 3 和情况 5。然而,如果采用上述区间可能度 $P(A^I \leqslant B^I)$ 来分析以上 6 种情况,对于情况 1 和情况 2 将得到固定值 1.0,对于情况 5 和情况 6 将得到固定值 0,对于情况 3 和情况 4 将分别得到 0.625 和 0.875。显然,区间可能度只对情况 3 和情况 4(重叠区间)成功地反映出了与实际情况相符的可靠性情况。但是,对于如情况 1 和情况 2 及情况 5 和情况 6 等区间完全分离的情况,因为 $P(A^I \leqslant B^I)$ 得到固定值,故无法甄别出更为可靠的情况。通过上述分析可知,现有区间可能度模型理论上并不能在所有情况下都实现区间之间的定量化比较,这将对工程可靠性分析与设计造成较大障碍。为此,在现有研究基础上构建适用性更广的区间可能度模型是非常有必要的。

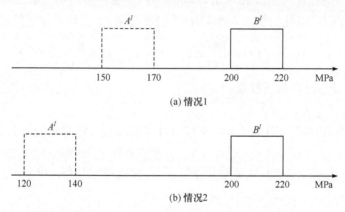

图 9.2　应力区间 A^I 和强度区间 B^I 的两种相对位置关系[28]

如图 9.1 所示,上述区间可能度模型在 0 和 1 处出现两个拐点,这通常导致函数不可导问题。例如,考虑以下两个区间的比较,其中左端区间带有变量 x:

$$[x+1, x+2] \leqslant [8, 10] \tag{9.5}$$

式(9.5)的区间可能度计算如下:

$$P([x+1, x+2] \leqslant [8, 10]) = \begin{cases} 1, & x \leqslant 6 \\ \dfrac{9-x}{3}, & 6 < x \leqslant 9 \\ 0, & x > 9 \end{cases} \tag{9.6}$$

不难发现,尽管上述区间可能度值是关于 x 的连续函数,但是在 $x=6$ 和 $x=9$ 处不可导。如果该区间可能度被应用于不确定性优化问题的分析,将可能导致最终建立的优化问题并不满足连续可微的条件,从而使得传统的基于梯度的优化方法难以有效应用,并最终给整个求解过程带来困难。

9.2　一种基于可靠性的区间可能度模型

本节将在现有研究的基础上,提出一种基于可靠性的区间可能度(reliability-based possibility degree of interval,RPDI)模型,较好地克服现有区间可能度的不足。针对式(9.1)～式(9.3),如果将情况 2 中的可能度变化特性延伸至情况 1 和情况 3,则可以得到 RPDI 模型。故针对 A^I 和 B^I 两个区间,RPDI 可表述如下[28]:

$$P_r(A^I \leqslant B^I) = \frac{B^R - A^L}{2A^w + 2B^w} \tag{9.7}$$

为与现有的区间可能度相区别,本章使用 P_r 表示 RPDI。当区间 A^I 退化为实数 A 或区间 B^I 退化为实数 B 时,RPDI 仍然适用,并且具有如下形式:

$$P_r(A \leqslant B^I) = \frac{B^R - A}{2B^w}, \quad P_r(A^I \leqslant B) = \frac{B - A^L}{2A^w} \tag{9.8}$$

$P_r(A^I \leqslant B^I)$ 具有如下性质:

(1) $P_r \in (-\infty, +\infty)$。

(2) 如果 $A^R \leqslant B^L$,则 $P_r(A^I \leqslant B^I) \geqslant 1$,在实数轴上 A^I 完全位于 B^I 的左侧。

(3) 如果 $A^L \geqslant B^R$,则 $P_r(A^I \leqslant B^I) \leqslant 0$,在实数轴上 A^I 完全位于 B^I 的右侧。

(4)(互补性) 如果 $P_r(A^I \leqslant B^I) = q$,那么 $P_r(A^I \geqslant B^I) = 1 - q$,其中 $q \in (-\infty, \infty)$。

(5) 只有当 $A^L + A^R = B^L + B^R$ 时,$P_r(A^I \leqslant B^I) = \frac{1}{2}$。

(6)(传递性) 对于三个区间 A^I、B^I 和 C^I,如果 $P_r(A^I \leqslant B^I) \geqslant q$ 且 $P_r(B^I \leqslant C^I) \geqslant q$,则 $P_r(A^I \leqslant C^I) \geqslant q$,$q \in (-\infty, \infty)$。

图 9.3 和图 9.4 描述了 $P_r(A^I \leqslant B^I)$ 的变化情况。图 9.3 中,固定 A^c、A^w 和 B^w,变化 B^c,则随着 B^I 在横轴上移动,$P_r(A^I \leqslant B^I)$ 的值(虚线)在整个轴上都呈现出线性变化状态,这一点与图 9.1 中给出的现有区间可能度的变化情况是不同的。在区间半径不变的情况下,随着 B^c 的增大,$A^I \leqslant B^I$ 的可能性显然越来越大,相应地 $P_r(A^I \leqslant B^I)$ 也呈现逐渐增大的趋势,这很好地反映出了 $A^I \leqslant B^I$ 可能性的变化。图 9.4 中,A^c、A^w 和 B^c 不变,区间半径 B^w 变化,P_{r0} 用于表示 $B^w = 0$ 时的 $P_r(A^I \leqslant B^I)$ 值。当 B^w 由 0 逐渐增大至 ∞ 时,根据 P_{r0} 的不同取值,RPDI(虚线)将呈现两种非线性变化模式。当 $P_{r0} > 0.5$ 和 $P_{r0} < 0.5$ 时,$P_r(A^I \leqslant B^I)$ 将分别单调递减和单调递增变化,但都无限趋近于 0.5。当 $P_{r0} = 0.5$ 时,$P_r(A^I \leqslant B^I)$ 将始终为常数。

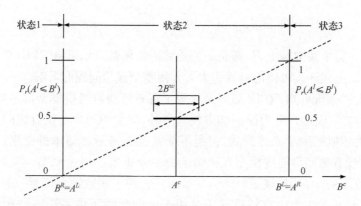

图 9.3　RPDI 仅随 B^c 变化的情况[28]

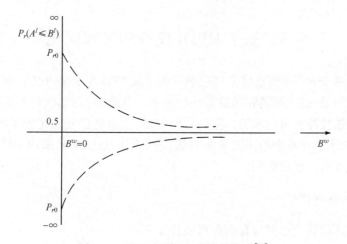

图 9.4　RPDI 仅随 B^w 变化的情况[28]

　　如图 9.3 所示,RPDI 不仅对于重叠区间而且对于完全分离的区间都可以实现定量化的比较。对于两个重叠区间,现有区间可能度的比较功能得以很好地保留下来,无论采用已有的区间可能度方法还是 RPDI 方法,可以得到同样的结果。对于完全分离的区间,RPDI 的值不再是固定的 1 或 0,而是与区间之间的相对位置有关。采用 RPDI 分析式(9.4)中的六种情况时:情况 1 和情况 2 中,$P_r=1.75$,$P_r=2.5$;情况 3 和情况 4 中,$P_r=0.625$,$P_r=0.875$;情况 5 和情况 6 中,$P_r=-1.0$,$P_r=-0.25$。如前所述,情况 2、4、6 的可靠性分别高于情况 1、3、5。上述分析结果表明,RPDI 能够很好地反映出系统的可靠性,RPDI 越大则表明系统的可靠性越高。

　　另外,如图 9.3 所示,RPDI 的变化是连续光滑的,通常不会出现图 9.1 中所示的拐点。例如,采用 RPDI 分析式(9.5)时,可以得到以下结果:

$$P_r([x+1,x+2] \leqslant [8,10]) = \frac{9-x}{3}, \quad -\infty < x < \infty \tag{9.9}$$

可以发现,在整个实数域上 P_r 都是 x 的连续可微函数。如果将 RPDI 应用于区间优化问题,则上述连续可微的特性将大大方便整个优化问题的求解。

通过上述分析可知,RPDI 较好地克服了现有区间可能度模型的主要缺点,并且 RPDI 的数学表达式更为简洁和方便。另外,尽管 RPDI 与现有区间可能度模型具有较为相似的数学表述形式,但是不能被视为是后者简单的变形。事实上,RPDI 是对现有区间可能度模型在概念上的一个重要扩展。RPDI 不但使区间比较的值域范围从[0,1]扩展至($-\infty,\infty$),而且实现了实数轴上任意一对区间的定量比较,从而可以作为一有效数学工具用于区间参数下的系统或结构的可靠性度量。

9.3　基于 RPDI 模型的区间优化

本节将基于 RPDI 模型建立相应的区间优化模型及求解方法。首先,针对线性区间优化问题,建立两类转换模型进行求解。其次,针对非线性区间优化问题,建立高效的迭代算法进行求解。需要指出的是,在上述区间优化模型的处理过程中,大致采用了第 3 章中给出的分析方法,所不同的是这里将采用 RPDI 模型,而不是原先的区间可能度模型。

9.3.1　线性区间优化

一般形式的线性区间优化问题可表述如下:

$$\begin{cases} \min\limits_{\boldsymbol{X}} \ f(\boldsymbol{X},\boldsymbol{c}) = \sum_{i=1}^{n} c_i^I X_i \\ \text{s. t. } g_j(\boldsymbol{X},\boldsymbol{a}) = \sum_{i=1}^{n} a_{ij}^I X_i \leqslant b_j^I, j=1,2,\cdots,l \\ X_i \geqslant 0, i=1,2,\cdots,n \end{cases} \tag{9.10}$$

式中,$\boldsymbol{X}$ 是为 n 维设计向量;f 和 g 分别为目标函数和约束;l 为约束个数;$\boldsymbol{c}$ 为 n 维系数向量;$\boldsymbol{a}$ 为 $n \times l$ 维系数矩阵,并且因为存在不确定性,$\boldsymbol{c}$ 和 $\boldsymbol{a}$ 中的分量都为区间;b_j^I 表示第 j 个不确定约束的允许区间。

采用 RPDI 模型,则式(9.10)中的不确定性约束可转换为如下确定性约束[28]:

$$P_r(g_j^I(\boldsymbol{X}) \leqslant b_j^I) = \frac{b_j^R - g_j^I(\boldsymbol{X})}{2g_j^w(\boldsymbol{X}) + 2b_j^w} \geqslant \lambda_j, \quad j=1,2,\cdots,l \tag{9.11}$$

式中,$\lambda_j \in (-\infty, \infty)$表示第 j 个约束的 RPDI 水平,其大小决定了 $\boldsymbol{X}$ 的可行域,较大的 λ 表示给定不确定性约束较为严格的可靠性要求。λ 可以在不同的约束条件中根据可靠度要求的不同而被赋予不同的值。同样,按照第 3 章中的方法,采用不同的工具处理不确定性目标函数,则可以建立如下两种转换模型。

1. 区间序关系转换模型

采用区间序关系"$\leqslant_{cw}$"处理目标函数,RPDI 处理约束,则式(9.10)可转换为如下确定性多目标优化问题:

$$\begin{cases} \min_{\boldsymbol{X}} \ (f^c(\boldsymbol{X}), f^w(\boldsymbol{X})) \\ \text{s. t. } P_r(g_j^I(\boldsymbol{X}) \leqslant b_j^I) = \dfrac{b_j^R - g_j^L(\boldsymbol{X})}{2g_j^w(\boldsymbol{X}) + 2b_j^w} \geqslant \lambda_j, j = 1, 2, \cdots, l \\ X_i \geqslant 0, i = 1, 2, \cdots, n \end{cases} \tag{9.12}$$

与非线性区间优化不同的是,对于线性区间优化问题,其目标函数和约束在任意 $\boldsymbol{X}$ 处的变化区间可以解析获得

$$f^L(\boldsymbol{X}) = \sum_{i=1}^{n} c_i^L X_i, \quad f^R(\boldsymbol{X}) = \sum_{i=1}^{n} c_i^R X_i$$

$$g_j^L(\boldsymbol{X}) = \sum_{i=1}^{n} a_{ij}^L X_i, \quad g_j^R(\boldsymbol{X}) = \sum_{i=1}^{n} a_{ij}^R X_i, \quad j = 1, 2, \cdots, l \tag{9.13}$$

将式(9.13)代入式(9.12)可得

$$\begin{cases} \min_{\boldsymbol{X}} \ \left(\dfrac{\displaystyle\sum_{i=1}^{n} c_i^L X_i + \sum_{i=1}^{n} c_i^R X_i}{2}, \dfrac{\displaystyle\sum_{i=1}^{n} c_i^R X_i - \sum_{i=1}^{n} c_i^L X_i}{2} \right) \\ \text{s. t. } \displaystyle\sum_{i=1}^{n} [\lambda_j (a_{ij}^R - a_{ij}^L) + a_{ij}^L] X_i \leqslant b_j^R - \lambda_j (b_j^R - b_j^L), j = 1, 2, \cdots, l \\ X_i \geqslant 0, i = 1, 2, \cdots, n \end{cases} \tag{9.14}$$

采用线性加权法[29],式(9.14)可进一步转换为一单目标优化问题:

$$\begin{cases} \min_{\boldsymbol{X}} \ f_d(\boldsymbol{X}) = \displaystyle\sum_{i=1}^{n} \left[\left(\dfrac{1}{2} - \beta \right) c_i^L + \dfrac{1}{2} c_i^R \right] X_i \\ \text{s. t. } \displaystyle\sum_{i=1}^{n} [\lambda_j (a_{ij}^R - a_{ij}^L) + a_{ij}^L] X_i \leqslant b_j^R - \lambda_j (b_j^R - b_j^L), j = 1, 2, \cdots, l \\ X_i \geqslant 0, i = 1, 2, \cdots, n \end{cases} \tag{9.15}$$

式中,$0 \leqslant \beta \leqslant 1$ 为多目标权系数。显然,式(9.15)是一个常规的线性规划问题,可以采用单纯形法等[30]进行求解。

2. 区间可能度转换模型

对目标函数引入一性能区间 $V^I = [V^L, V^R]$，并同时用 RPDI 处理目标函数和约束，则式(9.10)也可转换为如下确定性优化问题：

$$\begin{cases} \max\limits_{\boldsymbol{X}} \ P_r(f^I(\boldsymbol{X}) \leqslant V^I) = \dfrac{V^R - f^L(\boldsymbol{X})}{2f^w(\boldsymbol{X}) + 2V^w} \\[3mm] \text{s. t.} \ \ P_r(g_j^I(\boldsymbol{X}) \leqslant b_j^I) = \dfrac{b_j^R - g_j^L(\boldsymbol{X})}{2g_j^w(\boldsymbol{X}) + 2b_j^w} \geqslant \lambda_j, j = 1,2,\cdots,l \\[3mm] X_i \geqslant 0, i = 1,2,\cdots,n \end{cases} \tag{9.16}$$

式中，V^I 是一个事先设定的设计性能区间，要求目标函数尽可能满足。

基于式(9.13)，式(9.16)可进一步写为

$$\begin{cases} \max\limits_{\boldsymbol{X}} \ \dfrac{V^R - \sum\limits_{i=1}^{n} c_i^L X_i}{2V^w + \sum\limits_{i=1}^{n} (c_i^R - c_i^L) X_i} \\[5mm] \text{s. t.} \ \sum\limits_{i=1}^{n} \left[\lambda_j (a_{ij}^R - a_{ij}^L) + a_{ij}^L \right] X_i \leqslant b_j^R - \lambda_j (b_j^R - b_j^L), j = 1,2,\cdots,l \\[3mm] X_i \geqslant 0, i = 1,2,\cdots,n \end{cases} \tag{9.17}$$

显然，式(9.17)是一个带有线性约束的非线性规划问题，可以采用常规的非线性优化方法[30]进行求解。

另外需要指出的是，在第 3 章中建立的区间可能度转换模型中，求解转换后的确定性优化问题后，有可能得到一最优设计向量 $\boldsymbol{X}^*$，使得目标函数的可能度取最大值 1，即 $P_{\max} = P(f^I(\boldsymbol{X}^*) \leqslant V^I) = 1$，而满足 $P_{\max} = P(f^I(\boldsymbol{X}^*) \leqslant V^I) = 1$ 的解通常不是唯一的，而是存在一个解集。为此，需要引入鲁棒性准则再次构建一优化问题进行求解，从而从解集中继续寻找最优解。而本章给出的区间可能度转换模型中，使用了 RPDI 模型进行区间比较，RPDI 的取值范围为 $(-\infty, \infty)$ 而非 $[0,1]$，故求解式(9.17)后得到的最优设计向量 $\boldsymbol{X}^*$ 通常是唯一的，不需要再次构建优化问题进行求解，这将大大方便区间优化问题的求解。这也再次体现出 RPDI 模型在区间优化问题中具有很好的适用性。

9.3.2 非线性区间优化

非线性区间优化问题的求解远比上述线性区间优化问题复杂，下面将针对式(4.1)中非线性区间优化问题，基于 RPDI 模型及区间序关系转换模型，建立相应的优化模型及高效求解算法。整个求解过程采用了第 6 章中提出的方法，即引

入序列线性规划的思想将非线性区间优化问题转换为一系列线性区间优化问题进行求解,并通过迭代保证收敛。所不同的是,针对第 s 迭代步建立的如式(6.1)所示的线性区间优化问题,可以通过 9.3.1 节中的方法,将其转换为如下常规线性规划问题[31]:

$$
\begin{cases}
\min_{\boldsymbol{X}} \ \widetilde{f}_d = \sum_{i=1}^{n} \dfrac{\partial f(\boldsymbol{X}^{(s)},\boldsymbol{U}^c)}{\partial X_i}\beta X_i + \beta(f(\boldsymbol{X}^{(s)},\boldsymbol{U}^c)) - \sum_{i=1}^{n} \dfrac{\partial f(\boldsymbol{X}^{(s)},\boldsymbol{U}^c)}{\partial X_i} X_i^{(s)} \\
\qquad\qquad + \sum_{i=1}^{q} \left| \dfrac{\partial f(\boldsymbol{X}^{(s)},\boldsymbol{U}^c)}{\partial U_i} \right| (1-\beta)U_i^w \\
\text{s. t.} \ \ \sum_{i=1}^{n} \dfrac{\partial g_j(\boldsymbol{X}^{(s)},\boldsymbol{U}^c)}{\partial X_i} X_i \leqslant \sum_{i=1}^{q} \left| \dfrac{\partial g_j(\boldsymbol{X}^{(s)},\boldsymbol{U}^c)}{\partial U_i} \right| (1-2\lambda_j)U_i^w \\
\qquad\qquad + \sum_{i=1}^{n} \dfrac{\partial g_j(\boldsymbol{X}^{(s)},\boldsymbol{U}^c)}{\partial X_i} X_i^{(s)} + (1-\lambda_j)b_j^R + \lambda_j b_j^L \\
\qquad \max[\boldsymbol{X}_l,\boldsymbol{X}^{(s)}-\boldsymbol{\delta}^{(s)}] \leqslant \boldsymbol{X} \leqslant \min[\boldsymbol{X}_r,\boldsymbol{X}^{(s)}+\boldsymbol{\delta}^{(s)}]
\end{cases}
$$

$$(9.18)$$

除此之外,整个算法的流程与第 6 章中的方法一致。同理,也可以基于 RPDI 模型及区间可能度模型,构建类似的非线性区间优化算法,因为篇幅有限不再赘述。

9.4　数值算例与工程应用

9.4.1　数值算例

考虑如下线性区间优化问题[28]:

$$
\begin{cases}
\min_{\boldsymbol{X}} \ f(\boldsymbol{X},\boldsymbol{U}) = U_1 X_1 + U_2 X_2 + U_2 X_3 \\
\text{s. t.} \ \ g_1(\boldsymbol{X},\boldsymbol{U}) = U_3 X_1 + U_3 X_2 + U_4 X_3 \leqslant [11.0, 13.0] \\
\qquad g_2(\boldsymbol{X},\boldsymbol{U}) = U_5 X_1 + U_6 X_2 + U_7 X_3 \leqslant [10.0, 12.0] \\
\qquad X_1 \geqslant 1.0, X_2 \geqslant 1.0, X_3 \geqslant 1.0 \\
\qquad U_1 \in [-3.0, -2.0], U_2 \in [-2.0, -1.0], U_3 \in [0.5, 1.5], \\
\qquad U_4 \in [1.5, 3.0], U_5 \in [0.5, 2.0], U_6 \in [1.0, 2.0], U_7 \in [-2.0, 0.0]
\end{cases}
$$

$$(9.19)$$

首先,利用区间序关系转换模型进行分析,权系数 β 设为 0.5。表 9.1 中给出了基于区间序关系转换模型和不同 RPDI 水平下的优化结果,每一次优化过程中给定两个约束相同的 RPDI 水平。由结果可知,不同的约束 RPDI 水平下,得出的结果不同。当约束的RPDI水平由 0.0 增加到 1.8 时,得到的最优多目标评价函数 f_d 从 -23.0 增加至 -2.3,即设计目标呈现变差的趋势,其原因是较大的 RPDI 水平导致转换后的确定性优化问题的可行域变小。当给定约束 RPDI 水平一个较大值 2.0 时,转换后的确定性优化问题的可行域为空,则无法得到最优解。当然,较大的 RPDI 水平虽然使得目标函数的性能有所下降,但是优化结果使得约束的可靠性更高。另外,在不同的 RPDI 水平下第一个约束条件在最优解处的区间与允许区间的位置关系如图 9.5 所示。由图可知,当 $\lambda_1 = 0$ 时,约束条件 1 在最优解处的变化区间完全位于其允许区间 [11.0, 13.0] 的右侧,并且随着 RPDI 水平的逐渐增大,其沿着坐标轴往负方向移动;当 $\lambda_1 = 1.8$ 时,得到容许区间最左边的区间,表示此时第一个约束条件在几种情况下的可靠度最高。

表 9.1　基于区间序关系转换模型和不同 RPDI 水平下的优化结果(数值算例)[28]

λ_1, λ_2	最优设计向量 X	目标函数区间	约束 1 区间	约束 2 区间	f_d	约束的 RPDI 值
0.0, 0.0	(22.0, 1.0, 1.0)	[−70.0, −46.0]	[13.0, 37.5]	[10.0, 46.0]	−23.0	0.00, 0.05
0.5, 0.5	(8.5, 1.0, 1.1)	[−29.7, −19.1]	[6.4, 17.6]	[3.0, 19.0]	−9.5	0.50, 0.50
1.0, 1.0	(4.0, 1.0, 1.2)	[−16.3, −10.2]	[4.3, 11.0]	[0.7, 10.0]	−5.1	1.00, 1.00
1.5, 1.5	(2.0, 1.0, 1.1)	[−10.1, −6.0]	[3.1, 7.7]	[−0.2, 5.9]	−3.0	1.50, 1.50
1.8, 1.8	(1.3, 1.0, 1.1)	[−7.8, −4.5]	[2.6, 6.4]	[−0.4, 4.5]	−2.3	1.80, 1.80
2.0, 2.0	不可行	—	—	—	—	—

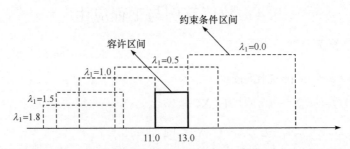

图 9.5　不同 RPDI 水平下约束条件 1 的区间和其允许区间的相对位置关系[28]

其次,利用区间可能度转换模型进行分析,性能区间 V^I 设为 [3.0, 5.0]。表 9.2 中给出了不同 RPDI 水平下的优化结果,每一次优化过程中给定两个约束相同的 RPDI 水平。由结果可知,随着约束 RPDI 水平的增加,目标函数和约束条件在最优设计向量下的 RPDI 值呈现相反的变化趋势,这与图 9.6 中给出的结果是一致的。因此,为了使目标函数更大限度地满足给定性能区间的要求,需要一定程度上放松对约束可靠性的要求,即减小约束的 RPDI 水平。另外,为了不丧失普遍性,本算例中还分析了约束 RPDI 水平为负值时的情况。但是,在实际工程问题中,将约束条件中的 RPDI 水平赋为负值是没有意义的,因为由此得到的设计方案将可能是完全不可靠的。

表 9.2 基于区间可能度转换模型和不同 RPDI 水平下的优化结果(数值算例)[28]

λ_1,λ_2	最优设计向量 X	目标函数区间	约束 1 区间	约束 2 区间	目标函数的 RPDI 值	约束的 RPDI 值
$-0.2,-0.2$	$(39.7,1.0,1.0)$	$[-123.0,-81.3]$	$[21.8,64.0]$	$[18.8,81.3]$	2.93	$-0.20,-0.11$
$0.2,0.2$	$(14.4,1.0,1.0)$	$[-47.3,-30.9]$	$[9.2,26.1]$	$[6.2,30.9]$	2.84	$0.20,0.22$
$0.7,0.7$	$(6.1,1.0,1.0)$	$[-22.4,-14.3]$	$[5.1,13.7]$	$[2.1,14.3]$	2.70	$0.75,0.70$
$1.2,1.2$	$(3.0,1.0,1.0)$	$[-13.1,-8.1]$	$[3.5,9.1]$	$[0.5,8.1]$	2.57	$1.26,1.20$
$1.7,1.7$	$(1.5,1.0,1.0)$	$[-8.4,-5.0]$	$[2.7,6.7]$	$[-0.3,5.0]$	2.45	$1.72,1.70$

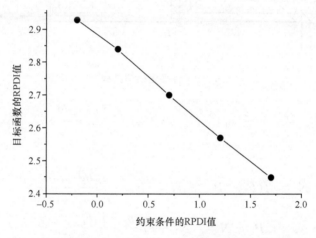

图 9.6 目标函数 RPDI 值和约束条件 RPDI 值的对应关系[28]

9.4.2 十杆桁架结构

如图 9.7 所示为一平面十杆桁架结构[32],需要在应力和位移约束条件下使各杆横截面积 A_j 最小,以获得最轻的重量。该桁架结构由铝合金制成,横杆和纵杆的长度均为 $L=9.144\mathrm{m}$,材料密度为 $2.77\times10^3\mathrm{kg/m^3}$,弹性模量 $E=68947\mathrm{MPa}$。节点 2 处垂直方向的最大允许位移为 12.7cm,杆 9 的最大允许拉应力或压应力为 517.1MPa,其他杆件的最大允许应力均为 172.4MPa。节点 4 受一垂向载荷 P_{4y} 作用,其名义值为 444.8kN;节点 2 受一垂向载荷 P_{2y} 和一水平载荷 P_{2x} 作用,其名义值分别为 444.8kN 和 1779.2kN;三个载荷为不确定性参数,其变化区间的不确定性水平为 10%。

杆的轴向力表示为 $N_i(i=1,2,\cdots,10)$,满足以下平衡方程和相容方程:

$$N_1=P_{2y}-\frac{\sqrt{2}}{2}N_8, \quad N_2=-\frac{\sqrt{2}}{2}N_{10}, \quad N_3=-P_{4y}-2P_{2y}+P_{2x}-\frac{\sqrt{2}}{2}N_8 \quad (9.20)$$

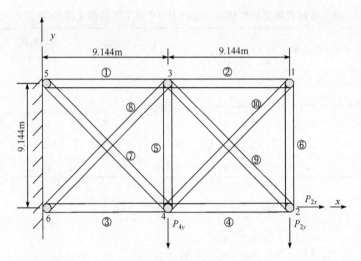

图 9.7　十杆平面桁架结构[32]

$$N_4 = -2P_{2y} + P_{2x} - \frac{\sqrt{2}}{2}N_{10}, \quad N_5 = -2P_{2y} - \frac{\sqrt{2}}{2}N_8 - \frac{\sqrt{2}}{2}N_{10}, \quad N_6 = \frac{\sqrt{2}}{2}N_{10}$$

$$(9.21)$$

$$N_7 = \sqrt{2}(P_{4y} + P_{2y}) + N_8, \quad N_8 = \frac{a_{22}b_1 - a_{21}b_2}{a_{11}a_{22} - a_{12}a_{21}},$$

$$N_9 = \sqrt{2}P_{2y} + N_{10}, \quad N_{10} = \frac{a_{11}b_2 - a_{21}b_1}{a_{11}a_{22} - a_{12}a_{21}} \tag{9.22}$$

$$a_{11} = \left(\frac{1}{A_1} + \frac{1}{A_3} + \frac{1}{A_5} + \frac{2\sqrt{2}}{A_7} + \frac{2\sqrt{2}}{A_8}\right)\frac{L}{2E}, \quad a_{12} = a_{21} = \frac{L}{2A_5E}$$

$$(9.23)$$

$$a_{22} = \left(\frac{1}{A_2} + \frac{1}{A_4} + \frac{1}{A_6} + \frac{2\sqrt{2}}{A_9} + \frac{2\sqrt{2}}{A_{10}}\right)\frac{L}{2E}$$

$$b_1 = \left(\frac{P_{2y}}{A_1} - \frac{P_{4y} + 2P_{2y} - P_{2x}}{A_3} - \frac{P_{2y}}{A_5} - \frac{2\sqrt{2}(P_{4y} + P_{2y})}{A_7}\right)\frac{\sqrt{2}L}{2E} \tag{9.24}$$

$$b_2 = \left(\frac{\sqrt{2}(P_{2x} - P_{2y})}{A_4} - \frac{\sqrt{2}P_{2y}}{A_5} - \frac{4P_{2y}}{A_7}\right)\frac{L}{2E} \tag{9.25}$$

节点 2 的垂向位移可由下式获得

$$\delta_2 = \left(\sum_{i=1}^{6}\frac{N_i^0 N_i}{A_i} + \sqrt{2}\sum_{i=7}^{10}\frac{N_i^0 N_i}{A_i}\right)\frac{L}{E} \tag{9.26}$$

式中,将 $P_{4y} = P_{2x} = 0$ 和 $P_{2y} = 1$ 代入式(9.20)～式(9.22)可求得 N_i^0。该问题的设计目标是最小化整个结构的质量 Mass,故建立如下的区间优化问题[31]:

$$
\begin{cases}
\min_{\boldsymbol{A}} \quad \mathrm{Mass}(\boldsymbol{A}) = \sum_{i=1}^{10} (\rho L_i A_i) = \rho L \left(\sum_{i=1}^{6} A_i + \sqrt{2} \sum_{i=7}^{10} A_i \right) \\
\text{s. t.} \quad \sigma_i(\boldsymbol{A}, P_{4y}, P_{2x}, P_{2y}) = \dfrac{|N_i|}{A_i} \leqslant \sigma_{i,\text{allow}}, i = 1, 2, \cdots, 10 \\
\qquad \delta_3(\boldsymbol{A}, P_{4y}, P_{2x}, P_{2y}) \leqslant 12.7\mathrm{cm} \\
\qquad 0.6452\mathrm{cm}^2 \leqslant A_i \leqslant 129.04\mathrm{cm}^2, i = 1, 2, \cdots, 10 \\
\qquad P_{4y} \in [400.32\mathrm{kN}, 489.28\mathrm{kN}], P_{2x} \in [1601.28\mathrm{kN}, 1957.12\mathrm{kN}] \\
\qquad P_{2y} \in [400.32\mathrm{kN}, 489.28\mathrm{kN}]
\end{cases}
\tag{9.27}
$$

式中,$\sigma_{i,\text{allow}}$ 表示第 i 根杆件的最大允许应力值。

采用区间序关系转换模型对上述非线性区间优化问题进行求解。在优化过程中,给定多目标权系数 $\beta = 0.5$,杆件的初始横截面积取 $129.04\mathrm{cm}^2$,同一次优化中各个约束的 RPDI 水平均设置为相等。为分析不同的约束可能度水平对优化结果的影响,给定 1.2、1.1、0.9 和 0.8 四种不同的 λ 值,相应的区间优化结果如表 9.3~表 9.6 所示。结果表明,四种情况下,在获得的最优设计变量下所有约束的 RPDI 值都满足了给定的 RPDI 水平要求。另外,桁架的最小质量随着约束 RPDI 水平的降低而减小,结构最小质量与约束 RPDI 水平之间近乎呈现线性关系(图 9.8)。如当约束 RPDI 水平为 1.2 时,优化后的桁架质量为 1160.49kg,而当约束 RPDI 水平为 0.8 时,优化后的桁架质量为 1024.33kg。

表 9.3　RPDI 水平为 1.2 时的区间优化结果[31]

杆号	横截面积/cm²	应力区间/MPa	应力约束的 RPDI 值
1	114.83	[42.20, 55.44]	9.82
2	3.81	[120.73, 163.83]	1.20
3	55.29	[50.82, 151.97]	1.20
4	97.94	[119.84, 163.62]	1.20
5	28.26	[82.05, 112.53]	2.96
6	3.81	[120.73, 163.83]	1.20
7	72.46	[135.97, 166.17]	1.20
8	13.16	[90.53, 158.65]	1.20
9	18.07	[275.87, 337.17]	3.94
10	5.36	[120.52, 163.55]	1.21

注:位移区间为[6.15cm, 11.6cm],桁架质量为 1160.49kg。

表 9.4　RPDI 水平为 1.1 时的区间优化结果[31]

杆号	横截面积/cm²	应力区间/MPa	应力约束的 RPDI 值
1	113.09	[42.27,55.58]	9.75
2	2.26	[122.59,167.93]	1.10
3	51.68	[52.82,161.31]	1.10
4	94.39	[121.77,167.86]	1.10
5	28.97	[89.29,120.82]	2.64
6	2.26	[122.73,167.93]	1.10
7	71.88	[138.52,169.38]	1.10
8	11.94	[91.57,165.24]	1.10
9	18.78	[279.52,341.72]	3.83
10	3.16	[122.73,167.93]	1.10

注:位移区间为[6.25cm,12.1cm],桁架质量为1119.85kg。

表 9.5　RPDI 水平为 0.9 时的区间优化结果[31]

杆号	横截面积/cm²	应力区间/MPa	应力约束的 RPDI 值
1	112.78	[40.75,53.57]	10.27
2	0.65	[128.18,177.27]	0.90
3	44.00	[56.40,185.27]	0.90
4	88.26	[127.28,177.41]	0.90
5	28.20	[106.39,140.38]	1.94
6	0.65	[128.18,177.27]	0.90
7	71.10	[143.62,175.55]	0.90
8	8.97	[93.43,181.13]	0.90
9	19.23	[288.00,351.99]	3.58
10	0.90	[128.18,177.27]	0.90

注:位移区间为[6.25cm,12.9cm],桁架质量为1054.61kg。

表 9.6　RPDI 水平为 0.8 时的区间优化结果[31]

杆号	横截面积/cm²	应力区间/MPa	应力约束的 RPDI 值
1	110.39	[39.16,50.61]	11.62
2	0.65	[131.76,182.51]	0.80
3	38.97	[52.06,202.30]	0.80
4	85.68	[131.14,182.72]	0.80
5	29.81	[113.08,144.59]	1.88
6	0.65	[131.76,182.51]	

续表

杆号	横截面积/cm²	应力区间/MPa	应力约束的 RPDI 值
7	73.04	[146.24,178.79]	0.80
8	5.10	[88.60,193.20]	0.80
9	18.71	[295.52,361.23]	3.37
10	0.90	[131.76,182.51]	0.80

注:位移区间为[5.99cm,13.4cm],桁架质量为1024.33kg。

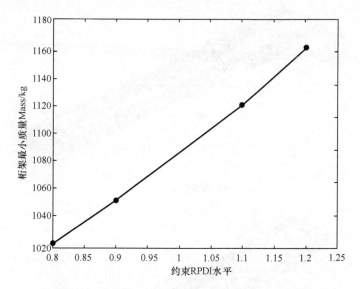

图 9.8　约束 RPDI 水平与桁架最小质量的关系[31]

9.4.3　在汽车车架结构设计中的应用

　　如图 9.9 所示的某商用车车架结构及有限元模型[31],其由两根纵梁和多根横梁组成。车架为整车的基座,汽车上的大部分零部件都是通过车架来固定的,这些零部件都会对车架产生载荷。通过简化约束和载荷,可得到车架的静力学模型如图 9.9 所示,其中三角形表示不同方向上的固定约束,Q_1 表示驾驶室作用在车架上的均布载荷,Q_2 表示发动机总成及其他附件的均布载荷,Q_3 表示油箱等附件的均布载荷,Q_4 表示货物的均布载荷。$b_i(i=1,2,\cdots,8)$表示 8 根横梁,其中 b_1、b_2、b_3 和 b_6 位置固定,需优化其他几根横梁的间距 $l_i(i=1,2,3)$ 以获得最大的车架 y 向刚度,同时满足最大应力不能超过许用应力的约束。因为制造和测量误差,车架的弹性模量 E 和泊松比 ν 为区间参数,中点值分别为 2.0×10^5MPa 和 0.3,不确定性水平都为 10%。故可建立如下区间优化问题:

$$\begin{cases} \min\limits_{l} \ d_{\max}(\boldsymbol{l}, E, \nu) \\ \text{s. t. } \sigma_{\max}(\boldsymbol{l}, E, \nu) \leqslant 90\mathrm{MPa} \\ \quad 500\mathrm{mm} \leqslant l_i \leqslant 1200\mathrm{mm}, i = 1, 2, 3 \\ \quad E \in [1.8 \times 10^5\mathrm{MPa}, 2.2 \times 10^5\mathrm{MPa}], \nu \in [0.27, 0.33] \end{cases} \tag{9.28}$$

式中,目标函数 $d_{\max}$ 表示车架的最大 y 向位移,用以表示垂向刚度;约束 $\sigma_{\max}$ 表示车架的最大等效应力。

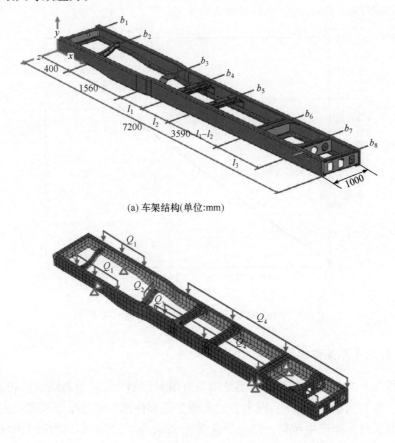

(a) 车架结构(单位:mm)

(b) 有限元模型

图 9.9　某商用车车架结构及有限元模型[31]

仍然采用区间序关系转换模型对上述非线性区间优化问题进行求解,其中多目标权系数设定为 $\beta = 0.5$,应力约束的 RPDI 水平设定为 3.8,优化过程中采用有限元模型计算 $d_{\max}$ 和 $\sigma_{\max}$。设计变量的初始值设置为 $(800\mathrm{mm}, 800\mathrm{mm}, 800\mathrm{mm})^{\mathrm{T}}$,优化结果如表 9.7 所示。由结果可知,其最优设计向量为 $\boldsymbol{l} = (777.29\mathrm{mm}, 775.83\mathrm{mm}, 825.83\mathrm{mm})^{\mathrm{T}}$,相应的 y 向最大位移区间仅为 $d_{\max}^I =$

[1.34mm,1.64mm];在该最优设计向量下,车架应力约束的 RPDI 值达到 3.83,满足给定的 RPDI 水平要求。另外,整个区间优化过程通过 8 个迭代步即收敛,总共只调用了 72 次有限元分析,体现了该算法较高的计算效率。

表 9.7 汽车车架结构区间优化结果

最优设计向量 l/mm	d_{max}^l/mm	σ_{max}^l/MPa	约束 RPDI 值
(777.29,775.83,825.83)	[1.34,1.64]	[86.17,87.17]	3.83

9.5 本 章 小 结

本章提出了一种新的 V-ICR 型区间比较模型——RPDI,不仅对重叠区间有效,而且能够很好地分析两个处于完全分离状态的区间。通过 RPDI,能够方便有效地对实数域上的任意两个区间的优劣程度进行定量比较,相比现有的区间可能度模型具有更广的适用范围。另外,本章还将 RPDI 模型应用于线性和非线性区间优化问题,构建了相应的优化模型及求解方法,并通过算例分析验证了相关方法的有效性。最后需要指出的是,RPDI 模型虽然与现有区间可能度模型在形式上具有一定的相似性,但其并非后者的简单改进。相反,它是现有区间可能度模型在概念上的拓展,这种拓展尤其对于结构的可靠性设计具有较为重要的应用价值。

参 考 文 献

[1] Sengupta A,Pal T K. Fuzzy Preference Ordering of Interval Numbers in Decision Problems. Berlin:Springer-Verlag,2009.

[2] Moore R E. Interval Analysis. Englewood Cliffs:Prentice-Hall,1966.

[3] Moore R E, Bierbaum F. Method and Application of Interval Analysis. Philadelphia: SIAM,1979.

[4] Ishibuchi H,Tanaka H. Multiobjective programming in optimization of the interval objective function. European Journal of Operational Research,1990,48(2):219-225.

[5] Chanas S,Kuchta D. Multiobjective programming in optimization of interval objective functions—A generalized approach. European Journal of Operational Research, 1996, 94(3): 594-598.

[6] Chanas S,Kuchta D. A concept of solution of the transportation problem with fuzzy cost coefficient. Fuzzy Sets and Systems,1996,82(3):299-305.

[7] Nakahara Y,Sasaki M,Gen M. On the linear programming problems with interval coefficients. Computers and Industrial Engineering,1992,23(1-4):301-304.

[8] Sevastjanov P, Venberg A. Modeling and simulation of power units work under interval uncertainty. Energy,1998,3:66-70.

[9] Sevastjanov P,Rog P. A probabilistic approach to fuzzy and interval ordering. Task Quarter-ly,2003,7(1):147-156.

[10] Wadman D,Schneider M,Schnaider E. On the use of interval mathematics in fuzzy expert system. International Journal of Intelligent Systems,1994,9(2):241-259.

[11] Kundu B. Min-transitivity of fuzzy leftness relationship and its application to decision mak-ing. Fuzzy Sets and Systems,1997,86(3):357-367.

[12] Kundu B. Preference relation on fuzzy utilities based on fuzzy leftness relation on interval. Fuzzy Sets and Systems,1998,97(2):183-191.

[13] Sevastjanov P V,Rog P,Venberg A V. The constructive numerical method of interval com-parison. The 4th International Conference on Parallel Processing and Applied Mathematics,Na-leczow,2002:756-761.

[14] Sevastjanov P,Rog P,Karczewski K. A probabilistic method for ordering group of intervals. Computer Science,2002,2(2):45-53.

[15] Yager R R,Detyniecki M,Bouchon-Meunier B. A context-dependent method for ordering fuzzy numbers using probabilities. Information Sciences,2001,138(1):237-255.

[16] Sevastjanov P. Interval comparison based on Dempster-Shafer theory of evidence//Parallel Processing and Applied Mathematics. Berlin:Springer-Verlag,2004.

[17] Sevastjanov P,Rog P. Two-objective method for crisp and fuzzy interval comparison in opti-mization. Computers and Operations Research,2006,33(1):115-131.

[18] Jiang C,Han X,Liu G R. A nonlinear interval number programming method for uncertain optimization problems. European Journal of Operational Research,2008,188(1):1-13.

[19] Sengupta A,Pal T K. On comparing interval numbers. European Journal of Operational Re-search,2000,127(1):28-43.

[20] Sengupta A,Pal T K,Chakraborty D. Interpretation of inequality constraints involving in-terval coefficients and a solution to interval linear programming. Fuzzy Sets and Systems,2001,119(1):129-138.

[21] Wang Y M,Yang J B,Xu D L. A preference aggreagation method through the estimation of utility intervals. Computer and Operation Research,2005,32(8):2027-2049.

[22] Sun H L,Yao W X. The basic properties of some typical systems' reliability in interval form. Structural Safety,2008,30(4):364-373.

[23] Facchinetti G,Ricci R G,Muzzioli S. Note on ranking fuzzy triangular numbers. International Journal of Intelligent Systems,1998,13(7):613-622.

[24] 刘新旺,达庆利. 一种区间线性规划的满意解. 系统工程学报,1999,14(2):123-128.

[25] Molai A A,Khorram E. Linear programming problem with interval coefficients and an inter-pretation for its constraints. Iranian Journal of Science and Technology, Transaction A,2007,31(4):369-390.

[26] Tseng T Y,Klein C M. New algorithm for the ranking procedure in fuzzy decision making. IEEE Transactions on Systems,Man and Cybernetics,1989,19(5):1289-1296.

[27] 徐泽水,达庆利. 区间数排序的可能度法及其应用. 系统工程学报,2003,18(1):67-70.

[28] Jiang C,Han X,Li D. A new interval comparison relation and application in interval number programming for uncertain problems. Computers,Materials and Continua,2012,27(3):275-303.

[29] 胡毓达. 实用多目标最优化. 上海:上海科学技术出版社,1990.

[30] Nocedal J,Wright S J. Numerical Optimization. New York:Springer,1999.

[31] Jiang C,Bai Y C,Han X,et al. An efficient reliability-based optimization method for uncertain structures based on non-probability interval model. Computers Materials and Continua,2010,18(1):21-42.

[32] Elishakoff I,Haftka R T,Fang J. Structural design under bounded uncertainty-optimization with anti-optimization. Computers and Structures,1994,53(6):1401-1405.

第 10 章　考虑参数相关性的区间优化

在前面章节所讨论的区间优化中,区间参数之间都假定为相互独立,故参数的不确定域在几何上为一"多维盒子"。然而,很多实际工程问题中,参数不确定性通常来自于"材料""载荷""尺寸"等多个"源",同一"源"内的参数有可能具有相关性,而不同"源"的参数相互独立,这就是"多源不确定性问题"。很多时候,参数相关性对于不确定性分析结果具有非常显著甚至决定性的影响。因此,发展和建立一种考虑不确定参数相关性的区间优化方法,对于进一步提升区间优化设计的分析精度及工程适用性都是非常必要的。

本章首先介绍作者近年来开发出的一种新型区间模型,即多维平行六面体区间模型(multidimensional parallelepiped interval model)[1,2],该模型可定量化描述区间变量之间的相关性,故可有效处理复杂的多源不确定性问题;其次,在多维平行六面体区间模型的基础上,建立一种区间不确定性优化模型及相应的求解方法;最后,将该区间优化方法应用于数值算例及实际工程问题的分析。

10.1　多维平行六面体区间模型

在多维平行六面体区间模型中,可以同时考虑不确定参数之间的独立性和相关性,并通过参数相关性构建多维参数的不确定域(几何上为一多维平行六面体)。该模型中,只需要知道每个参数的变化区间以及任何两个参数之间的相关性即可构造其不确定域 Ω。为便于理解,下面将分别以二维和多维问题介绍多维平行六面体区间模型的基本原理。

10.1.1　二维问题

如图 10.1 所示,对于二维问题,多维平行六面体模型将退化为一平行四边形模型,在该模型中四边形的一条边设定平行于横坐标轴。理论上,该平行四边形需要通过包络两个不确定参数的实验样本获得。图中, U_1^I、U_2^I 表示两个变量各自的变化范围,即边缘区间:

$$U_i^I = [U_i^L, U_i^R], \quad U_i^c = \frac{U_i^L + U_i^R}{2}, \quad U_i^w = \frac{U_i^R - U_i^L}{2}, \quad i = 1, 2 \quad (10.1)$$

显然,在固定的 U_1^I 和 U_2^I 下,不同的角度 θ_{12}(称为相关角)其实描述了变量之间的相关性。相关角 θ_{12} 的取值范围如下[1]:

$$\theta_{12} \in \left[\arctan \frac{U_2^w}{U_1^w}, \pi - \arctan \frac{U_2^w}{U_1^w} \right] \tag{10.2}$$

当 $\theta_{12} < \dfrac{\pi}{2}$ 时,变量 U_1 与 U_2 正相关,如图 10.1(a)所示;当 $\theta_{12} = \dfrac{\pi}{2}$ 时,变量 U_1 与 U_2 相互独立,平行四边形模型退化为区间模型;当 $\theta_{12} > \dfrac{\pi}{2}$ 时,变量 U_1 与 U_2 负相关,如图 10.1(b)所示。

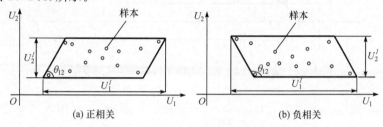

图 10.1　二维平行四边形区间模型[1]

10.1.2　多维问题

对于三维问题,不确定域 Ω 为如图 10.2 所示的平行六面体,同样,平行六面体的一个面设定平行于 $U_1 O U_2$ 坐标平面。边缘区间 U_1^I、U_2^I、U_3^I 表示各个变量的变化范围,角度 θ_{12}、θ_{13}、θ_{23} 描述了任意两变量之间的相关程度。如果仅 U_1 和 U_2 具有相关性、其余变量之间相互独立,则三个参数的不确定域如图 10.3 所示。

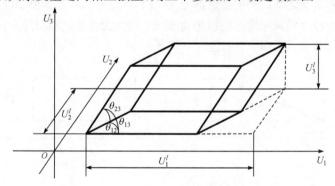

图 10.2　三维平行六面体区间模型[1]

对于更为一般形式的 q 维问题,不确定域相应地为一个多维平行六面体。对于每一个不确定变量,其边缘区间分别为 $U_i^I (i = 1, 2, \cdots, q)$;任意两个变量 U_i、U_j 的相关角用 θ_{ij} 表示,为了更方便描述两个区间变量之间的相关性,定义其相关系数 ρ_{ij} 为[1]

$$\rho_{ij} = \frac{U_j^w}{U_i^w \tan\theta_{ij}} \tag{10.3}$$

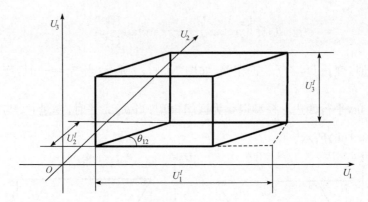

图 10.3　仅 U_1 与 U_2 相关时的平行六面体区间模型[1]

式中，$\theta_{ij} \in \left[\arctan \dfrac{U_j^w}{U_i^w}, \pi - \arctan \dfrac{U_j^w}{U_i^w}\right]$。显然，$\rho_{ij}$ 的变化范围为 $[-1,1]$。如

图 10.4 所示，当 $\theta_{ij} = \arctan \dfrac{U_j^w}{U_i^w}$ 时，相关系数 $\rho_{ij} = 1$，变量 U_i、U_j 完全线性正相关；

当 $\theta_{ij} = \dfrac{\pi}{2}$ 时，相关系数 $\rho_{ij} = 0$，变量 U_i、U_j 相互独立，该情况等效为常规的区间模

型；当 $\theta_{ij} = \pi - \arctan \dfrac{U_j^w}{U_i^w}$ 时，$\rho_{ij} = -1$，变量 U_i、U_j 完全线性负相关。通过以上分析可

知，当所有区间变量之间的相关系数都变为 0 时，多维平行六面体模型即等同于一般

区间模型，因此传统的区间模型可以视为多维平行六面体区间模型的一种特殊情况。

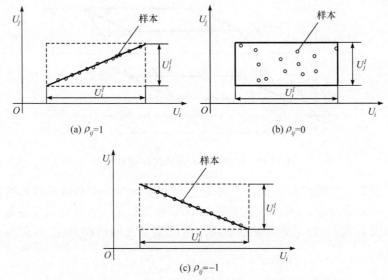

图 10.4　几种特殊相关系数下的平行六面体区间模型[1]

10.1.3　不确定域的构建

通过上述分析可知,只要知道所有变量的边缘区间及变量之间的相关角或相关系数,则可构造一多维平行六面体,作为参数的不确定域。在实际工程问题中,变量的各自变化范围,即边缘区间往往基于工程经验或少数样本较易获得。例如,在现有加工精度下,产品的加工尺寸将属于一区间(由名义尺寸与制造公差组成);在现有轧制条件下,钢材的弹性模量将在一稳定区间内。另外,变量之间的部分相关性信息很多时候也可以根据工程经验获得。例如,同一结构或产品中,材料、载荷、几何尺寸等来自不同“不确定源”的参数之间通常不具有相关性;在海浪随机过程的分析中,浪高与风速通常具有明显的相关性,需给定较大的相关系数等。但是,如果对于问题本身经验不足,则不确定域的构造将完全基于样本。下面针对一般性的不确定性问题,给出一种基于参数样本的多维平行六面体构建方法[1]。

假设一结构含 q 维不确定变量 $U_i(i=1,2,\cdots,q)$,具有 m 个试验样本 $\boldsymbol{U}^{(r)}(r=1,2,\cdots,m)$,则构建多维平行六面体区间模型的流程如下:

(1) 任取两个不确定变量 U_i 和 U_j,且 $i\neq j$。

(2) 从样本 $\boldsymbol{U}^{(r)}$ 中抽取 U_i 和 U_j 的值,获得二维样本集 $(U_i^{(r)},U_j^{(r)})(r=1,2,\cdots,m)$。

(3) 在 U_i-U_j 二维变量空间内,建立一包络所有样本 $(U_i^{(r)},U_j^{(r)})(r=1,2,\cdots,m)$ 的平行四边形,从而获得变量的边缘区间 U_i^I 和 U_j^I,以及相关角 θ_{ij} 和相关系数 ρ_{ij}。

(4) 对任意两个不确定变量重复以上步骤,得到所有不确定变量的边缘区间及相关系数。

(5) 基于所有变量的边缘区间及相关系数,最终构建多维平行六面体区间模型。

对于一多维问题,尤其是在变量维数较高的情况下,直接通过样本构建平行六面体模型相对困难。在上述方法中,通过将 q 维问题分解为 $\dfrac{q(q+1)}{2}$ 个简单的二维问题,并通过变量的边缘区间及相关系数搭建近似的多维不确定域 Ω,则可以较好地解决该问题,使得高维复杂问题的平行六面体模型构建成为可能。另外,需要指出的是,在很多情况下参数的边缘区间是已知的,则在使用上述方法时只需要通过样本获得参数相关角或相关系数即可。

10.2　考虑参数相关性的区间优化模型及求解

基于多维平行六面体区间模型,式(4.1)可以改写为如下考虑参数相关性的非线性区间优化问题[3]:

$$
\begin{cases}
\min\limits_{\boldsymbol{X}} \ f(\boldsymbol{X},\boldsymbol{U}) \\
\text{s. t.} \ \ g_i(\boldsymbol{X},\boldsymbol{U}) \leqslant b_i^I = [b_i^L, b_i^R], i = 1, 2, \cdots, l, \boldsymbol{X} \in \Omega^n \\
\qquad \boldsymbol{U} \in \Omega(\boldsymbol{U}^I, \boldsymbol{\rho})
\end{cases}
\tag{10.4}
$$

式中,$\boldsymbol{U}$ 是一 q 维的不确定向量,其不确定域 Ω 在几何上为多维平行六面体,由边缘区间向量 $\boldsymbol{U}^I$ 和相关系数矩阵 $\boldsymbol{\rho}$ 确定。

　　尽管使用多维平行六面体区间模型可以描述多维变量组成的不确定域,但是该不确定域通常难以通过函数解析表述,这会对后期的区间优化带来困难。为解决该问题,下文将首先引入仿射坐标系[4]将式(10.4)转换为常规的区间优化问题,其次将其转换为确定性优化问题并进行求解。

10.2.1　仿射坐标变换

　　对变量 $\boldsymbol{U}$ 的不确定域 Ω 进行仿射坐标变换,在仿射坐标系中坐标轴之间的夹角不再是 $90°$,而是等于区间变量之间的相关角。而且仿射坐标系的原点与多维平行六面体区间模型的中心点重合,其位置关系如图 10.5 所示。基于仿射坐标理论[4],可以得到原始坐标系下变量 $U_i(i=1,2,\cdots,q)$ 与仿射坐标系下变量 $P_i(i=1,2,\cdots,q)$ 之间的映射关系:

$$
\begin{bmatrix} U_1 \\ U_2 \\ \vdots \\ U_q \end{bmatrix} = \boldsymbol{A} \begin{bmatrix} P_1 \\ P_2 \\ \vdots \\ P_q \end{bmatrix} + \begin{bmatrix} U_1^c \\ U_2^c \\ \vdots \\ U_q^c \end{bmatrix}
\tag{10.5}
$$

式中,$\boldsymbol{U}^c = (U_1^c, U_2^c, \cdots, U_q^c)$ 表示区间中点向量,$\boldsymbol{A}$ 表示转换矩阵:

$$
\boldsymbol{A} = \begin{bmatrix}
a_{11} & a_{12} & \cdots & a_{1j} & \cdots & a_{1q} \\
a_{21} & a_{22} & \cdots & a_{2j} & \cdots & a_{2q} \\
\vdots & \vdots & & \vdots & & \vdots \\
a_{i1} & a_{i2} & \cdots & a_{ij} & \cdots & a_{iq} \\
\vdots & \vdots & & \vdots & & \vdots \\
a_{q1} & a_{q2} & \cdots & a_{qj} & \cdots & a_{qq}
\end{bmatrix}^{\mathrm{T}}
\tag{10.6}
$$

矩阵 $\boldsymbol{A}$ 的元素可以通过式(10.7)获得

$$
a_{ij} = \begin{cases}
0, & j > i \\
\dfrac{\cos\theta_k - \sum\limits_{m=1}^{j-1} a_{im}a_{jm}}{a_{jj}}, & j < i \\
\sqrt{1 - \sum\limits_{l=1}^{j-1} a_{il}^2}, & j = i
\end{cases}
\tag{10.7}
$$

为了简化表达式,式(10.7)中使用 θ_k 来表示 θ_{ij},其中下标 $k=\dfrac{(2n-j)(j-1)}{2}+$
$(i-j)$。为了更容易理解矩阵 $\boldsymbol{A}$ 的构成,通过一个简单的算例进行说明:对于一个
三维问题,假设三个相关系数 $\rho_{12}=\rho_{13}=\rho_{23}=0.4$,通过式(10.3)可以得到 $\cos\theta_1=$
$\cos\theta_2=\cos\theta_3=0.3714$;由式(10.7)可以计算出 $a_{12}=a_{13}=a_{23}=0,a_{11}=1,a_{21}=\dfrac{\cos\theta_1}{a_{11}}=$
$0.3714,a_{22}=\sqrt{1-a_{11}^2}=0.9285,a_{31}=\dfrac{\cos\theta_2}{a_{11}}=0.3714,a_{32}=(\cos\theta_3-a_{31}a_{21})/a_{22}=$
0.2514 和 $a_{33}=\sqrt{1-a_{31}^2-a_{32}^2}=0.8938$;最后,可获得转换矩阵 $\boldsymbol{A}$ 为

$$\boldsymbol{A}=\begin{bmatrix}1&0&0\\0.3714&0.9285&0\\0.3714&0.2514&0.8938\end{bmatrix}^{\mathrm{T}} \tag{10.8}$$

可发现矩阵 $\boldsymbol{A}$ 是一个上三角矩阵。经过上述坐标变换后,原始坐标系中区间半径
值 $U_i^w(i=1,2,\cdots,q)$ 和仿射坐标系中区间半径值 $P_i^w(i=1,2,\cdots,q)$ 存在如下映射
关系:

$$\begin{bmatrix}P_1^w\\P_2^w\\\vdots\\P_q^w\end{bmatrix}=[|\boldsymbol{A}|]^{-1}\begin{bmatrix}U_1^w\\U_2^w\\\vdots\\U_q^w\end{bmatrix} \tag{10.9}$$

其中,$[|\boldsymbol{A}|]$ 表示对矩阵 $\boldsymbol{A}$ 的所有元素取绝对值所构成的矩阵。

如图 10.5 所示,在仿射坐标系中,多维平行六面体模型转变为一个传统的区
间模型,模型中点与仿射坐标系原点重合,两个坐标系下区间半径发生变化。

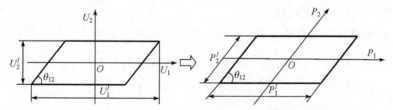

图 10.5　多维平行六面体区间模型的仿射坐标变换[3]

在仿射坐标系中,式(10.4)中的区间优化问题可以转换为

$$\begin{cases}\min_{\boldsymbol{X}}\ F(\boldsymbol{X},\boldsymbol{P})\\\text{s. t.}\ \ G_i(\boldsymbol{X},\boldsymbol{P})\leqslant b_i^I=[b_i^L,b_i^R],i=1,2\cdots,l,\boldsymbol{X}\in\Omega^n\\\qquad\boldsymbol{P}\in\boldsymbol{P}^I=[\boldsymbol{P}^L,\boldsymbol{P}^R],P_i\in P_i^I=[P_i^L,P_i^R],i=1,2,\cdots,q\end{cases} \tag{10.10}$$

式中,F 和 G 分别表示仿射坐标系下的目标函数和约束。

至此,经过以上仿射坐标变换,得到了一个常规的区间优化问题,即区间变量

P 之间相互独立,区间变量构成的不确定域在几何上也成为一"多维盒子"。因此,上述问题可以通过现有的非线性区间优化方法进行有效求解。

10.2.2　转换为确定性优化问题

整体上利用第 3 章中的区间序关系转换模型对式(10.10)进行分析。其中,采用"$\leqslant_{cw}$"型区间序关系处理目标函数,采用第 9 章中构建的新型区间可能度模型 RPDI[5]处理约束,则式(10.10)可转换为如下确定性优化问题[3]:

$$\begin{cases} \min_{\boldsymbol{X}} \ (F^c(\boldsymbol{X}),F^w(\boldsymbol{X})) \\ \text{s. t.} \ \ P_r(G_i^I(\boldsymbol{X})\leqslant b_i^I)=\dfrac{b_i^R-G_i^L(\boldsymbol{X})}{2G_i^w(\boldsymbol{X})+2b_i^w}\geqslant\lambda_i,i=1,2,\cdots,l,\boldsymbol{X}\in\Omega^n \end{cases} \quad (10.11)$$

类似地,式(10.11)可进一步转换为如下的单目标优化问题:

$$\begin{cases} \min_{\boldsymbol{X}} \ F_d(\boldsymbol{X})=(1-\beta)F^c(\boldsymbol{X})+\beta F^w(\boldsymbol{X}) \\ \text{s. t.} \ \ P_r(G_i^I(\boldsymbol{X})\leqslant b_i^I)=\dfrac{b_i^R-G_i^L(\boldsymbol{X})}{2G_i^w(\boldsymbol{X})+2b_i^w}\geqslant\lambda_i,i=1,2,\cdots,l,\boldsymbol{X}\in\Omega^n \end{cases} \quad (10.12)$$

显然,式(10.12)是一个两层嵌套优化问题。为提高计算效率,采用第 6 章提出的"基于序列线性规划的非线性区间优化算法"对该问题进行求解,将原问题转换为一系列线性区间优化问题进行分析,并通过迭代保证收敛。

10.3　数值算例与工程应用

10.3.1　数值算例

考虑如下区间优化问题[3]:

$$\begin{cases} \min_{\boldsymbol{X}} \ f(\boldsymbol{X},\boldsymbol{U})=U_3X_1+7U_2X_2-U_1X_1X_2+100 \\ \text{s. t.} \ g_1(\boldsymbol{X},\boldsymbol{U})=U_2U_3X_2+U_1X_1X_2\leqslant[790,810] \\ \qquad\quad g_2(\boldsymbol{X},\boldsymbol{U})=U_1U_2(X_1-15)^2+U_3(X_2-20)^2\leqslant[690,710] \\ \qquad\quad 0\leqslant X_i\leqslant20,i=1,2 \\ \qquad\quad \boldsymbol{U}\in\Omega(\boldsymbol{U}^I,\boldsymbol{\rho}) \end{cases} \quad (10.13)$$

式中,不确定变量 $\boldsymbol{U}$ 的边缘区间为 $U_1^I=[1.5,2.5]$、$U_2^I=[5.6,6.5]$ 和 $U_3^I=[3.5,4.5]$。

为研究参数相关性对于优化结果的影响,考虑四种相关性情况,前三种情况中仅一对参数之间存在相关性,第四种情况中所有参数之间都存在相关性,并且针对每一种情况分析了不同的相关系数值。使用区间优化方法求解时,多目标权系数 $\beta=0.5$,两个区间约束的 RPDI 水平设置为 $\lambda_1=\lambda_2=0.9$。计算结果如表 10.1~

表 10.4 所示,其中 N 表示优化过程中目标函数 f 的计算次数,P_{r1} 和 P_{r2} 分别表示两个约束在最优设计向量下的 RPDI 值。可以发现,本问题中优化结果对于区间参数的相关性较为敏感,因为不同的相关系数导致了差别较大的区间优化结果;在所有情况下,最终获得的两个约束的 RPDI 值都为 0.9,满足了事先给定的水平值要求。图 10.6 给出了四种情况下目标函数优化结果随相关系数的变化曲线。可以发现,目标函数的优化结果呈带状分布,由上边界和下边界组成。另外,不同的参数相关性对于目标函数优化结果的影响程度不同:ρ_{12} 对目标函数区间的影响最大,ρ_{13} 次之,ρ_{23} 影响较小。本算例中随着相关系数的不断增大,目标函数的区间半径不断减小,即结果的鲁棒性越好,但是目标函数中点基本保持不变。第四种情况中因为同时考虑了所有参数之间的相关性,目标函数区间的变化最为显著,表明参数相关性因素的增加可导致优化结果的更大变化。另外,由表 10.1~表 10.4 可知,采用"基于序列线性规划的非线性区间优化算法",整个优化过程具有较高的计算效率,因为所有情况下只需要调用 100 多次目标函数计算即可收敛到最优解。

表 10.1　第一种相关性情况下的区间优化结果(数值算例)[3]

ρ_{12}	X_1	X_2	f^I	g_1^I	g_2^I	P_{r1}	P_{r2}	N
0.0	19.50	10.63	[59.5,360.6]	[512.8,826.4]	[468.7,717.9]	0.90	0.90	144
0.2	19.35	10.48	[104.9,319.4]	[484.2,831.1]	[456.7,719.5]	0.90	0.90	156
0.4	19.19	10.30	[141.7,286.8]	[458.3,830.5]	[448.9,718.8]	0.90	0.90	144
0.6	19.12	10.25	[143.5,286.9]	[441.9,835.9]	[443.2,720.6]	0.90	0.90	144
0.8	19.02	10.17	[145.9,287.0]	[427.1,833.7]	[440.9,719.9]	0.90	0.90	144
1.0	18.99	10.09	[146.7,287.1]	[419.1,837.1]	[438.2,720.1]	0.90	0.90	132

表 10.2　第二种相关性情况下的区间优化结果(数值算例)[3]

ρ_{13}	X_1	X_2	f^I	g_1^I	g_2^I	P_{r1}	P_{r2}	N
0.0	19.50	10.63	[59.5,360.6]	[512.8,826.4]	[468.7,717.9]	0.90	0.90	144
0.2	19.35	10.48	[83.6,340.6]	[484.5,831.0]	[457.3,719.3]	0.90	0.90	156
0.4	19.20	10.33	[88.4,339.8]	[459.0,829.8]	[451.8,718.4]	0.90	0.90	156
0.6	19.15	10.28	[89.9,339.5]	[444.2,836.2]	[448.4,719.6]	0.90	0.90	156
0.8	19.10	10.22	[91.5,339.1]	[432.6,838.4]	[448.2,720.2]	0.90	0.90	156
1.0	19.07	10.14	[92.8,338.6]	[424.1,838.4]	[449.7,719.7]	0.90	0.90	144

表 10.3 第三种相关性情况下的区间优化结果(数值算例)[3]

ρ_{23}	X_1	X_2	f^I	g_1^I	g_2^I	P_{r1}	P_{r2}	N
0.0	19.50	10.63	[59.5,360.6]	[512.8,826.4]	[468.7,717.9]	0.90	0.90	144
0.2	19.45	10.59	[61.1,360.4]	[506.2,824.8]	[465.1,717.5]	0.90	0.90	168
0.4	19.43	10.57	[61.7,360.3]	[503.1,825.1]	[463.9,717.6]	0.90	0.90	168
0.6	19.43	10.57	[61.6,360.3]	[502.3,825.9]	[464.5,717.7]	0.90	0.90	168
0.8	19.45	10.57	[61.2,360.3]	[503.1,826.9]	[466.1,717.9]	0.90	0.90	168
1.0	19.47	10.58	[60.6,360.3]	[504.8,828.1]	[468.0,718.1]	0.90	0.90	168

表 10.4 第四种相关性情况下的区间优化结果(数值算例)[3]

$\rho_{12}=\rho_{13}=\rho_{23}$	X_1	X_2	f^I	g_1^I	g_2^I	P_{r1}	P_{r2}	N
0.0	19.50	10.63	[59.5,360.6]	[512.8,826.4]	[468.7,717.9]	0.89	0.90	144
0.2	19.17	10.30	[134.1,295.0]	[452.3,834.8]	[445.1,720.2]	0.89	0.90	144
0.4	18.96	10.07	[166.4,268.2]	[408.0,843.8]	[434.5,721.7]	0.88	0.90	132
0.6	18.75	9.82	[170.9,268.3]	[373.3,842.6]	[434.7,720.1]	0.89	0.90	120
0.8	18.68	9.77	[172.3,268.2]	[353.5,850.8]	[434.2,721.0]	0.88	0.90	120
1.0	18.58	9.67	[174.4,267.9]	[336.8,847.1]	[440.0,720.0]	0.89	0.90	120

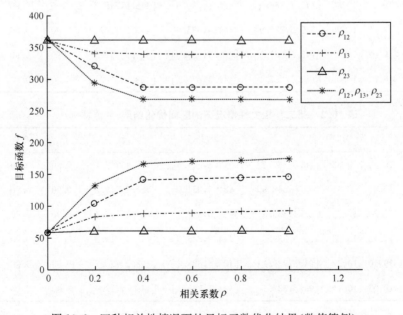

图 10.6 四种相关性情况下的目标函数优化结果(数值算例)

10.3.2　25 杆桁架结构

考虑如图 5.3 所示的 25 杆桁架结构[6]，材料的弹性模量 $E=200\mathrm{GPa}$，泊松比 $\nu=0.3$，水平和垂直杆长均为 $L=15.24\mathrm{m}$。节点 1 受水平载荷 $F_4=1300\mathrm{kN}$ 作用，节点 7 受垂向载荷 F_3 作用，节点 9 受垂向载荷 F_2 作用，节点 11 受垂向载荷 F_1 作用。杆(1)~(4)具有相同的截面面积 $A_1=550\mathrm{mm}^2$，杆(5)~(10)具有相同的截面面积 $A_2=8100\mathrm{mm}^2$，杆(11)~(15)具有相同的截面面积 $A_3=6700\mathrm{mm}^2$，杆(16)和(17)具有相同的截面面积 A_4，杆(18)和(19)具有相同的截面面积 A_5，杆(20)和(21)具有相同的截面面积 A_6，杆(22)和(23)具有相同的截面面积 A_7，杆(24)和(25)具有相同的截面面积 A_8。本问题中，以截面面积 $A_i(i=4,5,\cdots,8)$ 为设计变量；载荷 $F_i(i=1,2,3)$ 为不确定参数，其边缘区间分别为 $F_1^I=[1680\mathrm{kN},1880\mathrm{kN}]$、$F_2^I=[2124\mathrm{kN},2324\mathrm{kN}]$ 和 $F_3^I=[1680\mathrm{kN},1880\mathrm{kN}]$；节点 1、5、6 处的水平位移和节点 7、9、11 处的垂向位移需小于给定值。故可建立如下的区间优化问题[3]：

$$
\begin{cases}
\min_{\boldsymbol{A}} \quad \mathrm{Vol}(\boldsymbol{A},\boldsymbol{F})=2\sqrt{2}\sum_{i=4}^{8}A_iL \\
\mathrm{s.t.}\quad g_i(\boldsymbol{A},\boldsymbol{F})<b_i^I,i=1,2,\cdots,6 \\
\quad 4500\mathrm{mm}^2<A_4<10000\mathrm{mm}^2,4500\mathrm{mm}^2<A_5<12000\mathrm{mm}^2 \\
\quad 2250\mathrm{mm}^2<A_6<10000\mathrm{mm}^2,4500\mathrm{mm}^2<A_7<12000\mathrm{mm}^2 \\
\quad 4500\mathrm{mm}^2<A_8<10000\mathrm{mm}^2 \\
\quad b_1^I=[34\mathrm{mm},38\mathrm{mm}],b_2^I=[18\mathrm{mm},22\mathrm{mm}],b_3^I=[41\mathrm{mm},45\mathrm{mm}] \\
\quad b_4^I=[34\mathrm{mm},38\mathrm{mm}],b_5^I=[40\mathrm{mm},44\mathrm{mm}],b_6^I=[21\mathrm{mm},25\mathrm{mm}] \\
\quad \boldsymbol{F}\in\Omega(\boldsymbol{F}^I,\boldsymbol{\rho})
\end{cases}
\tag{10.14}
$$

式中，目标函数 Vol 表示所有杆的材料体积；约束 $g_i(i=1,2,\cdots,6)$ 表示 6 个节点处的位移；$b_i^I(i=1,2,\cdots,6)$ 表示相应位移的允许区间。

优化过程中，通过有限元模型计算节点处位移值，采用杆单元，整个结构共 25 个单元。为研究参数相关性对于优化结果的影响，同样考虑四种相关性情况，前三种情况中仅一对参数之间存在相关性，第四种情况中所有参数之间都存在相关性，并且针对每一种情况分析了不同的相关系数值。分析过程中，多目标权系数 $\beta=0.5$，六个约束 RPDI 水平都设置为 0.9。图 10.7 给出了四种相关性情况下目标函数优化结果。表 10.5 给出了第四种相关性情况下的区间优化结果。由于目标函数中不含有区间变量，所以优化结果为确定值。由图可知，不同区间变量之间的相关性对目标函数变化趋势影响基本一致，即随着相关系数的增大，目标函数整体上呈减小趋势。另外，与前一个算例相比，本问题中区间参数的相关性对优化结果的影响并不显著，如表 10.5 所示，随着区间参数之间相关系数的变化，结构最小体积

Vol 波动较小。另外,虽然本算例中含有 5 个优化变量和 3 个区间不确定参数,但是只需调用 200～300 次目标函数计算即收敛到优化结果,体现出较高的计算效率。

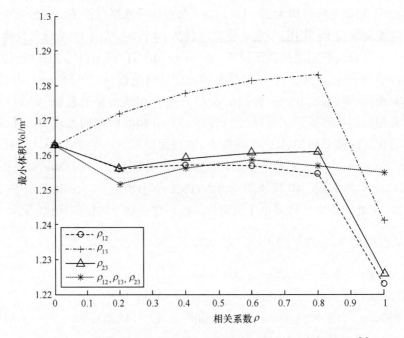

图 10.7　四种相关性情况下目标函数优化结果(25 杆桁架结构)[3]

表 10.5　第四种相关性情况下的区间优化结果(25 杆桁架结构)[3]

$\rho_{12}=\rho_{13}=\rho_{23}$	Vol/m³	P_{r1}	P_{r2}	P_{r3}	P_{r4}	P_{r5}	P_{r6}	N
0.0	1.263	1.90	0.91	0.90	0.89	0.90	0.90	220
0.2	1.252	1.82	1.04	0.90	0.90	0.90	1.02	240
0.4	1.256	1.95	1.10	0.90	0.90	0.90	1.10	280
0.6	1.259	2.01	1.09	0.90	0.90	0.90	1.07	320
0.8	1.257	2.10	1.09	0.90	0.90	0.90	1.09	280
1.0	1.255	2.19	1.04	0.90	0.90	0.90	1.03	300

10.3.3　在汽车耐撞性设计中的应用

汽车侧面碰撞问题是汽车安全性设计中需要考虑的重要因素之一[7,8],由于汽车侧面结构的强度相对薄弱,并且发生侧面碰撞的区域和乘员相距很近,所以很容易对乘员造成直接伤害[9]。在考虑侧面碰撞的汽车安全性设计中,汽车前后车门的内外板等碰撞区域的吸能部件会直接影响汽车侧面碰撞的安全性[10]。另外,在保证碰撞安全性的前提下,尽可能地减轻车身质量是汽车轻量化和安全性设计的主要目标[11,12]。考虑如图 10.8 所示的汽车侧碰问题,希望优化前后车门内外板的厚度,在保证乘员安全的情况下使左侧前后车门内外板的总质量 Mass 最小,实现其轻量化设计。通过约束侧面结构测量点的侵入速度以保障乘员的安全,该算例中侵入速度测量点位于 B 柱下端,如图 10.9 所示。汽车在发生侧面碰撞时,B 柱的侵入速度需控制在 $v^I = [11.4\text{m/s}, 12.0\text{m/s}]$ 范围之内。由于前后车门内外板存在制造和测量误差,其材料性能具有不确定性:前门内外板弹性模量和密度为不确定参数,其边缘区间分别为 $E_1^I = [190\text{GPa}, 210\text{GPa}]$ 和 $\text{Des}_1^I = [7.2 \times 10^3 \text{kg/m}^3, 8.4 \times 10^3 \text{kg/m}^3]$;后门内外板弹性模量和密度也为不确定参数,其边缘区间分别为 $E_2^I = [190\text{GPa}, 210\text{GPa}]$ 和 $\text{Des}_2^I = [7.2 \times 10^3 \text{kg/m}^3, 8.4 \times 10^3 \text{kg/m}^3]$。因为前后门内外板的制造过程相互独立,可以不考虑板之间材料特性的相关性,而只需考虑单块板内弹性模量和密度的相关性。设 E_1^I 与 Des_1^I 的相关系数为 ρ_{12},E_2^I 与 Des_2^I 的相关系数为 ρ_{34},其值假定为 $\rho_{12} = \rho_{34} = 0.6$,则可建立如下的区间优化问题[3]:

$$
\begin{cases}
\min_{\boldsymbol{X}} \ \text{Mass}(\boldsymbol{X}, \textbf{Des}, \boldsymbol{E}) \\
\text{s. t.} \ v_{\max}(\boldsymbol{X}, \textbf{Des}, \boldsymbol{E}) \leqslant v^I \\
\quad 0.6\text{mm} \leqslant X_1 \leqslant 1.0\text{mm}, \ 1.0\text{mm} \leqslant X_2 \leqslant 2.0\text{mm} \\
\quad 0.6\text{mm} \leqslant X_3 \leqslant 1.0\text{mm}, \ 1.0\text{mm} \leqslant X_4 \leqslant 2.0\text{mm} \\
\quad (\textbf{Des}, \boldsymbol{E}) \in \Omega(\textbf{Des}^I, \boldsymbol{E}^I, \rho_{12}, \rho_{34})
\end{cases}
\tag{10.15}
$$

式中,设计变量 $X_i (i=1,2,3,4)$ 为前后门内外板的厚度;约束 $v_{\max}$ 表示 B 柱下端最大侵入速度。

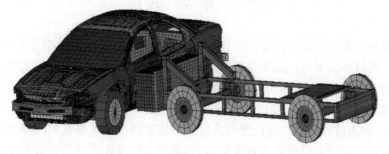

图 10.8　某汽车侧面碰撞模型[3]

建立整个侧碰问题中汽车和壁障的有限元模型,其由 85671 个壳单元和 564 个体单元组成,初始碰撞速度为 50km/h。区间优化过程中,多目标权系数设为 $\beta = 0.5$,约束的 RPDI 水平设置为 1.0,优化结果如表 10.6 所示。由结果可知,在获得的最优厚度下,B 柱最大侵入速度的区间为 $v_{\max}^I = [11.21\text{m/s}, 11.43\text{m/s}]$,在

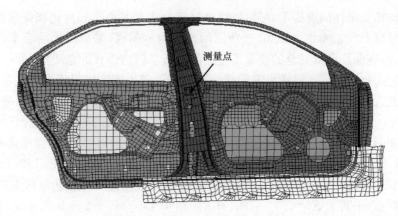

测量点

图 10.9　B柱侵入速度测量点位置[3]

材料参数不确定性情况下完全满足小于 v^I 的要求,约束的 RPDI 值达到 1.0;因为质量目标函数中的密度参数为区间参数,其最优值也为一区间 $\mathrm{Mass}^I =$ [20.13kg,22.20kg]。另外,该耐撞性问题中的设计变量和区间参数共有 8 个,而整个区间优化过程中仅调用了 108 次有限元计算,在效率上可以满足实际车辆设计的需要。

表 10.6　汽车耐撞性问题的区间优化结果[3]

X_1	X_2	X_3	X_4	Mass^I	$v^I_{\max}$	P_r	N
0.93mm	2.00mm	0.93mm	2.00mm	[20.13kg,22.20kg]	[11.21m/s,11.43m/s]	1.00	108

10.4　本章小结

本章基于多维平行六面体区间模型,提出了一种可考虑参数相关性的区间优化方法。通过多维平行六面体区间模型,相关性参数及独立性参数可以在一个统一的框架下进行描述,从而使得相应的区间优化方法可以用于复杂多源不确定性问题的设计。另外,通过区间序关系及 RPDI 模型,将区间优化问题转换为确定性优化问题,并通过高效迭代算法进行求解。数值算例分析结果表明,区间参数的相关性可能对区间优化结果造成较大影响,如简单地将其作为独立变量进行处理,有可能带来较大的分析误差;不同参数之间的相关性对优化结果通常具有不同程度的影响。当然,需要指出的是,虽然在参数相关性问题上已有少量成果出现,但是在区间优化领域其仍然是需要进一步深入研究的课题,相信在未来一段时间内这将是区间优化领域受到重点关注的问题之一。

参 考 文 献

[1] Jiang C, Zhang Q F, Han X, et al. Multidimensional parallelepiped model—A new type of non-probabilistic convex model for structural uncertainty quantification. International Journal for Numerical Methods in Engineering, 2015, 103(1):31-59.

[2] Jiang C, Zhang Q F, Han X, et al. A non-probabilistic structural reliability analysis method based on a multidimensional parallelepiped convex model. Acta Mechanica, 2014, 225(2): 383-395.

[3] Jiang C, Zhang Z G, Zhang Q F, et al. A new nonlinear interval programming method for uncertain problems with dependent interval variables. European Journal of Operational Research, 2014, 238(1):245-253.

[4] Frank A. Schaum's Outlines of Theory and Problems of Projective Geometry. New York: McGraw-Hill Book Company, 1967.

[5] Jiang C, Han X, Li D. A new interval comparison relation and application in interval number programming for uncertain problems. Computers, Materials and Continua, 2012, 27(3): 275-303.

[6] Au F T K, Cheng Y S, Tham L G, et al. Robust design of structures using convex models. Computers and Structures, 2003, 81(28-29):2611-2619.

[7] 钟志华, 张维刚, 曹立波, 等. 汽车碰撞安全技术. 北京:机械工业出版社, 2003.

[8] 朱西产. 实车碰撞试验法规的现状和发展趋势. 汽车技术, 2001, (4):5-10.

[9] 张学荣, 苏清祖. 侧面碰撞成员损伤影响因素分析. 汽车工程, 2008, 30(2):146-150.

[10] Nelson D. Improved side impact protection: Design optimization for minimum harm. SAE Paper No. 2002010167, 2002.

[11] Uduma K, Wu J, Bilkhu S, et al. Door interior trim safety enhancement strategies for the SID-IIS dummy. Proceedings of SAE World Congress, Detroit, 2005.

[12] Rekveldt M B, Griotto G, Ratingen M V, et al. Head impact location, angle and velocity during side impact: A study based on virtual testing. Proceedings of SAE World Congress, Detroit, 2005.

第 11 章　区间多目标设计优化

实际工程问题中,通常具有多个相互冲突的设计目标,即存在多目标优化。例如,车身结构的设计不仅需要考虑其刚度和强度,还需要考虑其安全性;雷达等电子装备的设计不仅需要考虑机械性能,还需要考虑电性能。通过多目标优化,可以实现结构或系统的综合性能最优,从而大大提升产品质量。目前在多目标优化领域,已经有一系列成果出现[1-8]。现有的多目标优化方法大都针对确定性问题,即问题中涉及的参数都可以给定精确值,而对于一类重要的不确定性多目标优化问题的研究相对较少。

本章构建一种基于区间的不确定多目标优化方法,为复杂环境下的工程多目标优化设计提供一种潜在的分析工具。本章主要内容如下:首先给出区间多目标优化的数学模型;其次将其转换为确定性优化问题,并建立相应的求解算法;最后是数值算例分析及工程应用。

11.1　区间多目标优化模型

确定性多目标优化问题通常可表述为

$$\begin{cases} \min\limits_{\boldsymbol{X}} \ (f_1(\boldsymbol{X}), f_2(\boldsymbol{X}), \cdots, f_m(\boldsymbol{X})) \\ \text{s. t. } \ g_i(\boldsymbol{X}) \leqslant 0, i=1,2,\cdots,l, \boldsymbol{X} \in \Omega^n \end{cases} \tag{11.1}$$

式中,$f(\boldsymbol{X})$ 和 $g(\boldsymbol{X})$ 分别为目标函数和约束;m 表示目标函数的数量。多目标优化问题通常具有多个甚至无穷多个解,求解多目标优化问题的最终目的是希望在问题的可行域内找到一个满意的最优妥协解。目前求解多目标优化的方法主要有两大类。一类是在求解之前根据偏好信息把多个目标转换为单个目标,最后通过常规优化方法得到最优妥协解,这种方法称为基于偏好的方法。传统的多目标优化方法大部分属于这类方法,如权重和方法[9]、目标规划法[10]、功效函数法[11]等。这类方法使用简单,在目标的偏好信息明确时通常可以得到准确结果,但对于相对复杂或信息量缺乏的工程问题其偏好信息往往难以精确获得,此时这类方法实现起来比较困难。另一类方法是在问题的可行域内找到一系列 Pareto 最优解集,再根据决策者的经验来选取其中一个解作为最优妥协解,这类方法称为产生式方法[12-14]。产生式方法不需要事先对各个目标提供偏好信息,而是直接求出整个 Pareto 最优解集,然后从求出的解集中选取需要的最优妥协解(非劣解)。即使偏好信息不明确也不需要重新计算,只需要决策者重新选取最优解即可,目前产生式方法已经成为多目标优化领域的主流方法。

当多目标优化问题中存在不确定性参数,并且利用区间来描述参数的不确定性时,便可以建立区间多目标优化模型:

$$
\begin{cases}
\min\limits_{\boldsymbol{X}} \ (f_1(\boldsymbol{X},\boldsymbol{U}),f_2(\boldsymbol{X},\boldsymbol{U}),\cdots,f_m(\boldsymbol{X},\boldsymbol{U})) \\
\text{s. t. } \ g_i^I(\boldsymbol{X},\boldsymbol{U})\leqslant b_i^I=[b_i^L,b_i^R],i=1,2,\cdots,l,\boldsymbol{X}\in\Omega^n \\
\quad\quad \boldsymbol{U}\in\boldsymbol{U}^I=[\boldsymbol{U}^L,\boldsymbol{U}^R],U_i\in\boldsymbol{U}_i^I=[U_i^L,U_i^R],i=1,2,\cdots,q
\end{cases}
\tag{11.2}
$$

式中,$\boldsymbol{U}$ 为 q 维不确定向量,其不确定性用区间向量 $\boldsymbol{U}^I$ 描述。

11.2　转换为确定性多目标优化问题

前面几章针对的问题都是单目标优化问题,通常可以使用 $\leqslant_{cw}$ 型区间序关系将区间目标函数转换为确定性目标函数。但是因为多目标优化问题本身的复杂性,如果引入该区间序关系对所有的不确定性目标函数进行处理,则将使生成的确定性优化问题非常复杂。故为简化求解过程,此处将使用第 3 章中的 $\leqslant_c$ 型区间序关系对不确定性目标函数进行处理,即只考虑对于目标函数中点值或平均值的偏好。故式(11.2)中的目标函数可转换为[15,16]

$$
\min\limits_{\boldsymbol{X}}(f_1^c(\boldsymbol{X}),f_2^c(\boldsymbol{X}),\cdots,f_m^c(\boldsymbol{X}))
\tag{11.3}
$$

式中,目标函数的中点可表述为

$$
f_i^c(\boldsymbol{X})=\frac{f_i^L(\boldsymbol{X})+f_i^R(\boldsymbol{X})}{2}=\frac{\min\limits_{\boldsymbol{U}} f_i(\boldsymbol{X},\boldsymbol{U})+\max\limits_{\boldsymbol{U}} f_i(\boldsymbol{X},\boldsymbol{U})}{2}, \quad i=1,2,\cdots,m
$$

$$
\boldsymbol{U}\in\Gamma=\{\boldsymbol{U}\,|\,U_i^L\leqslant U_i\leqslant U_i^R,i=1,2,\cdots,q\}
\tag{11.4}
$$

对于式(11.2)中的不确定性约束,采用 RPDI 模型进行处理,则可以转换为如式(9.11)所示的确定性约束。通过上述处理,式(11.2)可转换为如下确定性多目标优化问题:

$$
\begin{cases}
\min\limits_{\boldsymbol{X}} \ (f_1^c(\boldsymbol{X}),f_2^c(\boldsymbol{X}),\cdots,f_m^c(\boldsymbol{X})) \\
\text{s. t. } \ P_r(g_i^I(\boldsymbol{X})\leqslant b_i^I)\geqslant\lambda_i,i=1,2,\cdots,l,\boldsymbol{X}\in\Omega^n \\
\quad\quad \boldsymbol{U}\in\boldsymbol{U}^I=[\boldsymbol{U}^L,\boldsymbol{U}^R],U_i\in\boldsymbol{U}_i^I=[U_i^L,U_i^R],i=1,2,\cdots,q
\end{cases}
\tag{11.5}
$$

11.3　优 化 流 程

式(11.5)为典型的两层嵌套优化问题,其中外层优化用于设计向量的寻优,内层优化用于计算不确定目标函数和约束区间。为提高效率,采用第 5 章介绍的区间结构分析方法高效求解目标函数和约束区间,并结合多目标遗传算法构建相应的优化算法对式(11.5)进行求解。整个求解过程中,在外层通过多目标遗传算法(属于产生式多目标优化方法)产生多个设计向量个体;在内层对每一设计向量个体采用区间结构分析方法计算目标函数和约束的上下界,从而计算出目标函数的中点值以及约束的 RPDI 值;对转化后的确定性多目标优化问题进行计算从而得到需要的非劣解集。

如图 11.1 所示,本章构建的区间多目标优化方法的计算流程如下:

(1) 初始化:设置外层多目标遗传算法的相关参数,根据实际问题设置合适的约束 RPDI 水平,令 $t=0$。

(2) 进行多目标优化运算,由多目标遗传算法随机产生 N 个设计向量个体 $\boldsymbol{X}_i(i=1,2,\cdots,N)$。

(3) 对每一个设计向量个体 $\boldsymbol{X}_i$,采用区间结构分析方法计算出不确定目标函数和约束的上下界。

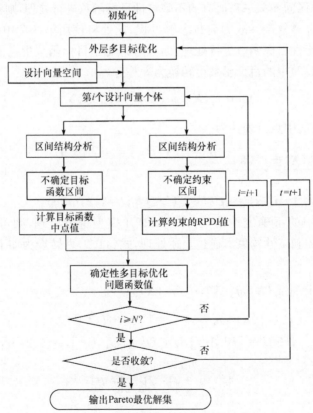

图 11.1　区间多目标优化算法流程图[15]

（4）计算目标函数的中点值。

（5）计算所有约束的 RPDI 值。

（6）计算每一代的非劣解。

（7）若达到终止条件，则终止程序，输出 Pareto 最优解集；否则，$t=t+1$，转步骤（2），进行下一步迭代，直至收敛。

由于微型多目标遗传算法（μMOGA）[14,17]在精度和效率方面具有较好的综合性能，且求解出的非劣解集分布较为均匀，故采用其作为外层优化求解器。该方法是在微型遗传算法（μGA）[18]的基础上发展而来的，它采用小规模进化种群（一般为 5~8 个个体），具有较高的计算效率。但是小的进化种群较容易发生早熟收敛，为了保证基因的多样性，避免进化种群过早收敛到某一局部最优解，在进化过程中采用了重启动策略，即一旦种群出现早熟收敛，就重新生成一个包含当前最优个体且与当前种群大小相同的子代。同时，采用一种探测算子在非支配解的设计空间中进行探测性搜索，以提高收敛效率。μMOGA 在进化过程中通过对每个个体计算非支配级和个体拥挤距离，以进行个体比较和选择操作。通过非支配关系将种群中的个体进行分级，并将个体按级数从高到低的顺序进行排列；级数高的个体优于级数低的个体，其中级数为 1 的个体即当前种群中的非支配个体，并且将当前的非支配个体保存到外部种群中；对于级数相同的个体，则比较其个体拥挤距离，拥挤距离大的个体优于拥挤距离小的个体。

11.4　数值算例与工程应用

11.4.1　数值算例

考虑如下区间多目标优化问题[19]：

$$
\begin{cases}
\min_{\boldsymbol{X}}\ (f_1(\boldsymbol{X},\boldsymbol{U}),f_2(\boldsymbol{X},\boldsymbol{U})) \\
\text{s. t. }\ g_1(\boldsymbol{X},\boldsymbol{U})=U_1^2\,(X_1-2)^3+U_2X_2-2.5\leqslant[0,0.3] \\
\qquad g_2(\boldsymbol{X},\boldsymbol{U})=U_1^3X_2+U_2^2X_1-3.85-8U_2^2(X_2-X_1+0.65)^2\leqslant[0,0.3] \\
\qquad 0\leqslant X_1\leqslant5,0\leqslant X_2\leqslant3 \\
\qquad U_1\in[0.9,1.1],U_2\in[0.9,1.1]
\end{cases}
\tag{11.6}
$$

式（11.6）中的目标函数分别如下：

$$
f_1(\boldsymbol{X},\boldsymbol{U})=U_1\,(X_1+X_2-7.5)^2+0.25U_2^2(X_2-X_1+3)^2
$$
$$
f_2(\boldsymbol{X},\boldsymbol{U})=0.25U_1^2(X_1-1)^2+0.5U_2^3(X_2-4)^2
\tag{11.7}
$$

式中，变量 U_1、U_2 的不确定性水平均为 10.0%。

　　首先,给定不同的 RPDI 水平 λ 进行优化,每次优化过程中两个约束给定相同的 RPDI 水平,即 $\lambda_1 = \lambda_2 = \lambda$,优化结果如图 11.2 所示。图 11.2(a)~(c)分别表示约束 RPDI 水平为 0.5、1.0 和 1.5 时的非劣解集,"·"表示两目标函数中点值组成的像点。在不确定参数 U 的影响下,每一个目标函数都对应着一个区间,因此对于两目标优化问题,每一个"·"对应一个矩形方框,代表这两个目标函数值的变化区域。图 11.2(d)给出了三种 RPDI 水平下非劣解集的比较,从图中可以看出,在三种情况下都获得了分布较为均匀的非劣解集,且随着 RPDI 水平 λ 的增加,非劣解集呈现整体向右移动的趋势。这是由于较大的 RPDI 水平,使得转化后的确定性优化问题的可行域变小,从而使得目标函数的性能有所下降。

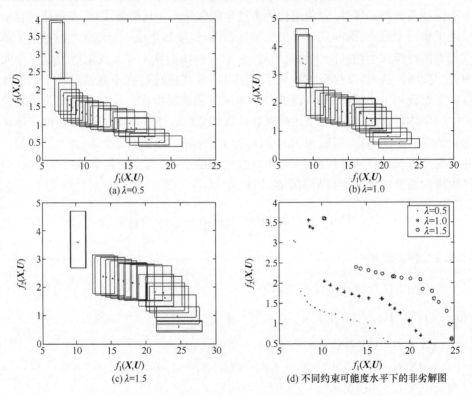

图 11.2　不同约束 RPDI 水平下的区间多目标优化结果[15]

　　其次,给定固定的 RPDI 水平 λ=1.0,考虑 U 的四种不确定性水平,即 2%、4%、6%和 8%,并分别进行区间多目标优化,计算结果如图 11.3 所示。从图中可以看出,当约束的 RPDI 水平相同而变量的不确定性水平不同时,所求得的非劣解比较接近。但是随着 U 的不确定性变大,图中的矩形方框变大,即目标函数的变化区间呈逐渐增大趋势。

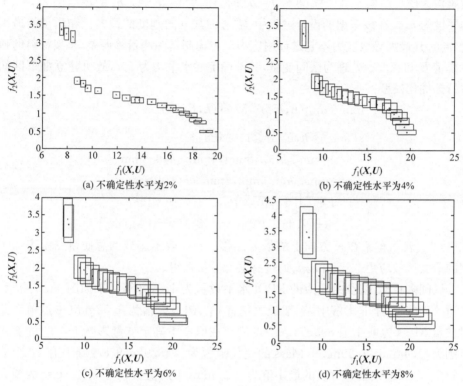

图 11.3 不同变量不确定性水平下的区间多目标优化结果[15]

11.4.2 在汽车车架结构设计中的应用

仍然考虑 9.4.3 节中的汽车车架结构[20]，其整体布置和结构尺寸如图 11.4 所示。纵梁简化为槽型结构，三面厚度相同，厚度为 h_1；横梁 b_3 为板型结构；其余

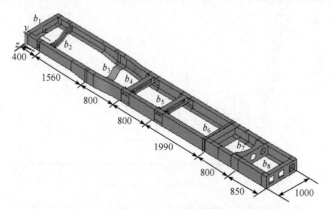

图 11.4 某商用车车架结构布置及尺寸(单位:mm)

横梁均为槽型结构。其中横梁 b_1、b_2、b_7 的厚度为 h_2，b_3、b_4、b_5 的厚度为 h_3，b_6、b_8 的厚度为 h_4。在该车架的设计过程中，需考虑其 y 向刚度的最大化和质量的最小化，同时其最大等效应力不超过许用应力。考虑制造和测量等误差，车架材料的弹性模量 E 和密度 ρ 处理为区间变量，其不确定性水平均为 5%，故可建立如下区间多目标优化模型：

$$
\begin{cases}
\min\limits_{\boldsymbol{h}}\ (d_{\max}(\boldsymbol{h},E,\rho),\mathrm{Mass}(\boldsymbol{h},E,\rho)) \\
\mathrm{s.t.}\ \ \sigma_{\max}(\boldsymbol{h},E,\rho)\leqslant 100\mathrm{MPa} \\
\qquad 14\mathrm{mm}\leqslant h_1\leqslant 18\mathrm{mm},4\mathrm{mm}\leqslant h_2\leqslant 8\mathrm{mm} \\
\qquad 2\mathrm{mm}\leqslant h_3\leqslant 6\mathrm{mm},6\mathrm{mm}\leqslant h_4\leqslant 10\mathrm{mm} \\
\qquad E\in[1.9\times10^5\mathrm{MPa},2.1\times10^5\mathrm{MPa}] \\
\qquad \rho\in[7.41\times10^3\mathrm{kg/m^3},8.19\times10^3\mathrm{kg/m^3}]
\end{cases}
\tag{11.8}
$$

式中，$d_{\max}$ 表示车架在 y 方向上的最大位移；Mass 表示车架的总质量；$\sigma_{\max}$ 表示车架的最大等效应力。$d_{\max}$ 和 $\sigma_{\max}$ 通过有限元分析获得。

区间多目标优化中，约束的 RPDI 水平设置为 1.0，计算结果如图 11.5 所示。在所找到的 20 个非劣解中，车架最大位移 $d_{\max}$ 的最大值为 1.52mm（中点值），此时质量 Mass 为最小值 893.5kg（中点值），在两个不确定变量影响下，$d_{\max}$ 的变化范围为 [1.44mm,1.59mm]，Mass 的变化范围为 [848.9kg,938.2kg]；在 20 个非劣解中，车架最大位移 $d_{\max}$ 的最小值为 0.22mm（中点值），此时质量 Mass 为最大值 1201.7kg（中点值），在两个不确定变量影响下，$d_{\max}$ 的变化范围为 [0.21mm,0.23mm]，Mass 的变化范围为 [1141.6kg,1261.8kg]。在由产生式方

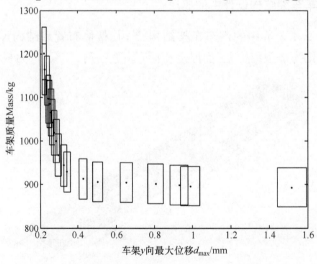

图 11.5　汽车车架结构多目标优化的非劣解前沿面[15]

法获得的非劣解中,需要根据实际工程需要和设计者的偏好来选取最优妥协解。如表 11.1 所示,给出了其中 5 组比较有代表性的优化设计方案,其中最后一列的"偏好"表示在选择妥协解时 2 个目标函数所采用的权系数。

表 11.1　汽车车架结构区间多目标优化的 5 组解及其变化区间

h_1 /mm	h_2 /mm	h_3 /mm	h_4 /mm	$d^I_{\max}$ /mm	$d^c_{\max}$ /mm	Mass^I /kg	Mass^c /kg	偏好
14.02	4.20	2.04	6.05	[1.44,1.59]	1.515	[848.9,938.2]	893.55	(0,1.0.0)
14.01	4.16	3.18	6.02	[0.48,0.53]	0.505	[861.2,951.9]	906.55	(0.2,0.8)
14.06	4.16	3.44	6.09	[0.41,0.45]	0.430	[867.4,958.7]	913.05	(0.5,0.5)
14.51	4.03	5.96	6.09	[0.28,0.31]	0.295	[919.2,1016.0]	967.60	(0.8,0.2)
17.97	5.00	6.00	9.37	[0.21,0.23]	0.220	[1141.6,1261.8]	1201.70	(1.0,0.0)

11.5　本 章 小 结

本章将区间模型引入多目标优化问题,构造了一种区间多目标优化方法。首先,基于区间序关系及 RPDI,将不确定性多目标优化问题转换为确定性多目标优化问题;其次,基于区间结构分析方法及多目标遗传算法构建了相应的求解方法。该方法为复杂环境下工程多目标优化问题的分析和处理提供了一种思路,未来也可采用其他更为高效的优化方法,求解转换后的确定性多目标优化模型,从而进一步提升区间多目标优化的计算效率。

参 考 文 献

[1] Miettinen K. Nonlinear Multiobjective Optimization. Boston:Kluwer,1999.

[2] Zitzler E,Thiele L . Multiobjective evolutionary algorithms:A comparative case study and the strength Pareto approach. IEEE Transactions on Evolutionary Computation,1999,3(4):257-271.

[3] Deb K,Pratap A,Agarwal S,et al. A fast and elitist multiobjective genetic algorithm:NSGA Ⅱ. IEEE Transactions on Evolutionary Computation,2002,6(2):182-197.

[4] Yang B S,Yeun Y S,Ruy W S. Managing approximation models in multiobjective optimization. Structural and Multidisciplinary Optimization,2002,24(2):141-156.

[5] Zitzler E,Thiele L,Bader J. On set-based multiobjective optimization. IEEE Transactions on Evolutionary Computation,2010,14(1):58-79.

[6] Ali M,Siarry P,Pant M. An efficient differential evolution based algorithm for solving multi-objective optimization problems. European Journal of Operational Research,2012,217(2):404-416.

[7] Giagkiozis I,Fleming P J. Methods for multi-objective optimization:An analysis. Information Sciences,2015,293:338-350.

[8] Deb K,Abouhawwash M. An optimality theory-based proximity measure for set-based multiobjective optimization. IEEE Transactions on Evolutionary Computation, 2016, 20 (4): 515-528.

[9] Zadeh L. Optimality and non-scalar-valued performance criteria. IEEE Transactions on Automatic Control,1963,8(1):59-60.

[10] Charnes A,Cooper W W,Ferguson R O. Optimal estimation of executive compensation by linear programming. Management Science,1955,1(2):138-151.

[11] Keeney R L,Raiffa H. Decisions with Multiple Objectives:Preferences and Value Tradeoffs. London:John Wiley and Sons,1976.

[12] Deb K. Multi-Objective Optimization Using Evolutionary Algorithms. London:John Wiley and Sons,2001.

[13] Moh J S,Chiang D Y. Improved simulated annealing search for structural optimization. AIAA Journal,2000,38(10):1965-1973.

[14] Liu G P,Han X,Jiang C. A novel multi-objective optimization method based on an approximation model management technique. Computer Methods in Applied Mechanics and Engineering,2008,197(33):2719-2731.

[15] 李新兰,姜潮,韩旭. 基于区间的不确定性多目标优化方法及应用. 中国机械工程,2011, 22(9):1100-1106.

[16] 李新兰. 基于非概率凸集的不确定性多目标优化及应用. 长沙:湖南大学硕士学位论文,2011.

[17] 刘桂萍. 微型多目标优化算法. 长沙:湖南大学博士学位论文,2007.

[18] Krishnakumar K. Micro-genetic algorithms for stationary and non-stationary function optimization. SPIE Proceedings-Intelligent Control and Adaptive Systems,1989:289-296.

[19] 李方义,李光耀. 基于区间的不确定多目标优化方法研究. 固体力学学报,2010,31(1): 86-93.

[20] Jiang C,Bai Y C,Han X,et al. An efficient reliability-based optimization method for uncertain structures based on non-probability interval model. Computers,Materials and Continua, 2010,18(1):21-42.

第 12 章　考虑公差设计的区间优化

在前面章节中研究的区间优化模型中,所有不确定参数利用区间进行描述,并且在优化建模之前大都需要给定确定的区间,从而在给定参数区间的条件下寻找最优设计。在这类方法中,参数区间是需要根据实际情况事先给定的,并且通常情况下区间变量和优化变量是相互分离的。但是在实际工程中,还存在着另一类重要的区间优化问题,即在优化设计阶段不确定变量的区间无法事先确定,而且不确定变量与优化变量是同一类参数。例如,实际工程问题中,设计参数通常为结构尺寸、材料特性等,而这些参数因为制造、测量等误差本身存在不确定性,并且因为制造工艺或测量条件的复杂性或多样性,其区间很多时候无法事先给定。在这种情况下,需要在设计阶段即考虑优化变量的制造误差,不仅给出最优的设计方案,而且使其在更大的区间不确定性下都能保证产品性能,即具有更好的制造工艺性,从而降低制造成本。目前,较少文献涉及对这类区间优化方法的研究。

本章提出一种基于公差设计的区间优化模型及相应的分析方法,同时给出最优设计方案和最优设计公差,可将区间优化与制造工艺相联系,可进一步拓展传统区间优化方法的研究领域及适用范围。本章首先给出考虑公差设计的区间优化模型,接着提出区间优化问题的求解方法,最后给出算例分析与工程应用。

12.1　区间优化建模

常规的确定性优化问题一般可以表述为

$$\begin{cases} \min_{\boldsymbol{X}} \ f(\boldsymbol{X}) \\ \text{s. t.} \ \ g_i(\boldsymbol{X}) \leqslant b_i, i=1,2,\cdots,l \\ \boldsymbol{X}_l \leqslant \boldsymbol{X} \leqslant \boldsymbol{X}_r \end{cases} \tag{12.1}$$

式中,$\boldsymbol{X}$ 是一个 n 维设计向量;$\boldsymbol{X}_r$ 和 $\boldsymbol{X}_l$ 分别表示其上、下设计范围;b_i 表示第 i 个约束的最大允许值。

通过对式(12.1)进行优化,可获得一最优设计 $\boldsymbol{X}_d$。实际结构中,设计参数 $\boldsymbol{X}$ 通常为结构尺寸、材料特性、载荷等,而这些参数因为制造和测量误差等因素,本身存在不确定性。很多时候 $\boldsymbol{X}_d$ 在制造过程中的微小偏差可能导致设计目标或约束的很大波动,从而造成结构性能低下甚至失效;通过提高制造工艺水平可以很大程度上缩小 $\boldsymbol{X}_d$ 的不确定性,提升结构性能,但是这会大大提升产品制造成本。为解决上述问题,本章引入区间方法度量设计变量的不确定性,并构造相应的不确定性优化模型用以提高结构在设计目标、约束可靠性及制造工艺性等方面的综合性能。

考虑制造、测量等误差,$\boldsymbol{X}$ 的真实值将属于一区间向量 $\boldsymbol{X}^I$:

$$X_i^I = [X_i^L, X_i^R] = \{X_i \mid X_i^L \leqslant X_i \leqslant X_i^R\}, \quad i=1,2,\cdots,n \tag{12.2}$$

当 $X_i^L = X_i^R$ 时,区间 X_i^I 退化为实数 X_i。参考式(2.6),$\boldsymbol{X}^I$ 还可以表示为如下形式:

$$X_i^I = \langle X_i^c, X_i^w \rangle = \{X_i \mid X_i^c - X_i^w \leqslant X_i \leqslant X_i^c + X_i^w\}, \quad i=1,2,\cdots,n \tag{12.3}$$

通过对比区间数与产品设计问题中的对称尺寸公差,不难发现两者之间存在着相似之处。首先,对称尺寸公差的上、下偏差可以组成一个区间数;其次,对于对称尺寸公差其名义尺寸(或基本尺寸)与区间中点存在对应关系。在实际产品设计中,X_i^c 可以视为 X_i 的名义设计,而 X_i^w 可视为 X_i 的公差,为与工程设计习惯相符,$\boldsymbol{X}^I$ 也可表示成如下对称公差形式:

$$X_i^I = X_i^c \pm X_i^w, \quad i=1,2,\cdots,n \tag{12.4}$$

利用区间描述设计变量的不确定性后,可以针对式(12.1)构建如下区间优化模型[1,2]:

$$\begin{cases} \min\limits_{\boldsymbol{X}^I} f(\boldsymbol{X}^I) \\ \text{s. t. } g_i(\boldsymbol{X}^I) \leqslant b_i, i=1,2,\cdots,l \\ \boldsymbol{X}_l \leqslant \boldsymbol{X}^I \leqslant \boldsymbol{X}_r \\ X_i^I = [X_i^L, X_i^R], i=1,2,\cdots,n \end{cases} \tag{12.5}$$

与式(12.1)中的确定性优化相比,上述区间优化模型的设计变量不再是实数向量 $\boldsymbol{X}$,而是一区间向量 $\boldsymbol{X}^I$。需要通过求解式(12.5),获得设计变量的最优区间,来保障产品或结构在不确定性环境下的设计目标、制造工艺性等综合性能。

因为设计变量的区间可由其名义设计及公差唯一确定,式(12.5)还可以表示成如下的等价形式:

$$\begin{cases} \min\limits_{\boldsymbol{X}^c, \boldsymbol{X}^w} f(\langle \boldsymbol{X}^c, \boldsymbol{X}^w \rangle) \\ \text{s. t. } g_i(\langle \boldsymbol{X}^c, \boldsymbol{X}^w \rangle) \leqslant b_i, i=1,2,\cdots,l \\ \boldsymbol{X}_l \leqslant \langle \boldsymbol{X}^c, \boldsymbol{X}^w \rangle \leqslant \boldsymbol{X}_r \end{cases} \tag{12.6}$$

在上述区间优化问题中,优化变量的个数为 $2n$,而非原确定性优化问题中的 n。式(12.5)中的优化变量为 n 个设计变量下界及 n 个设计变量上界;式(12.6)中的优化变量为 n 个设计变量名义值及 n 个设计变量公差。

12.2　区间优化问题的转换模型

本节构建一种转换模型,将上述区间优化问题转换为常规的确定性优化问题进行求解。在转换过程中,将综合考虑设计目标、设计参数的制造工艺性、约束可靠性三方面的性能要求。

实际工程问题中,在保证结构或产品性能的前提下,设计变量的区间半径即公差带越小,制造精度要求越高,制造成本也随之增加;反之,公差带越大,制造精度要求会越低,制造成本也会减少。所以公差其实是一个非常重要的设计指标,它反映了设计方案的制造工艺性。为此,为评价设计变量的公差大小,定义设计公差指标 W 如下[1]:

$$W = \sqrt[n]{\prod_{i=1}^{n} \frac{X_i^w}{\psi_i}} \tag{12.7}$$

式中,ψ_i 为正则化因子,可选择为 $\psi_i = |X_i^c|$。从式(12.7)可知,W 为一无量纲参数,综合反映了所有设计变量的公差大小,W 越大表示整体公差越大。

另外,在设计目标方面,名义目标函数 $f(\boldsymbol{X}^c)$ 可用于描述参数不确定性下的目标函数平均性能。综合上述两方面因素,可将式(12.6)中的不确定性目标函数转换为如下确定性多目标问题:

$$\min_{\boldsymbol{X}^c, \boldsymbol{X}^w} (f(\boldsymbol{X}^c), -W) \tag{12.8}$$

通过第一个目标函数可最优化原目标函数在不确定设计变量下的平均性能;通过第二个目标函数可最大化设计变量的公差,在保证性能的前提下使产品能承受更大的制造误差,从而在生产阶段保证产品有好的制造工艺性并降低生产成本。

在不确定性约束方面,采用第 9 章中给出的 RPDI[3] 模型(如式(9.8)所示)进行处理,则式(12.6)可最终转换为如下确定性优化问题:

$$\begin{cases} \min_{\boldsymbol{X}^c, \boldsymbol{X}^w} \left(f(\boldsymbol{X}^c), -\sqrt[n]{\prod_{i=1}^{n} \frac{X_i^w}{\psi_i}} \right) \\ \text{s.t.} \quad P_r(g_i^I(\langle \boldsymbol{X}^c, \boldsymbol{X}^w \rangle) \leqslant b_i) = \frac{b_i - g_i^L}{2g_i^w} \geqslant \lambda_i, \quad i=1,2,\cdots,l \\ \boldsymbol{X}_l \leqslant \langle \boldsymbol{X}^c, \boldsymbol{X}^w \rangle \leqslant \boldsymbol{X}_r \end{cases} \tag{12.9}$$

式中,在任一设计向量下,约束的区间可表示为

$$g_i^I = [g_i^L, g_i^R] = [\min_{\boldsymbol{X} \in \langle \boldsymbol{X}^c, \boldsymbol{X}^w \rangle} g_i(\boldsymbol{X}), \max_{\boldsymbol{X} \in \langle \boldsymbol{X}^c, \boldsymbol{X}^w \rangle} g_i(\boldsymbol{X})], \quad i=1,2,\cdots,l \tag{12.10}$$

式(12.9)为一嵌套优化问题,外层用于设计向量 $\boldsymbol{X}^c$ 和 $\boldsymbol{X}^w$ 的寻优,内层用于约束区间 $[g_i^L, g_i^R](i=1,2,\cdots,l)$ 的求解。本章采用 NSGA-II(non-dominated sorting geneticalgorit)多目标遗传算法[4] 进行外层优化,采用序列二次规划(SQP)[5] 进行内层优化。通过求解上述优化问题,一方面可为工程人员提供最优的名义设计向量 $\boldsymbol{X}^c$,另一方面可以提供设计变量的最大公差 $\boldsymbol{X}^w$。

另外,如前面章节所述,对于很多工程问题约束界限 $b_i(i=1,2,\cdots,l)$ 本身也可能存在不确定性,此时也可以引入区间向量 $b_i^I = \langle b_i^c, b_i^w \rangle (i=1,2,\cdots,l)$ 对其进行

表征。相应地,式(12.6)具有如下形式:

$$\begin{cases} \min\limits_{\boldsymbol{X}^c,\boldsymbol{X}^w} f(\langle \boldsymbol{X}^c,\boldsymbol{X}^w\rangle) \\ \text{s. t.} \quad g_i(\langle \boldsymbol{X}^c,\boldsymbol{X}^w\rangle)\leqslant\langle b_i^c,b_i^w\rangle, \quad i=1,2,\cdots,l \\ \boldsymbol{X}_l\leqslant\langle \boldsymbol{X}^c,\boldsymbol{X}^w\rangle\leqslant\boldsymbol{X}_r \end{cases} \quad (12.11)$$

该区间优化问题也可采用上述方法转换为如式(12.9)所示的确定性优化问题,只是在计算约束的 RPDI 值时采用式(9.7)。在本章的后续所有算例分析中,仅分析了约束界限 $b_i(i=1,2,\cdots,l)$ 为确定值的情况。

需要指出的是,上述区间优化模型并不仅仅针对产品设计中的尺寸公差问题。这里的"公差"具有广义的概念,其同样可以用于载荷、材料特性等参数的分析与设计。另外,上述方法也可以很方便地拓展至非对称公差问题的处理与优化。目前,对该区间优化模型的一些拓展性的工作也已出现[6,7]。

12.3 数值算例与工程应用

12.3.1 数值算例

考虑如下含有两个设计变量的确定性优化问题[1]:

$$\begin{cases} \min\limits_{\boldsymbol{X}} f(X_1,X_2)=2X_1+21X_2-X_1X_2+100 \\ \text{s. t.} \quad g_1(X_1,X_2)=3(X_1-15)^2+(X_2-20)^2\leqslant220 \\ g_2(X_1,X_2)=X_1X_2+12X_2\leqslant430 \\ 10\leqslant X_1\leqslant25,5\leqslant X_2\leqslant15 \end{cases} \quad (12.12)$$

考虑设计变量 X_1 和 X_2 的制造误差后,式(12.12)可转换为一区间优化问题,并通过式(12.9)最终转换为一确定性多目标优化问题:

$$\begin{cases} \min\limits_{\boldsymbol{X}^c,\boldsymbol{X}^w}\left[2X_1^c+21X_2^c-X_1^cX_2^c+100,-\sqrt{\dfrac{X_1^w}{|X_1^c|}\cdot\dfrac{X_2^w}{|X_2^c|}}\right] \\ \text{s. t.} \quad P_r(3(\langle X_1^c,X_1^w\rangle-15)^2+(\langle X_2^c,X_2^w\rangle-20)^2\leqslant220)\geqslant\lambda_1 \\ P_r(\langle X_1^c,X_1^w\rangle\langle X_2^c,X_2^w\rangle+12\langle X_2^c,X_2^w\rangle\leqslant430)\geqslant\lambda_2 \\ 10\leqslant X_1^c-X_1^w\leqslant X_1^c+X_1^w\leqslant25,5\leqslant X_2^c-X_2^w\leqslant X_2^c+X_2^w\leqslant15 \end{cases} \quad (12.13)$$

式中,优化变量为 X_1^c、X_2^c、X_1^w 和 X_2^w。

优化过程中,给定两个区间约束相同的 RPDI 水平 $\lambda_1=\lambda_2=\lambda$。同时,为分析不同的约束可能度水平对优化结果的影响,给定 0.9、1.0、1.1 和 1.2 四种不同的 λ 值,并分别进行区间优化。图 12.1 显示了四种情况下的 Pareto 最优解集分布,表 12.1~表 12.4 给出了各 RPDI 水平下的部分 Pareto 解,各表中 6 组最优解对应的名义目标函数权值依次降低,而公差指标的权值依次升高。首先,由表中结果可知,与常规的优化设计不同,本章的区间优化方法得出的最优设计不再是确定的值,而是区间;通过区间不仅可提供最优的名义设计,而且能提供所有设计变量的最大公差,较好地考虑了制造过程中的不确定性。其次,可以发现在任一 RPDI 水平下,针对不同的权值,最优设计变量对应的两个目标函数呈现矛盾性。随着公差指标 W 的权值不断加大,最优公差指标呈现上升趋势,体现为设计方案的工艺性变好,制造成本降低;但是最优名义目标函数逐渐变差。如表 12.2 所示,当 $\lambda_1=\lambda_2=1.0$ 时,第一组最优解的最大设计公差分别为 ±0.26 和 ±0.43,而第六组最优解的最大公差分别为 ±1.53 和 ±1.45,分别是前者的 6 倍和 3 倍左右,工艺性大大增强;但是,第六组对应的最优名义目标函数为 154,相比第一组的 134 升高了 15% 左右,平均目标性能下降。为此,在实际应用中,需要根据实际情况权衡好制造工艺性与名义设计目标两个指标,给出合理的权值来选择最终的设计方案。

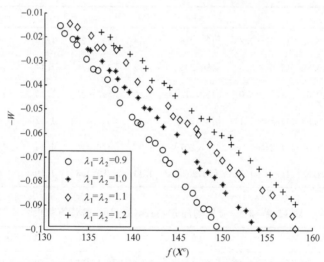

图 12.1　不同 RPDI 水平下的 Pareto 最优解(数值算例)[1]

表 12.1　$\lambda=0.9$ 时的部分 Pareto 最优解(数值算例)[1]

序号	X_1^I	X_2^I	g_1^I	P_{r1}	g_2^I	P_{r2}	$f(X^c)$	W
1	22.00 ± 0.15	12.13 ± 0.41	[196,222]	0.91	[397,429]	1.04	132	0.0154
2	21.65 ± 0.46	12.11 ± 0.63	[168,224]	0.93	[381,435]	0.91	135	0.0332
3	21.22 ± 0.67	11.86 ± 1.06	[143,227]	0.92	[352,438]	0.91	140	0.0531
4	20.87 ± 1.00	11.78 ± 1.10	[122,228]	0.92	[340,436]	0.93	143	0.0669
5	20.52 ± 1.13	11.58 ± 1.51	[106,231]	0.91	[316,440]	0.92	147	0.0848
6	20.23 ± 1.31	11.42 ± 1.71	[93,234]	0.90	[300,440]	0.93	149	0.0985

表 12.2　λ＝1.0 时的部分 Pareto 最优解（数值算例）[1]

序号	X_1^I	X_2^I	g_1^I	P_{r1}	g_2^I	P_{r2}	$f(\boldsymbol{X}^c)$	W
1	21.82±0.26	12.12±0.43	[184,220]	1.01	[392,428]	1.06	134	0.0208
2	21.41±0.34	11.78±0.86	[164,219]	1.02	[361,427]	1.05	138	0.0342
3	21.08±0.75	11.87±0.81	[139,220]	1.00	[357,429]	1.01	141	0.0494
4	20.60±0.96	11.62±1.14	[117,220]	1.00	[331,428]	1.02	146	0.0677
5	20.14±1.09	11.36±1.38	[102,217]	1.03	[310,423]	1.06	150	0.0811
6	19.70±1.53	11.28±1.45	[83,220]	1.00	[297,423]	1.05	154	0.0998

表 12.3　λ＝1.1 时的部分 Pareto 最优解（数值算例）[1]

序号	X_1^I	X_2^I	g_1^I	P_{r1}	g_2^I	P_{r2}	$f(\boldsymbol{X}^c)$	W
1	21.89±0.25	12.27±0.23	[189,216]	1.14	[405,427]	1.16	133	0.0146
2	21.39±0.52	12.21±0.32	[159,209]	1.22	[391,425]	1.14	138	0.0255
3	20.75±0.67	11.60±1.01	[132,212]	1.10	[340,421]	1.10	144	0.0529
4	20.31±0.88	11.52±1.11	[113,207]	1.14	[327,419]	1.12	149	0.0646
5	19.91±1.02	11.24±1.34	[101,207]	1.12	[306,414]	1.14	152	0.0780
6	19.23±1.58	11.08±1.34	[78,206]	1.11	[289,408]	1.19	158	0.0997

表 12.4　λ＝1.2 时的部分 Pareto 最优解（数值算例）[1]

序号	X_1^I	X_2^I	g_1^I	P_{r1}	g_2^I	P_{r2}	$f(\boldsymbol{X}^c)$	W
1	21.58±0.17	11.70±0.48	[184,214]	1.21	[375,411]	1.52	136	0.0182
2	21.10±0.47	11.83±0.47	[154,204]	1.31	[371,413]	1.41	141	0.0297
3	20.73±0.70	11.65±0.68	[135,205]	1.20	[352,412]	1.29	145	0.0444
4	20.14±0.78	11.20±1.06	[117,203]	1.20	[318,404]	1.31	150	0.0606
5	19.67±0.96	11.11±1.27	[99,199]	1.22	[302,404]	1.26	154	0.0748
6	19.19±1.19	10.89±1.40	[86,197]	1.20	[285,398]	1.28	158	0.0894

　　另外,从图 12.1 可以发现,不同的约束 RPDI 水平 λ 对于区间优化结果有明显的影响。随着 λ 的增大,Pareto 前沿面逐渐远离目标空间的坐标原点,即最优公差指标与名义目标函数同时变大。这是因为 λ 其实描述了区间约束的可靠性,较大的 λ 意味着式(12.13)中确定性约束具有更小的可行域,从而导致公差指标与名

义目标函数同时变差。所以从计算结果可知,在上述区间优化模型中,不仅考虑了设计目标与制造工艺的最优性,而且考虑了约束在设计变量具有制造或测量不确定性时的可靠性,同时在该区间优化模型中可以根据实际问题需要,通过 RPDI 水平来设定约束的可靠性。

12.3.2 悬臂梁结构

如图 12.2 所示的悬臂梁结构[8],长度为 $L=1.0$m,截面尺寸为 b 和 h,自由端受水平载荷 $P_x=50$kN 和垂向载荷 $P_y=25$kN 作用。悬臂梁固定端处最大应力可解析获得

$$\sigma=\frac{6P_xL}{b^2h}+\frac{6P_yL}{bh^2} \tag{12.14}$$

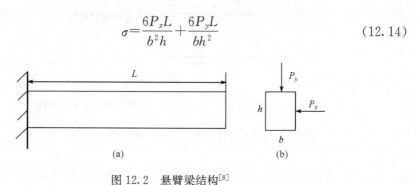

图 12.2 悬臂梁结构[8]

需要设计截面尺寸 b 和 h,使梁在满足许用应力 $\sigma_s=250$MPa 的前提下体积 Vol 最小,故可建立如下的优化设计问题:

$$\begin{cases} \min\limits_{b,h} \text{Vol}(b,h) \\ \text{s. t.} \ \sigma(b,h)=\dfrac{6P_xL}{b^2h}+\dfrac{6P_yL}{bh^2}\leqslant\sigma_s \\ 5\text{cm}\leqslant b\leqslant20\text{cm}, 5\text{cm}\leqslant h\leqslant20\text{cm} \end{cases} \tag{12.15}$$

考虑设计变量 b 和 h 在实际制造过程中的不确定性,则可针对式(12.15)建立相应的区间优化模型。同样考虑了 0.9～1.2 范围内的四种不同的约束 RPDI 水平,其区间优化的 Pareto 解集分布如图 12.3 所示。结果显示,与本章数值算例类似,在任一 RPDI 水平下,针对不同的权值,名义目标函数与公差指标具有相反的变化趋势,即设计方案的公差指标变大时,名义目标函数的值会有所下降;随着 RPDI 水平的增大,即给定应力约束更大的可靠性要求时,最优的名义目标函数及公差将同时变差。表 12.5 给出了 RPDI 水平 $\lambda=1.0$ 时的部分 Pareto 解集。由结果可知,在该 RPDI 水平下,应力约束由 b^I 和 h^I 造成的变化区间都在许用应力 σ_s =250MPa 的允许范围之内,结构具有较好的可靠性。

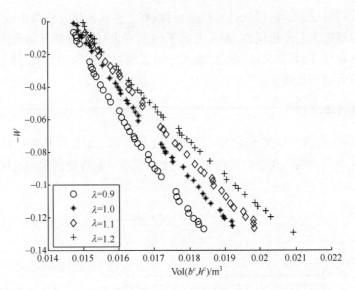

图 12.3　不同 RPDI 水平下的 Pareto 最优解（悬臂梁结构）[1]

表 12.5　$\lambda=1.0$ 时的部分 Pareto 最优解（悬臂梁结构）[1]

序号	b^I/cm	h^I/cm	σ^I/MPa	P_r	Vol(b^c, h^c)/m³	W
1	13.60±0.91	12.67±1.08	[158.5,248.9]	1.01	0.0172	0.075
2	13.60±0.93	12.70±1.11	[156.9,249.6]	1.00	0.0173	0.078
3	13.73±1.01	12.62±1.09	[154.8,249.5]	1.01	0.0173	0.080
4	14.06±1.02	12.33±1.11	[153.2,248.6]	1.01	0.0173	0.081
5	13.81±1.12	12.69±1.09	[150.7,248.4]	1.02	0.0175	0.083
6	13.95±1.06	12.58±1.23	[148.9,249.7]	1.00	0.0175	0.086

12.3.3　在汽车耐撞性设计中的应用

在汽车侧碰过程中,影响乘员安全性的主要因素是侧围结构的侵入量、侵入速度等[9]。轿车侧面是刚度、强度较为薄弱的地方,在侧碰情况下,侧门、B 柱和侧围结构起主要承载作用。图 12.4 为某型轿车的侧碰有限元模型,该模型共包括720383 个壳单元,其中可变形移动壁障含 148040 个单元。按照侧面碰撞法规 US NCAP 进行碰撞分析,移动壁障的初始碰撞速度为 62km/h。侧碰过程中 B 柱最大侵入量 Intr 是一个重要的安全性评价参数,需要被控制在允许范围内。作为主要的承载部件,该问题中将优化 B 柱内板厚度 t_1 和外板厚度 t_2,使其质量 Mass 最

小,同时满足侧碰过程中 B 柱最大侵入量的约束。为此,可建立如下优化问题:

$$\begin{cases} \min_{t_1,t_2} \ \text{Mass}(t_1,t_2) \\ \text{s. t.} \ \ \text{Intr}(t_1,t_2) \leqslant \text{Intr}_a \\ \qquad 1.0\text{mm} \leqslant t_1 \leqslant 2.0\text{mm}, 1.0\text{mm} \leqslant t_2 \leqslant 2.0\text{mm} \end{cases} \tag{12.16}$$

式中,$\text{Intr}_a = 350\text{mm}$ 表示 B 柱最大侵入量的允许值。

图 12.4　某汽车侧面碰撞模型及 B 柱结构[1]

考虑内板厚度 t_1 和外板厚度 t_2 在实际制造过程中的加工误差,可针对式(12.16)建立相应的区间优化问题。为提高优化效率,采用拉丁超立方设计(LHD)选择 10 个设计变量样本,在侧碰有限元分析的基础上建立最大侵入量 Intr 的二次多项式近似模型[1]:

$$\text{Intr}(t_1,t_2) = 436.54 - 41.20t_1 - 11.56t_2 - 35.92t_1t_2 + 23.08t_1^2 + 7.99t_2^2 \tag{12.17}$$

整个区间优化在近似模型基础上完成,优化过程中约束的 RPDI 水平设置为 $\lambda = 1.0$,其优化结果的 Pareto 解集分布如图 12.5 所示。由图可知,内、外板最优的质量和公差呈相反变化,实际设计过程中需要根据工程需要选择理想的设计方案。如希望 B 柱最小质量 $\text{Mass}(t_1^c,t_2^c)$ 等于 7.0kg,则相应的区间优化结果如表 12.6 所示。该情况下,内外板最优厚度分别为 1.68mm 和 1.72mm,其可承受的最大制造公差分别为 ±0.05mm 和 ±0.09mm。在该设计方案下,B 柱最大侵入量的变化区间为 $\text{Intr}^I = [315.0\text{mm}, 350.0\text{mm}]$,完全满足许用值 $\text{Intr}_a = 350\text{mm}$ 的设计要求。

表 12.6　汽车侧碰安全性区间优化结果[1]

t_1^I/mm	t_2^I/mm	Intr^I/mm	P_r	$\text{Mass}(t_1^c,t_2^c)$/kg	W
1.68±0.05	1.72±0.09	[315.0,350.0]	1.00	7.0	0.038

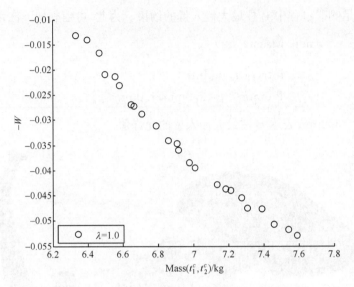

图 12.5　汽车侧碰安全性区间优化 Pareto 最优解[1]

12.4　本章小结

本章提出了一种基于公差设计的新型区间优化方法,综合考虑了目标函数的最优性、设计方案的制造工艺性及约束的可靠性,拓展了传统区间优化设计方法的研究领域及适用范围。通过优化名义目标函数,保证设计目标的最优性;通过最大化公差指标,在满足产品性能的前提下使设计方案能承受更大的制造误差,从而具有更好的制造工艺性,降低生产成本;通过区间可能度处理不确定性约束,从而保证约束在参数不确定性下的可靠性。实际使用过程中,可以根据工程需要,综合权衡产品或结构在目标性能、制造工艺性及约束可靠性等方面的综合要求,提供给工程人员最为理想的优化设计方案。未来需要针对该区间优化模型,研究和开发一系列高效的求解算法,从而进一步提升其工程适用性。

参 考 文 献

[1] Jiang C,Xie H C,Zhang Z G,et al. A new interval optimization method considering tolerance design. Engineering Optimization,2015,47(12):1637-1650.

[2] 张智罡. 考虑不确定参数相关性及公差的区间优化算法. 长沙:湖南大学硕士学位论文,2014.

[3] Jiang C,Han X,Li D. A new interval comparison relation and application in interval number programming for uncertain problems. Computers Materials and Continua,2012,27(3):275-303.

[4] Deb K,Agrawal S,Pratap A,et al. A fast elitist non-dominated sorting genetic algorithm for multi-objective optimization: NSGA-II. Lecture Notes in Computer Science, 2000, 1917: 849-858.

[5] Nocedal J,Wright S J. Numerical Optimization. New York:Springer,1999.

[6] 谢慧超.关键汽车结构性能指标的区间不确定性优化设计.长沙:湖南大学博士学位论文,2014.

[7] 谢慧超,姜潮,张智罡,等.基于区间分析的汽车平顺性优化设计.汽车工程,2014,36(9): 1127-1131.

[8] Du X P. Saddlepoint approximation for sequential optimization and reliability analysis. ASME Journal of Mechanical Design,2008,130(1):011011-011022.

[9] 张学荣,苏清祖.侧面碰撞成员损伤影响因素分析.汽车工程,2008,30(2):146-150.

第 13 章 区间差分进化算法

在上述第 3~12 章的区间优化模型中,都首先需要通过区间序关系和区间可能度等数学工具将不确定性优化问题转换为确定性优化问题,而后进行求解。这种需要转换为确定性优化问题进行求解的思路同时是传统随机规化和模糊规化通常采用的处理手段。近年来,能否发展出相关方法可以不进行转换而直接对原问题进行求解,从而进一步简化优化流程,成为区间优化领域受到关注的一个问题。目前,在该方面已有少量研究出现[1]。

本章在现有差分进化(differential evolution,DE)算法的基础上,发展出一种区间差分进化(interval differential evolution,IDE)算法[2],来有效求解区间不确定性优化问题。与前几章方法不同的是,该区间差分进化算法可以直接对原优化问题进行求解,而不再需要先将其转换为确定性优化问题,这为区间优化问题的求解提供了一种新的思路。本章主要内容包括:介绍经典差分进化算法的基本原理;构建一种区间差分进化算法;通过数值算例分析和工程应用验证本章方法的有效性。

13.1 差分进化算法基本原理

常规的确定性优化问题一般可以表述为

$$
\begin{cases}
\min\limits_{\boldsymbol{X}} f(\boldsymbol{X}) \\
\text{s. t.}\ \ g_i(\boldsymbol{X}) \leqslant b_i, i=1,2,\cdots,l \\
\boldsymbol{X}_l \leqslant \boldsymbol{X} \leqslant \boldsymbol{X}_r
\end{cases}
\tag{13.1}
$$

式中,$\boldsymbol{X}$ 为 n 维设计向量;$\boldsymbol{X}_l$ 和 $\boldsymbol{X}_r$ 分别表示 $\boldsymbol{X}$ 的取值下界和取值上界;b_i 表示第 i 个约束的最大允许值。

差分进化算法是求解上述确定性优化问题的一种有效算法,属于智能进化算法中一种简单有效的随机搜索算法,最早由 Storn 和 Price 提出并用于求解切比雪夫多项式拟合问题[3]。目前,DE 算法已在工程优化设计、路径规划、信息科学、运筹学等众多领域得到广泛应用,并表现出优异的性能[4-10]。综合而言,DE 算法具有以下重要优点:①相比于其他大多数的进化算法,它基于实数编码,方法相对简单且容易编程实现;②它具有较少的控制参数(经典的 DE 算法仅包括种群大小 NP、比例缩放因子 F、交叉概率 CR 三个参数),其性能易于控制;③相比于其他类型的智能进化算法,其空间复杂度较小,有利于处理大规模问题。DE 算法的基本思想是:从给定设计空间中随机产生一初始种群;在每一代迭代步对当前种群中的个体进行变异和交叉操作产生新个体,并采用贪婪准则在连续两代种群中选出较优个体组成下一代进化种群;不断迭代直至满足收敛条件。DE 算法的基本流程如图 13.1 所示。

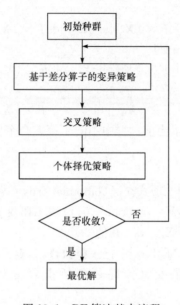

图 13.1　DE 算法基本流程

DE 算法主要包括初始种群产生策略、变异策略、交叉策略和个体择优策略,而与其他基于种群的进化算法的显著区别在于 DE 算法的变异和交叉策略,下面给出上述策略的简要介绍。

1) 初始种群产生策略

在 $t=0$ 代时,在设计空间随机产生 NP 个 n 维实数向量个体 $\boldsymbol{X}_{k,0}=(X_{k,1,0},X_{k,2,0},\cdots,X_{k,n,0}),k=1,2,\cdots,\mathrm{NP}$,其中,

$$X_{k,j,0} = X_{j,l} + \mathrm{rand}(0,1) \times (X_{j,r} - X_{j,l}), \quad j=1,2,\cdots,n \qquad (13.2)$$

式中,$\mathrm{rand}(0,1)$ 表示在 0 到 1 之间随机产生的实数。

2) 变异策略

在第 t 代中,针对目标向量个体 $\boldsymbol{X}_{k,t}=(X_{k,1,t},X_{k,2,t},\cdots,X_{k,n,t})$,借助于变异策略产生相对应的变异个体 $\boldsymbol{V}_{k,t}=(V_{k,1,t},V_{k,2,t},\cdots,V_{k,n,t})$。其变异操作过程为,在当前种群中随机选择两个个体 $\boldsymbol{X}_{r_2,t}$ 和 $\boldsymbol{X}_{r_3,t}$,定义其差分向量 $\Delta\boldsymbol{X}$ 为搜索方向:

$$\Delta\boldsymbol{X} = \boldsymbol{X}_{r_2,t} - \boldsymbol{X}_{r_3,t} \qquad (13.3)$$

将 $\Delta\boldsymbol{X}$ 按一比例因子 F 进行缩放并加于另一目标向量个体从而获得变异个体。常

用的差分变异策略为[3]：

(1) DE/rand/1

$$V_{k,t} = X_{r_1,t} + F \times (X_{r_2,t} - X_{r_3,t}) \tag{13.4}$$

(2) DE/best/1

$$V_{k,t} = X_{\text{best},t} + F \times (X_{r_1,t} - X_{r_2,t}) \tag{13.5}$$

(3) DE/rand/2

$$V_{k,t} = X_{r_1,t} + F \times (X_{r_2,t} - X_{r_3,t}) + F \times (X_{r_4,t} - X_{r_5,t}) \tag{13.6}$$

(4) DE/current-to-rand/1

$$V_{k,t} = X_{k,t} + F \times (X_{r_1,t} - X_{k,t}) + F \times (X_{r_2,t} - X_{r_3,t}) \tag{13.7}$$

(5) DE/current-to-best/1

$$V_{k,t} = X_{k,t} + F \times (X_{\text{best},t} - X_{k,t}) + F \times (X_{r_1,t} - X_{r_2,t}) \tag{13.8}$$

式中，r_1、r_2、r_3、r_4 和 r_5 表示当前种群中不同于第 k 个个体的其他个体；$X_{\text{best},t}$ 为第 t 代种群中的最优个体。

3) 交叉策略

在 DE 算法中，常用的二项式交叉（binomial crossover）策略[3] 为

$$Y_{k,j,t} = \begin{cases} V_{k,j,t}, & \text{rand}_j(0,1) \leqslant \text{CR 或 } j = j_{\text{rand}} \\ X_{k,j,t}, & \text{其他} \end{cases} \tag{13.9}$$

式中，CR 为交叉概率；j_{rand} 为 $[1,n]$ 中任一整数，$Y_{k,j,t}$ 表示第 t 代种群中第 k 个 j 维的试验向量个体。其他的交叉策略还包括指数交叉策略[3,11]、正交交叉策略[12] 等。

4) 个体择优策略

个体择优策略是在目标向量个体 $X_{k,t}$ 和试验向量个体 $Y_{k,t}$ 中选择 NP 个较优个体保留至第 $t+1$ 代，对于无约束优化问题可表示为

$$X_{k,t+1} = \begin{cases} Y_{k,t}, & f(Y_{k,t}) \leqslant f(X_{k,t}) \\ X_{k,t}, & \text{其他} \end{cases} \tag{13.10}$$

上述交叉、变异和个体择优策略不断迭代直至满足收敛条件。DE 算法最早被用于求解无约束优化问题，随后被扩展至约束优化问题。与无约束优化不同的是，在处理约束优化问题时 DE 的个体择优策略需要同时考虑目标函数值和约束函数值，即需要引入约束处理技术。DE 中常用的约束处理技术包括罚函数法（penalty function）[13,14]、可行性准则（feasibility rule）[15] 等。

13.2　区间差分进化算法构建

本节将在现有差分进化算法的基础上，构建一种直接求解非线性区间优化问题的区间差分进化算法。首先，基于第 9 章中的基于可靠性的区间可能度模型，即 RPDI 模型提出一种区间可能度满意值模型，用以处理区间不确定性约束；其次，

基于区间可能度满意值模型建立一种区间偏好准则,用于构建区间差分进化算法中的个体择优策略;最后,给出区间差分进化算法的计算流程。

13.2.1　区间可能度满意值及约束处理

传统的差分进化算法在求解确定性约束优化问题时,其对应的目标函数值和约束函数值都是确定的实数,可直接通过其数值的大小来判断目标函数值的优劣或约束的违反情况。而在区间优化问题中,由于区间参数的引入导致目标函数和约束函数在任一设计向量下的取值通常属于一区间,为实现寻优常规的做法是需要构建区间序关系[16-18]进行区间数的比较。为构建区间可能度满意值模型并实现区间约束的处理,下面将首先在 RPDI 模型的基础上给出一种左截断区间可能度模型,用于定量描述一区间大于(或优于)另一区间的程度。对于区间 A^I 和 B^I,左截断区间可能度模型 $P_r'(A^I \leqslant B^I)$ 定义为

$$P_r'(A^I \leqslant B^I) = \max\left(\frac{B^R - A^L}{2A^w + 2B^w}, 0\right) \tag{13.11}$$

当区间 B^I 或 A^I 退化为一实数,则 $P_r'(A^I \leqslant B^I)$ 具有如下形式:

$$P_r'(A^I \leqslant b) = \max\left(\frac{b - A^L}{2A^w}, 0\right), \quad P_r'(a \leqslant B^I) = \max\left(\frac{B^R - a}{2B^w}, 0\right) \tag{13.12}$$

$P_r'(A^I \leqslant B^I)$ 具有如下性质:

(1) $P_r'(A^I \leqslant B^I) \in [0, \infty)$;

(2) 如果 $A^R \leqslant B^L$,则 $P_r'(A^I \leqslant B^I) \geqslant 1$,在实数轴上 A^I 完全位于 B^I 的左侧;

(3) 如果 $A^L \geqslant B^R$,则 $P_r'(A^I \leqslant B^I) = 0$,在实数轴上 A^I 完全位于 B^I 的右侧。

图 13.2 描述了 $P_r'(A^I \leqslant B^I)$ 的变化情况。固定 A^c,A^w 和 B^w,变化中点 B^c,则随着 B^I 在横轴上移动,$P_r'(A^I \leqslant B^I)$ 的值(虚线)在整个轴上呈现出两种状态,分别为"等于常数 0"和"从 0 到 ∞ 单调线性递增",在 $B^R = A^L$ 时出现拐点。

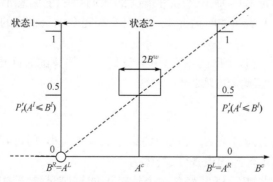

图 13.2　左截断区间可能度 $P_r'(A^I \leqslant B^I)$ 仅随 B^c 变化的情况

基于左截断区间可能度模型,下面将提出区间可能度满意值的概念。对于区

间 A^I 和 B^I，区间可能度满意值 $R_\lambda(A^I \leqslant B^I)$ 定义为

$$R_\lambda(A^I \leqslant B^I) = \begin{cases} P'_r(A^I \leqslant B^I)/\lambda, & P'_r(A^I \leqslant B^I) \leqslant \lambda \\ 1, & \text{其他} \end{cases} \quad (13.13)$$

式中，$\lambda>0$ 为预先给定的区间可能度水平。区间可能度满意值 R_λ 可用于定量描述"$A^I \leqslant B^I$"这一状态是否满足给定可能度水平 λ 的程度，也可称为"λ 水平下的区间可能度满意值"。

需要指出的是，对于同一组区间 A^I 和 B^I，不同的可能度水平下得到的 R_λ 值有可能不相同。

式(13.13)中的区间可能度满意值可用于区间不确定性约束的处理，如针对式(4.1)中的任一区间约束 $g_i(\boldsymbol{X},\boldsymbol{U}) \leqslant b_i^I$，可计算其区间可能度满意值 R_{λ_i}：

$$R_{\lambda_i}(g_i^I(\boldsymbol{X}) \leqslant b_i^I) = \begin{cases} P'_r(g_i^I(\boldsymbol{X}) \leqslant b_i^I)/\lambda_i, & P'_r(g_i^I(\boldsymbol{X}) \leqslant b_i^I) \leqslant \lambda_i \\ 1, & \text{其他} \end{cases} \quad (13.14)$$

式中，$\lambda_i>0$ 为预先给定的第 i 个约束的区间可能度水平。如前面章节所述，λ_i 实则表示约束 g_i 在不确定性条件下需要达到的可靠性或安全性水平，较大的 λ_i 值表示给定该约束更高的可靠性要求。

为进一步说明上述处理方法，同样将其应用于一简单的强度可靠性约束问题。假设 g^I 和 b^I 分别为某一结构的应力和强度，考虑如下 5 种情况：

情况 1，$g^I=[150\text{MPa},170\text{MPa}]$，$b^I=[200\text{MPa},240\text{MPa}]$
情况 2，$g^I=[170\text{MPa},190\text{MPa}]$，$b^I=[200\text{MPa},240\text{MPa}]$
情况 3，$g^I=[190\text{MPa},220\text{MPa}]$，$b^I=[200\text{MPa},240\text{MPa}]$ (13.15)
情况 4，$g^I=[230\text{MPa},270\text{MPa}]$，$b^I=[200\text{MPa},240\text{MPa}]$
情况 5，$g^I=[250\text{MPa},270\text{MPa}]$，$b^I=[200\text{MPa},240\text{MPa}]$

针对该问题，如果 λ 取为 1.2，则上述五种情况的区间可能度满意值 R_λ 分别为 1.0，0.97，0.60，0.10 和 0，表明只有情况 1 才完全满足给定的区间可能度水平要求。如果 λ 下降为 1.0，则上述五种情况的区间可能度满意值 R_λ 分别为 1.0，1.0，0.71，0.13 和 0，表明此时情况 1 和情况 2 都完全满足给定的区间可能度水平要求。

针对式(4.1)中的多个区间约束，可计算每一个约束的区间可能度满意值，获得一总体区间可能度满意值 R_t：

$$R_t = \sum_{i=1}^{l} R_{\lambda_i} \quad (13.16)$$

根据总体区间可能度满意值 R_t 和区间约束个数 l 的大小，即可判定 DE 种群中的某向量个体是否满足区间约束条件，具体为：

(1) 当 $R_t<l$ 时，表示至少存在一个约束不能够满足给定的区间可能度水平要求，该向量个体可称为不可行解。此时，R_t 值越大表示该向量个体满足所有约束可能度水平的程度越大，相比 R_t 值较小的个体应优先保留至下一代种群中。

（2）当 $R_t = l$ 时,表示所有约束都满足给定的区间可能度水平要求,此时该向量个体称为可行解。

13.2.2　基于区间偏好准则的个体择优策略

在 DE 算法框架下,如何从目标向量个体和试验向量个体中选择优良的个体保留至下一代进化种群直接关系到 DE 算法的整体性能。本节在上述区间可能度满意值模型的基础上建立了一种区间偏好准则(interval preferential rule),以实现个体择优,如图 13.3 所示。假设 X_1 和 X_2 为 DE 种群中的任意两个体,其总体区间可能度满意值分别为 $R_t(X_1)$ 和 $R_t(X_2)$,其目标函数中点值分别为 $f^c(X_1)$ 和 $f^c(X_2)$,其目标函数半径值分别为 $f^w(X_1)$ 和 $f^w(X_2)$,则其择优过程如下:

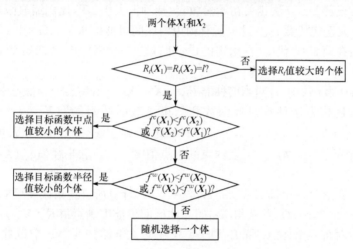

图 13.3　基于区间偏好准则的个体择优策略

（1）当 $R_t(X_1) < l$ 且 $R_t(X_2) = l$ 时,则选择可行个体 X_2 保留至下一代种群;当 $R_t(X_2) < l$ 且 $R_t(X_1) = l$ 时,则选择可行个体 X_1 保留至下一代种群。此情况说明,DE 择优时优先选择可行解个体。

（2）当 $R_t(X_1) = R_t(X_2) = l$ 时,若 $f^c(X_1) < f^c(X_2)$,则选择个体 X_1;若 $f^c(X_1) > f^c(X_2)$,则选择个体 X_2。此情况说明,当两个个体都为可行解时,应选择目标函数中点值较小的个体,即保证目标函数值的名义性能较优。

（3）当 $R_t(X_1) = R_t(X_2) = l$ 且 $f^c(X_1) = f^c(X_2)$ 时,若 $f^w(X_1) < f^w(X_2)$,则选择个体 X_1;若 $f^c(X_1) > f^c(X_2)$,则选择个体 X_2。此情况说明,当两个体都为可行解且目标函数中点值相等时,应选择目标函数半径值较小的个体,即保证目标函数的鲁棒性较优。

（4）当 $R_t(X_1) = R_t(X_2) = l$,且同时满足 $f^c(X_1) = f^c(X_2)$ 和 $f^w(X_1) = f^w(X_2)$,则随机选择任意个体保留至下一代。

(5) 当 $R_t(\boldsymbol{X}_1) < l$ 且 $R_t(\boldsymbol{X}_2) < l$ 时,若 $R_t(\boldsymbol{X}_1) > R_t(\boldsymbol{X}_2)$,则选择个体 $\boldsymbol{X}_1$;否则选择个体 $\boldsymbol{X}_2$。此情况说明,当两个体都为不可行解个体时,应选择具有较大的总体区间可能度满意值的个体,因为 R_t 值越大表示该向量个体满足所有约束可能度水平的程度越高。

13.2.3　算法流程

在上述分析的基础上,本节构建了处理不确定性优化问题的区间差分进化算法,其计算流程归纳如下:

步骤 1:建立如式(4.1)所示的区间不确定性优化问题,$\boldsymbol{X} \in \Omega^n$,$\boldsymbol{U} \in \boldsymbol{U}^I = [\boldsymbol{U}^L, \boldsymbol{U}^R]$。

步骤 2:设置 DE 算法相关初始参数,包括种群大小 NP,比例缩放因子 F,交叉概率 CR,最大迭代代数 $t_{\max}$;设定所有约束的区间可能度水平 $\lambda_i (i=1,2,\cdots,l)$。

步骤 3:在第 $t=0$ 代中,在给定的设计向量空间产生 NP 个初始个体,记初始种群为 $P_0 = \{\boldsymbol{X}_{1,0}, \boldsymbol{X}_{2,0}, \cdots, \boldsymbol{X}_{NP,0}\}$。

步骤 4:在第 t 代中,针对当前种群 $P_t = \{\boldsymbol{X}_{1,t}, \boldsymbol{X}_{2,t}, \cdots, \boldsymbol{X}_{k,t}, \cdots, \boldsymbol{X}_{NP,t}\}$ 中的每一个体 $\boldsymbol{X}_{k,t}$,采用优化方法计算目标函数和约束函数的区间 $[f^L(\boldsymbol{X}_{k,t}), f^R(\boldsymbol{X}_{k,t})]$ 和 $[g_i^L(\boldsymbol{X}_{k,t}), g_i^R(\boldsymbol{X}_{k,t})] (i=1,2,\cdots,l)$;在此基础上获得目标函数的中点值 $f^c(\boldsymbol{X}_{k,t})$ 和半径值 $f^w(\boldsymbol{X}_{k,t})$,以及约束的中点值 $g_i^c(\boldsymbol{X}_{k,t})$ 和半径值 $g_i^w(\boldsymbol{X}_{k,t})(i=1, 2,\cdots,l)$。

步骤 5:针对每一个体 $\boldsymbol{X}_{k,t}(k=1,2,\cdots,NP)$,计算所有约束区间可能度满意值 $R_{\lambda_i}(\boldsymbol{X}_{k,t})(i=1,2,\cdots,l)$,并获得 $\boldsymbol{X}_{k,t}$ 的总体区间可能度满意值 $R_t(\boldsymbol{X}_{k,t})$。

步骤 6:对每一个体 $\boldsymbol{X}_{k,t}$ 采用 DE 变异和交叉策略产生 NP 个试验向量个体 $\boldsymbol{Y}_{k,t}(k=1,2,\cdots,NP)$,由试验向量个体构建的种群记为 $Y_t = \{\boldsymbol{Y}_{1,t}, \boldsymbol{Y}_{2,t}, \cdots, \boldsymbol{Y}_{k,t}, \cdots, \boldsymbol{Y}_{NP,t}\}$;针对每个试验向量个体 $\boldsymbol{Y}_{k,t}$,采用优化方法计算目标函数和约束函数在不确定性参数下的区间 $[f^L(\boldsymbol{Y}_{k,t}), f^R(\boldsymbol{Y}_{k,t})]$ 和 $[g_i^L(\boldsymbol{Y}_{k,t}), g_i^R(\boldsymbol{Y}_{k,t})](i=1,2,\cdots,l)$,并获得目标函数的中点值 $f^c(\boldsymbol{Y}_{k,t})$ 和半径值 $f^w(\boldsymbol{Y}_{k,t})$,以及约束的中点值 $g_i^c(\boldsymbol{Y}_{k,t})$ 和半径值 $g_i^w(\boldsymbol{Y}_{k,t})(i=1,2,\cdots,l)$;获得每个试验向量个体 $\boldsymbol{Y}_{k,t}$ 的总体区间可能度满意值 $R_t(\boldsymbol{Y}_{k,t})$。

步骤 7:将当前种群 P_t 和试验种群 Y_t 合并,采用 13.2.2 节中的区间偏好准则择优选择 NP 个个体保留至第 $t+1$ 代,记为 $P_{t+1} = \{\boldsymbol{X}_{1,t+1}, \boldsymbol{X}_{2,t+1}, \cdots, \boldsymbol{X}_{NP,t+1}\}$;设置 $t:=t+1$。

步骤 8:如果 $t \leqslant t_{\max}$,则转至步骤 4 继续执行,否则输出最优个体,迭代停止。

IDE 算法的计算流程如图 13.4 所示。由图可知,其在整个优化过程中不需要将区间优化问题转换为一确定性优化问题,而是直接对原问题进行求解,简化了分析步骤,这与前面章节中所采用的处理方法是不同的。另外,需要指出的是,在 IDE 算法的整个求解过程中,仍然涉及两层嵌套优化问题,外层为 DE 算法在设计空间中的寻优,内层为针对不同向量个体求解目标函数和约束的区间。在实际使用中,可以采用序列二次规划(SQP)[19]等常规优化方法进行内层优化分析,也可以采用第 5 章中的区间分析方法等高效近似方法进行内层优化分析,从而提升优化效率。

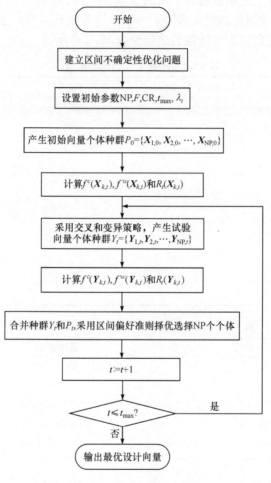

图 13.4 IDE 算法流程图

13.3 数值算例与工程应用

在下列数值算例与工程应用分析中,外层采用 rand/1 变异策略和二项式交叉策略产生试验向量个体 $Y_{k,t}$,其中比例缩放因子 F 和交叉概率 CR 采用 jDE 算法[20]中的参数控制策略,种群大小 NP 为 50,最大代数 t_{max} 为 500;内层采用 SQP方法[19]求解目标函数和约束的区间。

13.3.1　数值算例

本节采用 IDE 算法对 10 个测试函数 $f_1 \sim f_{10}$ 进行分析,这些测试函数由 2006 年进化计算大会公布的确定性测试函数[21]引入区间变量改变而来。测试函数特征如表 13.1 所示,上述函数具有不同的复杂程度,其具体表达式见本章附录。为进行区分,原确定性测试函数表示为 $f_1' \sim f_{10}'$,其等价于 $f_1 \sim f_{10}$ 函数中区间参数取中点值的情况。确定性优化问题的结果如表 13.2 所示。

表 13.1　不确定性测试函数特征

函数	设计变量个数	区间变量个数	约束函数个数
f_1	13	3	9
f_2	10	2	1
f_3	2	3	2
f_4	5	3	6
f_5	10	4	8
f_6	2	2	2
f_7	7	3	4
f_8	2	2	1
f_9	5	3	3
f_{10}	3	3	2

表 13.2　原确定性测试函数的最优设计向量[21]

函数	最优目标函数值	最优解 X
f_1'	−15	$(1,1,1,1,1,1,1,1,1,3,3,3,1)$
f_2'	−1.00	$(0.32,0.32,0.32,0.32,0.32,0.32,0.32,0.32,0.32,0.32)$
f_3'	−6961.81	$(14.10,0.84)$
f_4'	−30665.54	$(78,33,30,45,78)$
f_5'	24.306	$(2.17,2.36,8.77,5.095,0.99,1.43,1.32,9.82,8.28,8.37)$
f_6'	−0.095825	$(1.23,4.24)$
f_7'	680.63	$(2.33,1.95,−0.48,4.37,−0.62,1.04,1.59)$
f_8'	0.7499	$(−0.707,0.50)$
f_9'	0.053941	$(−1.72,1.60,1.83,−0.766,−0.76)$
f_{10}'	−2.44	$(3.09,0.82,−3.00)$

首先,以 f_{10} 函数为例采用 IDE 算法进行分析。每一次优化过程中,给定两个区间约束相同的 λ 值,并考虑 λ 取 0.6,0.8,1.0 和 1.2 四种情况,优化结果如表 13.3 所示。由结果可知,考虑区间不确定性后获得的优化结果与原先确定性函数的优化结果有较大差别;随着给定的约束区间可能度水平 λ 的增大,获得的目标

函数的最优区间也相应变化,而且其中点值也逐渐变大。这是因为较大的 λ 值意味着给定区间约束更高的可靠性要求,从而使得设计向量可行域变小,相应的目标函数的名义性能也将降低。另外,针对每一种 λ 情况,最终获得的优化结果都使得两个区间约束的可能度满意值为 1.0,表明两个约束都完全满足了给定的区间可能度要求。

表 13.3　f_{10} 在不同区间可能度水平下的优化结果

λ	目标函数区间	目标函数中点	目标函数半径	不等式约束1区间	不等式约束2区间	约束区间可能度满意值	最优设计向量 X
0.6	$[-4.86, 1.62]$	-1.62	3.24	$[-0.80, 18.20]$	$[5.60, 28.29]$	1.0,1.0	$(3.35, 0.68, -3.00)$
0.8	$[2.51, 8.35]$	5.43	2.92	$[4.00, 18.50]$	$[6.88, 42.49]$	1.0,1.0	$(2.44, 0.88, 3.99)$
1.0	$[4.50, 14.90]$	9.70	5.20	$[7.00, 26.27]$	$[15.00, 115.73]$	1.0,1.0	$(2.63, 0.60, 6.96)$
1.2	$[16.77, 51.91]$	34.34	17.57	$[19.25, 80.01]$	$[22.19, 160.57]$	1.0,1.0	$(6.00, 3.18, 8.00)$

其次,采用 IDE 算法对其他函数进行分析,同样考虑了 λ 取 0.6,0.8,1.0 和 1.2 四种不同情况,每一次优化过程中同样保持所有约束的区间可能度水平相同,优化结果如表 13.4 所示。由结果可知,所有测试函数优化结果几乎都展现了与上述 f_{10} 类似的变化规律。另外,图 13.5 给出了所有测试函数的目标函数中点值和半径值随迭代步数的收敛曲线。可以发现,各目标函数的中点值和半径值迭代至 200 代左右时,基本都达到了一稳定值,表明 IDE 算法具有较快的收敛速度。

表 13.4　不确定性优化问题的最优解

函数	λ	目标函数区间	目标函数中点值	目标函数半径值	最优设计向量 X
f_1	0.6	$[-15.00, -11.00]$	-13.00	2.00	$(1.0, 1.0, 1.0, 1.0, 1.0, 1.0, 1.0,$ $1.0, 1.0, 1.75, 3.50, 1.75, 1.0)$
	0.8	$[-13.81, -9.81]$	-11.81	2.00	$(1.0, 1.0, 1.0, 1.0, 1.0, 1.0, 1.0,$ $1.0, 1.0, 1.48, 2.85, 1.48, 1.0)$
	1.0	$[-13.09, -9.09]$	-11.09	2.00	$(1.0, 1.0, 1.0, 1.0, 1.0, 1.0, 1.0,$ $1.0, 1.0, 1.32, 2.45, 1.32, 1.0)$
	1.2	$[-12.39, -8.39]$	-10.39	2.00	$(1.0, 1.0, 1.0, 1.0, 1.0, 1.0, 1.0,$ $1.0, 1.0, 1.16, 2.08, 1.16, 1.0)$

函数	λ	目标函数区间	目标函数中点值	目标函数半径值	最优设计向量 $\boldsymbol{X}$
f_2	0.6	$[-1.15,-0.77]$	-0.96	0.19	(0.32,0.31,0.32,0.31,0.31,0.32, 0.31,0.31,0.32,0.31)
	0.8	$[-0.48,-0.32]$	-0.40	0.08	(0.29,0.29,0.29,0.29,0.29, 0.29,0.29,0.29,0.29,0.29)
	1.0	$[-0.28,-0.18]$	-0.23	0.05	(0.27,0.27,0.27,0.27,0.27, 0.27,0.27,0.27,0.27,0.27)
	1.2	$[-0.16,-0.10]$	-0.13	0.03	(0.25,0.26,0.26,0.26,0.25, 0.25,0.27,0.27,0.26,0.26)
f_3	0.6	$[-7239.67,-5895.45]$	-6567.56	672.11	(14.25,1.20)
	0.8	$[-3597.74,-2897.24]$	-3247.49	350.25	(15.03,5.00)
	1.0	$[-3600.00,-2900.00]$	-3250.00	350.00	(15.00,5.00)
	1.2	$[-3598.82,-2899.18]$	-3249.00	349.82	(14.97,5.00)
f_4	0.6	$[-31009.82,-29484.18]$	-30247.0	762.82	(78.00,33.00,29.68,45.00,44.75)
	0.8	$[-29681.74,-27772.66]$	-28727.2	954.54	(78.00,33.00,35.19,45.00,39.65)
	1.0	$[-28430.71,-26188.29]$	-27309.5	1121.21	(78.00,33.00,39.37,45.00,34.83)
	1.2	$[-26111.42,-23313.18]$	-24723.3	1410.12	(78.00,33.00,45.00,29.23,27.00)
f_5	0.6	$[13.68,18.26]$	15.97	2.29	(1.37,2.78,8.63,5.07,0.98, 1.45,0.78,9.71,9.69,7.09)
	0.8	$[14.89,20.13]$	17.51	2.62	(2.53,2.84,8.44,5.09,0.93, 1.36,0.84,9.62,9.42,7.28)
	1.0	$[17.96,23.8]$	20.88	2.92	(1.68,2.96,8.32,5.11,0.55, 1.41,0.86,9.49,9.24,7.25)
	1.2	$[36.74,42.82]$	39.78	3.04	(1.72,3.16,7.11,5.65,0.24, 2.96,1.08,9.40,9.05,7.28)
f_6	0.6	$[-0.69,-47]$	-0.58	0.11	(0.71,3.74)
	0.8	$[-0.12,-0.08]$	-0.10	0.02	(1.23,4.24)
	1.0	$[-0.0128,-0.0072]$	-0.01	0.0028	(1.35,4.05)
	1.2	$[-1.16\times10^{-6}, -1.16\times10^{-6}]$	-1.16×10^{-6}	0	(1.40,4.00)

续表

函数	λ	目标函数区间	目标函数中点值	目标函数半径值	最优设计向量 X
f_7	0.6	$[624.82, 724.82]$	674.82	50.00	$(2.38, 1.93, 2.98 \times 10^{-5}, 4.29,$ $5.26 \times 10^{-6}, 1.05, 1.57)$
	0.8	$[629.34, 747.80]$	688.57	59.23	$(2.22, 1.91, 1.61 \times 10^{-5}, 4.30,$ $1.61 \times 10^{-6}, 1.05, 1.58)$
	1.0	$[632.23, 751.01]$	691.62	59.39	$(2.13, 1.89, 6.06 \times 10^{-6}, 4.30,$ $4.97 \times 10^{-6}, 1.04, 1.59)$
	1.2	$[635.04, 754.14]$	694.59	59.55	$(2.04, 1.88, 6.00 \times 10^{-7}, 4.30,$ $4.49 \times 10^{-7}, 1.04, 1.59)$
f_8	0.6	$[0.45, 0.55]$	0.50	0.05	$(0.50, 0.50)$
	0.8	$[0.63, 0.77]$	0.70	0.07	$(-0.62, 0.436)$
	1.0	$[0.765, 0.935]$	0.85	0.085	$(-0.689, 0.3889)$
	1.2	$[0.9, 1.1]$	1.00	0.10	$(-0.75, 0.34)$
f_9	0.6	$[9.42 \times 10^{-4},$ $9.42 \times 10^{-4}]$	9.42×10^{-4}	0	$(-1.58, -1.52, 1.26, -1.52, 1.52)$
	0.8	$[3.186 \times 10^{-3},$ $3.894 \times 10^{-3}]$	3.54×10^{-3}	3.54×10^{-4}	$(-1.52, -1.48, 1.19, -1.44, 1.47)$
	1.0	$[6.71 \times 10^{-3},$ $8.20 \times 10^{-3}]$	7.46×10^{-3}	7.46×10^{-4}	$(-1.46, -1.45, 1.14, -1.39, 1.45)$
	1.2	$[1.30 \times 10^{-2},$ $1.60 \times 10^{-2}]$	1.45×10^{-2}	1.45×10^{-3}	$(-1.41, -1.43, 1.10, -1.34, 1.43)$
f_{10}	0.6	$[-4.86, 1.62]$	-1.62	3.24	$(3.35, 0.68, -3.00)$
	0.8	$[2.51, 8.35]$	5.43	2.92	$(2.44, 0.88, 3.99)$
	1.0	$[4.50, 14.9]$	9.70	5.20	$(2.63, 0.60, 6.96)$
	1.2	$[16.77, 51.91]$	34.34	17.57	$(6.00, 3.18, 8.00)$

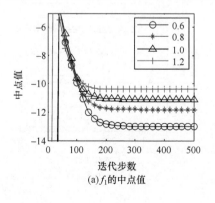

(a)f_1的中点值

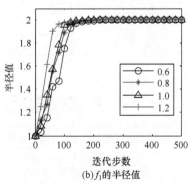

(b)f_1的半径值

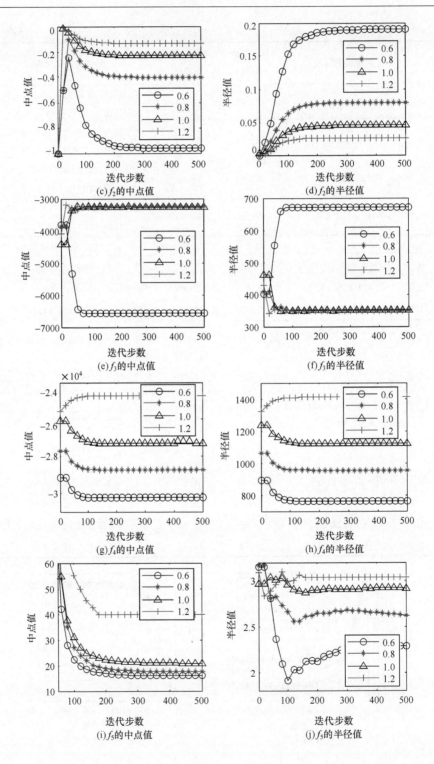

(c) f_2的中点值

(d) f_2的半径值

(e) f_3的中点值

(f) f_3的半径值

(g) f_4的中点值

(h) f_4的半径值

(i) f_5的中点值

(j) f_5的半径值

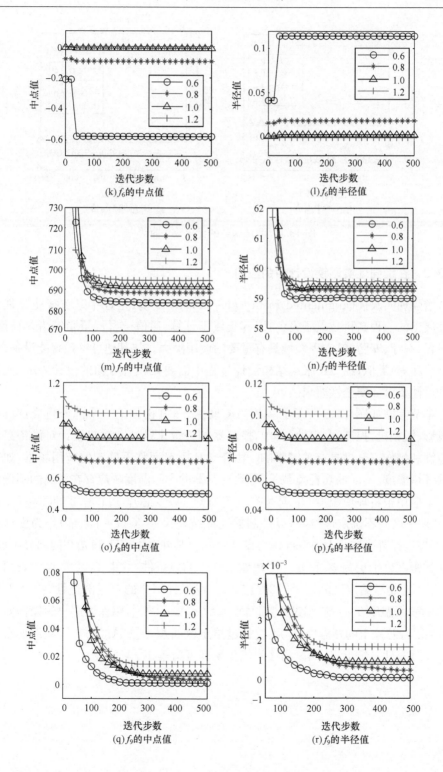

(k) f_6 的中点值

(l) f_6 的半径值

(m) f_7 的中点值

(n) f_7 的半径值

(o) f_8 的中点值

(p) f_8 的半径值

(q) f_9 的中点值

(r) f_9 的半径值

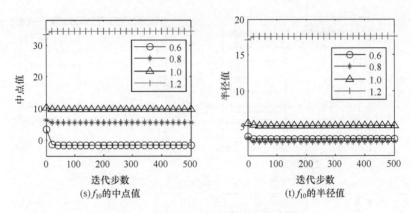

(s)f_{10}的中点值　　　　　　(t)f_{10}的半径值

图 13.5　测试函数的优化收敛曲线

13.3.2　在增强现实眼镜设计中的应用

增强现实眼镜(augmented reality glasses,AR 眼镜)是近年来在智能穿戴领域发展出的一种高科技电子设备;因其集成了计算、通信、定位、摄影等诸多功能,在教育、医疗、安防、航空等领域具有重要的应用潜力。与其他可穿戴智能设备(如智能手环等)类似,在 AR 眼镜结构设计过程中需要兼顾各方面的设计要求,尤其是舒适性要求和安全性要求。

本节考虑如图 13.6 所示的一款 AR 眼镜[22],其由如下 5 个部分组成:镜框、微投影、微相机、控制器、电池;其中,控制器的轻量化设计和散热设计对设备穿戴舒适性和操作安全性具有关键影响。由于 AR 眼镜面临不确定的应用场景,如变化的环境温度、不同的功耗负载等,导致控制器的实际温度响应存在较高的不确定性。本应用中将环境温度 U_1、环境空气流速 U_2,以及芯片 1、芯片 2 的功耗 U_3 和 U_4 处理成区间不确定性参数,以控制器壳体结构尺寸 $X_i(i=1,2,3)$ 作为设计变量,以控制器外壳的质量 Mass 作为设计目标。其外壳由壳 1 和壳 2 两部分组成,其材料密度分别记为 ρ_1 和 ρ_2。考虑如下 3 个约束条件:约束 1,区域 A 的表面温度 T_A 不应超过给定区间 $b_1^I=[32℃,35℃]$,以保证用户的穿戴舒适性;约束 2,区域 B 的表面温度 T_B 不应超过给定区间 $b_2^I=[35℃,42℃]$,以保证用户的操作安全性;约束 3,芯片 1 的核温度 T_C 不应超过给定区间 $b_3^I=[55℃,65℃]$,以保证眼镜的工作可靠性。综上,该问题的区间优化模型可构建如下:

$$
\begin{cases}
\min \text{Mass}(\boldsymbol{X}) = 630\rho_1 X_1 + 630\rho_2 X_2 + 420\rho_1 X_3 + 20\rho_1 X_1 X_3 + 20\rho_1 X_2 X_3 \\
\text{s. t. } g_1(\boldsymbol{X},\boldsymbol{U}) = T_A(\boldsymbol{X},\boldsymbol{U}) \leqslant b_1^I = [32\text{℃},35\text{℃}] \\
\quad\quad g_2(\boldsymbol{X},\boldsymbol{U}) = T_B(\boldsymbol{X},\boldsymbol{U}) \leqslant b_2^I = [35\text{℃},42\text{℃}] \\
\quad\quad g_3(\boldsymbol{X},\boldsymbol{U}) = T_C(\boldsymbol{X},\boldsymbol{U}) \leqslant b_3^I = [55\text{℃},65\text{℃}] \\
\quad\quad \boldsymbol{U} = (U_1,U_2,U_3,U_4) \\
\quad\quad \rho_1 = 0.0014\text{g/mm}^3, \rho_2 = 0.0027\text{g/mm}^3 \\
\quad\quad 0.80\text{mm} \leqslant X_i \leqslant 2.40\text{mm}, i = 1,2,3
\end{cases}
$$

$$(13.17)$$

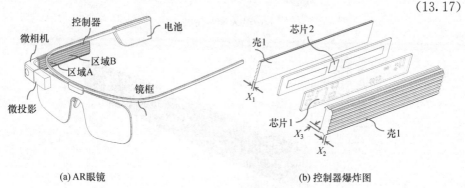

(a) AR眼镜　　　　　　　　　　(b) 控制器爆炸图

图 13.6　AR 眼镜结构图[22]

对 AR 眼镜控制器结构建立如图 13.7 所示的有限元仿真模型,该模型中包含 4 个零件,22928 个八结点热耦合六面体单元。调用 1 次该仿真模型,可以同时得到 3 个约束的功能函数值。为了提升效率,基于 100 次有限元仿真分析,构建 3 个温度响应的二阶多项式响应面,可表述如下[22]:

$$
\begin{cases}
T_A(\boldsymbol{X},\boldsymbol{U}) = 100.47 - 124.32X_1 - 14.39X_2 + 10.74X_3 + 1.50X_1 X_2 \\
\quad\quad + 10.10X_1 X_3 + 0.29X_2 X_3 + 38.32X_1^2 + 4.28X_2^2 - 8.9X_3^2 \\
\quad\quad + 13.65U_3 - 42.59U_4 + 17.51U_3 U_4 + 4.85U_3^2 + 145.24U_4^2 \\
\quad\quad + 0.90U_1 - 34.41U_2 - 0.18U_1 U_2 + 28.41U_2^2 \\
T_B(\boldsymbol{X},\boldsymbol{U}) = 73.27 - 88.5X_1 - 11.92X_2 + 10.13X_3 + 0.54X_1 X_2 + 6.67X_1 X_3 \\
\quad\quad + 1.15X_2 X_3 + 27.81X_1^2 + 3.45X_2^2 - 7.51X_3^2 + 0.92U_1 \\
\quad\quad - 34.73U_2 - 0.09U_1 U_2 + 32.49U_2^2 + 6.60U_3 - 28.69U_4 \\
\quad\quad + 26.31U_3 U_4 + 3.63U_3^2 + 81.92U_4^2 \\
T_C(\boldsymbol{X},\boldsymbol{U}) = 17.4 - 9.95X_1 - 7.82X_2 + 4.26X_3 - 1.96X_1 X_2 + 0.47X_1 X_3 \\
\quad\quad + 1.82X_2 X_3 + 3.94X_1^2 + 2.66X_2^2 - 2.78X_3^2 + 1.02U_1 - 38.18U_2 \\
\quad\quad - 0.06U_1 U_2 + 37.33U_2^2 + 63.86U_3 - 2.64U_4 + 3.03U_3 U_4 \\
\quad\quad - 22.3U_3^2 + 20.36U_4^2
\end{cases}
$$

$$(13.18)$$

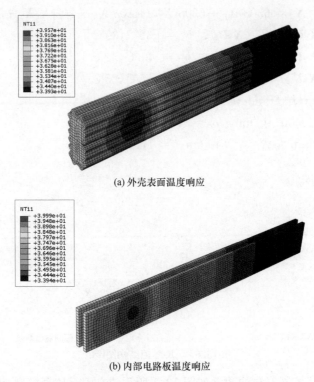

(a) 外壳表面温度响应

(b) 内部电路板温度响应

图 13.7　AR 眼镜控制器的数值仿真模型(单位:℃)[22]

　　设定所有约束的区间可能度水平为 1.0,AR 眼镜控制器结构最优设计结果如表 13.5 所示。由表可知,控制器壳体 3 个结构参数的最优值分别为 1.26mm、0.92mm 和 2.40mm,相应的控制器结构质量仅为 4.42g。在此最优方案下,3 个约束函数的响应区间分别为 $T_A^I = [9.40℃, 30.00℃]$,$T_B^I = [10.57℃, 30.40℃]$ 和 $T_C^I = [25.62℃, 54.46℃]$,其对应的上边界均小于给定约束区间的下边界允许值 32℃,35℃ 和 55℃,同时 3 个约束函数的区间可能度满意值都达到了 1.0,即完全满足给定的区间可能度水平的要求。图 13.8 给出了 IDE 计算的收敛曲线,对于该实际工程问题 IDE 算法同样展现了较好的收敛性能。

表 13.5　AR 眼镜在 λ 为 1.0 时的优化结果

λ	目标函数值	不等式约束 1区间	不等式约束 2区间	不等式约束 3区间	约束区间可能度满意值	最优设计向量
1.0	4.42g	[9.40℃, 30.00℃]	[10.57℃, 30.40℃]	[25.62℃, 54.46℃]	1.0,1.0, 1.0	(1.26mm,0.92mm, 2.40mm)

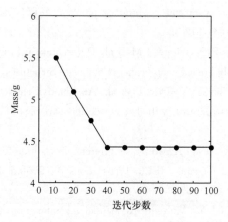

图 13.8　AR 眼镜控制器结构设计问题的优化收敛曲线

13.4　本章小结

　　本章提出了一种直接求解非线性区间优化问题的区间差分进化算法,相比于传统的区间优化方法,不需要将不确定优化问题转换为确定性优化问题进行求解,而是对原问题直接进行优化,简化了分析过程。IDE 算法的核心在于提出了一种区间可能度满意值模型,用以处理不确定性约束,并在此基础上建立了一种区间偏好准则,用于构建区间差分进化算法中的个体择优策略。在后续研究中,可进一步针对 IDE 模型开发更为高效的优化求解方法,从而有效提升其计算效率。

参 考 文 献

[1] Cheng J,Liu Z Y,Wu Z,et al. Direct optimization of uncertain structures based on degree of interval constraint violation. Computers & Structures,2016,164:83-94.

[2] 符纯明. 面向结构优化设计的差分进化算法研究. 长沙:湖南大学博士学位论文,2017.

[3] Storn R,Price K. Differential evolution—A simple and efficient heuristic for global optimization over continuous spaces. Journal of Global Optimization,1997,11(4):341-359.

[4] Das S,Suganthan P N. Differential evolution:A survey of the state-of-the-art. IEEE Transactions on Evolutionary Computation,2011,15(1):4-31.

[5] Das S,Mullick S S,Suganthan P N. Recent advances in differential evolution—An updated survey. Swarm and Evolutionary Computation,2016,27:1-30.

[6] Vasile M,Minisci E,Locatelli M. An inflationary differential evolution algorithm for space trajectory optimization. IEEE Transactions on Evolutionary Computation,2011,15(2):267-281.

[7] Zhong J H,Shen M,Zhang J,et al. A differential evolution algorithm with dual populations

for solving periodic railway timetable scheduling problem. IEEE Transactions on Evolutionary Computation,2013,17(4):512-527.

[8] Roque C M C,Martins P,Ferreira A J M,et al. Differential evolution for free vibration optimization of functionally graded nano beams. Composite Structures,2016,156:29-34.

[9] Ho-Huu V,Nguyen-Thoi T,Vo-Duy T,et al. An adaptive elitist differential evolution for optimization of truss structures with discrete design variables. Computers & Structures, 2016,165:59-75.

[10] Wang Y,Xu B,Sun G,et al. A two-phase differential evolution for uniform designs in constrained experimental domains. IEEE Transactions on Evolutionary Computation, 2017, 21(5):665-680.

[11] Qiu X,Tan K C,Xu J X. Multiple exponential recombination for differential evolution. IEEE Transactions on Cybernetics,2017,47(4):995-1006.

[12] Wang Y,Cai Z,Zhang Q. Enhancing the search ability of differential evolution through orthogonal crossover. Information Sciences,2012,185(1):153-177.

[13] Liu J,Teo K L,Wang X,et al. An exact penalty function-based differential search algorithm for constrained global optimization. Soft Computing,2016,20(4):1305-1313.

[14] Tessema B,Yen G G. An adaptive penalty formulation for constrained evolutionary optimization. IEEE Transactions on Systems,Man,and Cybernetics—Part A:Systems and Humans,2009,39(3):565-578.

[15] Deb K. An efficient constraint handling method for genetic algorithms. Computer Methods in Applied Mechanics and Engineering,2000,186(2):311-338.

[16] Ishibuchi H,Tanaka H. Multiobjective programming in optimization of the interval objective function. European Journal of Operational Research,1990,48(2):219-225.

[17] Yager R R,Detyniecki M,Bouchon-Meunier B. A context-dependent method for ordering fuzzy numbers using probabilities. Information Sciences,2001,138(1):237-255.

[18] Jiang C,Han X,Li D. A new interval comparison relation and application in interval number programming for uncertain problems. Computers Materials and Continua,2012,27(3):275-303.

[19] Nocedal J,Wright S J. Numerical Optimization. New York:Springer,1999.

[20] Brest J,Greiner S,Boskovic B,et al. Self-adapting control parameters in differential evolution:A comparative study on numerical benchmark problems. IEEE Transactions on Evolutionary Computation,2006,10(6):646-657.

[21] Liang J J,Runarsson T P,Mezura-Montes E,et al. Problem definitions and evaluation criteria for the CEC 2006 special session on constrained real-parameter optimization. Technical report. Singapore:Nanyang Technological University,2006.

[22] Huang Z L,Jiang C,Zhang Z,et al. A decoupling approach for evidence-theory-based reliability design optimization. Structural & Multidisciplinary Optimization, 2017, 56 (3): 647-661.

附录　测 试 函 数

1) 测试函数 f_1

$$
\begin{cases}
\min_{\boldsymbol{X}} \quad f_1(\boldsymbol{X},\boldsymbol{U}) = 5U_1 \sum_{i=1}^{4} X_i - 5 \sum_{i=1}^{4} X_i^2 - \sum_{i=5}^{13} X_i \\
\text{s. t.} \quad g_1(\boldsymbol{X},\boldsymbol{U}) = U_3 X_1 + 2X_2 + U_1 X_{10} + U_2 X_{11} \leqslant [9,10] \\
\qquad\quad g_2(\boldsymbol{X},\boldsymbol{U}) = 2X_1 + 2X_3 + U_1 X_{10} + U_2 X_{12} \leqslant [9,10] \\
\qquad\quad g_3(\boldsymbol{X},\boldsymbol{U}) = 2X_2 + U_3 X_3 + U_2 X_{11} + X_{12} \leqslant [9,10] \\
\qquad\quad g_4(\boldsymbol{X},\boldsymbol{U}) = -8X_1 + U_2 X_{10} \leqslant [0,1] \\
\qquad\quad g_5(\boldsymbol{X},\boldsymbol{U}) = -8X_2 + U_2 X_{11} \leqslant [0,1] \\
\qquad\quad g_6(\boldsymbol{X},\boldsymbol{U}) = -8X_3 + U_1 X_{12} \leqslant [0,1] \\
\qquad\quad g_7(\boldsymbol{X},\boldsymbol{U}) = -2X_4 - U_1 X_5 + U_3 X_{10} \leqslant [0,1] \\
\qquad\quad g_8(\boldsymbol{X},\boldsymbol{U}) = -U_3 X_6 - U_1 X_7 + U_2 X_{11} \leqslant [0,1] \\
\qquad\quad g_9(\boldsymbol{X},\boldsymbol{U}) = -2X_8 - U_1 X_9 + U_3 X_{12} \leqslant [0,1] \\
\qquad\quad 0 \leqslant X_i \leqslant 1, i = 1,2,\cdots,9, 0 \leqslant X_{10}, X_{11}, X_{12} \leqslant 100, 0 \leqslant X_{13} \leqslant 1 \\
\qquad\quad U_1 \in [0.9,1.1], U_2 \in [0.9,1.1], U_3 \in [1.8,2.2]
\end{cases}
$$

2) 测试函数 f_2

$$
\begin{cases}
\min_{\boldsymbol{X}} \quad f_2(\boldsymbol{X},\boldsymbol{U}) = -U_1 U_2 (\sqrt{n})^n \prod_{i=1}^{n} X_i \\
\text{s. t.} \quad g_1(\boldsymbol{X},\boldsymbol{U}) = U_1 U_2 \sum_{i=1}^{n} X_i^2 \leqslant [0.9,1.1] \\
\qquad\quad 0 \leqslant X_i \leqslant 1, i = 1,2,\cdots,n \\
\qquad\quad U_1 \in [0.9,1.1], U_2 \in [0.9,1.1]
\end{cases}
$$

3) 测试函数 f_3

$$
\begin{cases}
\min_{\boldsymbol{X}} \quad f_3(\boldsymbol{X},\boldsymbol{U}) = U_1(X_1 - 10)^3 + U_2(X_2 - 20)^3 \\
\text{s. t.} \quad g_1(\boldsymbol{X},\boldsymbol{U}) = -U_1(X_1 - 5)^2 - U_2(X_2 - 5)^2 \leqslant [-105, -95] \\
\qquad\quad g_2(\boldsymbol{X},\boldsymbol{U}) = U_1(X_1 - 6)^2 + U_2(X_2 - 5)^2 \leqslant [81,84] \\
\qquad\quad 13 \leqslant X_1 \leqslant 100, 0 \leqslant X_2 \leqslant 100 \\
\qquad\quad U_1 \in [0.9,1.1], U_2 \in [0.9,1.1]
\end{cases}
$$

4）测试函数 f_4

$$
\begin{cases}
\min\limits_{X} & f_4(\boldsymbol{X},\boldsymbol{U}) = 5.3578547U_1X_3^2 + 0.8356891X_1X_5 + 37.293239U_2X_1 \\
& \qquad\qquad -40792.141 \\
\text{s.t.} & g_1(\boldsymbol{X},\boldsymbol{U}) = 85.334407 + 0.0056858U_1X_2X_5 + 0.0006262X_1X_4 \\
& \qquad\qquad -0.0022053U_2X_3X_5 \leqslant [92,94] \\
& g_2(\boldsymbol{X},\boldsymbol{U}) = -85.334407 - 0.0056858U_1X_2X_5 - 0.0006262U_2X_1X_4 \\
& \qquad\qquad +0.0022053X_3X_5 \leqslant [0,1] \\
& g_3(\boldsymbol{X},\boldsymbol{U}) = -80.51249 + 0.0071317U_1X_2X_5 + 0.0029955U_2X_1X_2 \\
& \qquad\qquad +0.0021813X_3^2 \leqslant [105,120] \\
& g_4(\boldsymbol{X},\boldsymbol{U}) = -80.51249 - 0.0071317U_1X_2X_5 - 0.0029955X_1X_2 \\
& \qquad\qquad -0.0021813U_2X_3^2 \leqslant [-95,-85] \\
& g_5(\boldsymbol{X},\boldsymbol{U}) = 9.300961 + 0.0047026U_1X_3X_5 + 0.0012547X_1X_3 \\
& \qquad\qquad +0.0019085U_2X_3X_4 \leqslant [24,26] \\
& g_6(\boldsymbol{X},\boldsymbol{U}) = -9.300961 - 0.0047026U_1X_3X_5 - 0.0012547X_1X_3 \\
& \qquad\qquad -0.0019085U_3X_3X_4 \leqslant [-22,-20] \\
& 78 \leqslant X_1 \leqslant 102, 33 \leqslant X_2 \leqslant 45, 27 \leqslant X_3, X_4, X_5 \leqslant 45 \\
& U_1 \in [0.9,1.1], U_2 \in [0.9,1.1], U_3 \in [0.9,1.1]
\end{cases}
$$

5）测试函数 f_5

$$
\begin{cases}
\min\limits_{X} & f_5(\boldsymbol{X},\boldsymbol{U}) = X_1^2 + X_2^2 + U_1X_1X_2 - 14U_2X_1 - 16X_2 + (X_3-10)^2 \\
& \qquad\qquad +4(X_4-5)^2 + (X_5-3)^2 + 2(X_6-1)^2 + 5X_7^2 \\
& \qquad\qquad +7(X_8-11)^2 + U_3(X_9-10)^2 + (X_{10}-7)^2 + 45 \\
\text{s.t.} & g_1(\boldsymbol{X},\boldsymbol{U}) = -105 + 4U_1X_1 + 5X_2 - 3X_7 + 9X_8 \leqslant [0,1] \\
& g_2(\boldsymbol{X},\boldsymbol{U}) = 10X_1 - U_4X_2 - 17X_7 + U_3X_8 \leqslant [0,1] \\
& g_3(\boldsymbol{X},\boldsymbol{U}) = -U_4X_1 + 2X_2 - 17X_7 + U_3X_{10} \leqslant [12,13] \\
& g_4(\boldsymbol{X},\boldsymbol{U}) = 3(X_1-2)^2 + 4(X_2-3)^2 + U_3X_3^2 - 7X_4 \\
& \qquad\qquad \leqslant [110,120] \\
& g_5(\boldsymbol{X},\boldsymbol{U}) = 5X_1^2 + U_4X_2 + (X_3-6)^2 - U_3X_4 \leqslant [35,45] \\
& g_6(\boldsymbol{X},\boldsymbol{U}) = X_1^2 + 2(X_2-2)^2 - U_3X_1X_2 + 14X_5 - 6X_6 \leqslant [0,1] \\
& g_7(\boldsymbol{X},\boldsymbol{U}) = 0.5(X_1-U_4)^2 + U_3(X_4-4)^2 + 3X_5^2 - X_6 \\
& \qquad\qquad \leqslant [25,35] \\
& g_8(\boldsymbol{X},\boldsymbol{U}) = -3X_1 + 6U_2X_2 + 12(X_9-U_4)^2 - 7X_{10} \leqslant [0,1] \\
& -10 \leqslant X_i \leqslant 10, i = 1,2,\cdots,10 \\
& U_1 \in [0.9,1.1], U_2 \in [0.9,1.1], U_3 \in [1.9,2.1], \\
& U_4 \in [7.5,8.5]
\end{cases}
$$

6) 测试函数 f_6

$$\begin{cases} \min_{\boldsymbol{X}} & f_6(\boldsymbol{X},\boldsymbol{U}) = -\dfrac{U_1 U_2 \sin^3(2\pi X_1)\sin(2\pi X_2)}{X_1^3(X_1+X_2)} \\ \text{s. t.} & g_1(\boldsymbol{X},\boldsymbol{U}) = U_1 X_1^2 - U_2 X_2 \leqslant [-1,0] \\ & g_2(\boldsymbol{X},\boldsymbol{U}) = -U_1 X_1 + (U_2 X_2 - 4)^2 \leqslant [-1,0] \\ & 0 \leqslant X_1, X_2 \leqslant 10 \\ & U_1 \in [0.9,1.1], U_2 \in [0.9,1.1] \end{cases}$$

7) 测试函数 f_7

$$\begin{cases} \min_{\boldsymbol{X}} & f_7(\boldsymbol{X},\boldsymbol{U}) = (X_1-10)^2 + 5U_1(X_2-12)^2 + X_3^4 + U_3(X_4-11)^2 \\ & \qquad + 10X_5^6 + 7X_6^2 + X_7^4 - 4U_1 X_6 X_7 - 10X_6 - 8X_7 \\ \text{s. t.} & g_1(\boldsymbol{X},\boldsymbol{U}) = 2U_1 X_1^2 + U_3 X_2^4 + X_3 + 4X_4^2 + 5X_5 \leqslant [126,127] \\ & g_2(\boldsymbol{X},\boldsymbol{U}) = 7X_1 + U_3 X_2 + 10U_1 X_3^2 + X_4 - X_5 \leqslant [270,282] \\ & g_3(\boldsymbol{X},\boldsymbol{U}) = 23X_1 + X_2^2 + 6U_2 X_6^2 - 8X_7 \leqslant [195,196] \\ & g_4(\boldsymbol{X},\boldsymbol{U}) = 4U_2 X_1^2 + X_2^2 - U_3 X_1 X_2 + 2X_3^2 + 5X_6 - 11X_7 \leqslant [-1,0] \\ & -10 \leqslant X_i \leqslant 10, i=1,2,\cdots,7 \\ & U_1 \in [0.9,1.1], U_2 \in [0.9,1.1], U_3 \in [2.8,3.2] \end{cases}$$

8) 测试函数 f_8

$$\begin{cases} \min_{\boldsymbol{X}} & f_8(\boldsymbol{X},\boldsymbol{U}) = U_1 X_1^2 + U_2(X_2-1)^2 \\ \text{s. t.} & g_1(\boldsymbol{X},\boldsymbol{U}) = U_1 X_2 - U_2 X_1^2 \leqslant [0,0.5] \\ & -1 \leqslant X_1, X_2 \leqslant 1 \\ & U_1 \in [0.9,1.1], U_2 \in [0.9,1.1] \end{cases}$$

9) 测试函数 f_9

$$\begin{cases} \min_{\boldsymbol{X}} & f_9(\boldsymbol{X},\boldsymbol{U}) = U_1 \mathrm{e}^{X_1 X_2 X_3 X_4 X_5} \\ \text{s. t.} & g_1(\boldsymbol{X},\boldsymbol{U}) = U_1 X_1^2 + X_2^2 + X_3^2 + U_2 X_4^2 + X_5^2 \leqslant [10,12] \\ & g_2(\boldsymbol{X},\boldsymbol{U}) = U_1 X_2 X_3 - 5U_2 X_4 X_5 \leqslant [0,0.5] \\ & g_3(\boldsymbol{X},\boldsymbol{U}) = U_3 X_1^3 + X_2^3 \leqslant [-1,0] \\ & -2.3 \leqslant X_1, X_2 \leqslant 2.3, -3.2 \leqslant X_3, X_4, X_5 \leqslant 3.2 \\ & U_1 \in [0.9,1.1], U_2 \in [0.9,1.1], U_3 \in [0.9,1.1] \end{cases}$$

10) 测试函数 f_{10}

$$\begin{cases} \min_{\boldsymbol{X}} & f_{10}(\boldsymbol{X},\boldsymbol{U}) = U_1(X_1-2)^2 + U_2(X_2-1)^2 + U_3 X_3 \\ \text{s. t.} & g_1(\boldsymbol{X},\boldsymbol{U}) = U_1 X_1^2 - U_2^2 X_2 + U_3 X_3 \geqslant [6.5,7] \\ & g_2(\boldsymbol{X},\boldsymbol{U}) = U_1 X_1 + U_2 X_2 + U_3^2 X_3^2 + 1.0 \geqslant [10,15] \\ & -2 \leqslant X_1 \leqslant 6, -4 \leqslant X_2 \leqslant 7, -3 \leqslant X_2 \leqslant 8 \\ & U_1 \in [0.6,1.8], U_2 \in [0.5,1.5], U_3 \in [0.6,2] \end{cases}$$